TECH I
テ ッ ク ア イ
Technology Interface

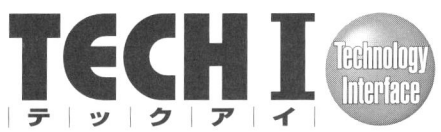

シミュレーションで学ぶディジタル信号処理

MATLABによる例題を使って身につける基礎から応用

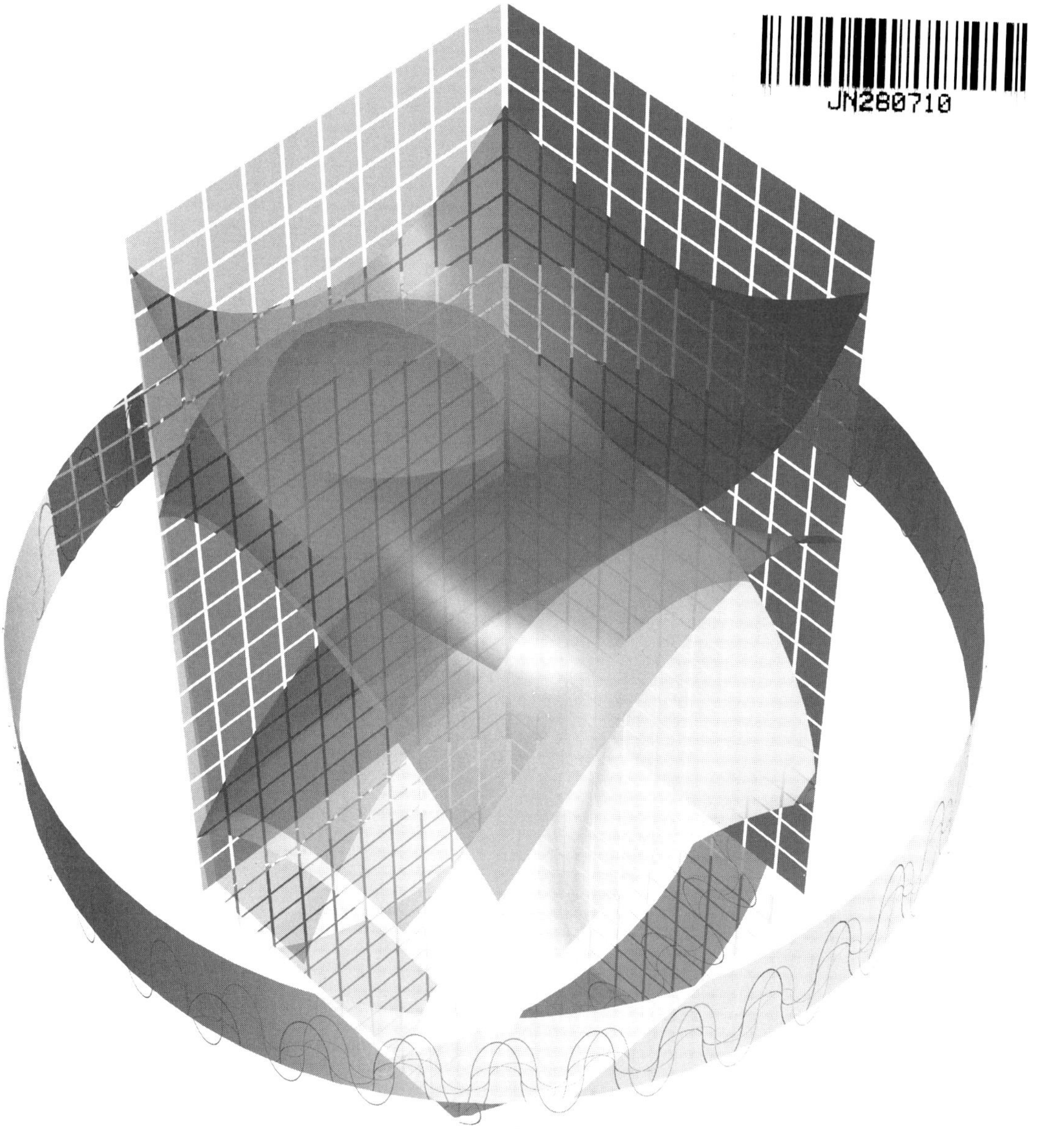

CQ出版社

TECH I Vol.9 目次

第1部　ディジタル信号処理の基礎

第1章　ディジタル信号処理とは?……………6
- 1.1　アナログ信号処理とディジタル信号処理 ……6
- 1.2　マルチメディアとディジタル信号処理 ………6
- 1.3　1次元信号処理とディジタルフィルタ ………7
- 1.4　2次元信号処理とDCTによる画像圧縮 ………10

第2章　信号とシステム/時間と周波数 ………12
- 2.0　導入 ……………………………………………12
- 2.1　信号とは? ………………………………………12
  - 2.1.1　ディジタル信号処理システムと信号 …12
  - 2.1.2　離散時間信号とは? ……………………13
  - 2.1.3　離散時間信号の表現 ……………………15
- 2.2　システムの時間領域表現 ……………………15
  - 2.2.1　システムと差分方程式 …………………15
  - 2.2.2　線形時不変システム ……………………16
  - 2.2.3　インパルス応答とたたみ込み …………17
  - 2.2.4　因果性と安定性 …………………………18
- 2.3　システムの周波数領域表現 …………………19
  - 2.3.1　周波数応答 ………………………………19
  - 2.3.2　システムの伝達特性(振幅,位相,群遅延) …20
- 2.4　2次元の信号とシステム ……………………23
  - 2.4.1　2次元信号 ………………………………23
  - 2.4.2　2次元システムとたたみ込み …………25
- 章末問題 ……………………………………………28
- コラムA　三角関数の指数関数表示(オイラーの公式)…20
- コラムB　相遅延特性と群遅延特性,位相と群遅延…22

第3章　信号のスペクトル解析……………30
- 3.0　とりあえず試してみよう ……………………30
- 3.1　フーリエ変換 …………………………………30
  - 3.1.1　連続時間信号のフーリエ変換 …………30
  - 3.1.2　離散時間信号のフーリエ変換 …………33
  - 3.1.3　フーリエ変換の性質 ……………………35
  - 3.1.4　サンプリング定理 ………………………38
- 3.2　離散フーリエ変換と高速フーリエ変換 ……40
  - 3.2.1　離散フーリエ変換(DFT) ………………41
  - 3.2.2　DFTの性質と問題点 ……………………43
  - 3.2.3　スペクトル解析のテクニック …………44
  - 3.2.4　DFTを用いた直線たたみ込み …………46
  - 3.2.5　高速フーリエ変換(FFT) ………………49
- 3.3　2次元フーリエ変換 …………………………51
  - 3.3.1　2次元フーリエ変換と空間周波数 ……52
  - 3.3.2　2次元DFTとスペクトル解析 …………53
  - 3.3.3　2次元直線たたみ込み …………………54
- 章末問題 ……………………………………………56
- コラムC　ディラックのデルタ関数 $\sigma(t)$ …………32
- コラムD　連続時間信号と離散時間信号の
　　　　　フーリエ変換の関係 ……………………34
- コラムE　離散フーリエ変換と逆離散フーリエ変換…42

第4章　z変換 ………………………………59
- 4.0　とりあえず試してみよう ……………………59
- 4.1　z変換とその性質 ……………………………59
  - 4.1.1　z変換と逆z変換 ………………………59
  - 4.1.2　z変換の物理的意味と具体例 …………60
  - 4.1.3　z変換の性質 ……………………………62
- 4.2　システムの伝達関数と周波数特性 …………62
  - 4.2.1　伝達関数と極・零点 ……………………62
  - 4.2.2　システムの周波数特性解析 ……………62
  - 4.2.3　縦続および並列システムの伝達関数と
　　　　　周波数特性 ……………………………64
- 4.3　システムの安定性 ……………………………66
  - 4.3.1　出力信号と極の関係 ……………………66

表紙デザイン　　　　MINO MIED・K
本文デザイン/レイアウト　（有）みやこワードシステム

4.3.2 伝達関数の係数値と安定性の関係 ……67
4.4 状態変数解析 …………………………………67
4.4.1 システムの状態空間表現 ……………67
4.4.2 伝達関数と等価変換 …………………69
4.5 2次元z変換 ……………………………………71
4.5.1 2次元 信号のz変換 …………………71
4.5.2 2次元 システムの伝達関数と
周波数応答 ……………………………72
章末問題 ……………………………………………74
コラムF 全域通過回路と最小位相回路 ……73

第2部 ディジタルフィルタの設計・実現・最適化

第5章 FIRフィルタの設計 ……………77
5.0 導入演習 …………………………………………77
5.1 設計仕様と次数の推定 ………………………78
5.1.1 設計仕様 ………………………………78
5.1.2 次数（フィルタ長）の推定 …………78
5.2 窓関数法 …………………………………………79
5.2.1 理想フィルタのインパルス応答 ……79
5.2.2 インパルス応答の有限化と窓関数 …80
5.3 等リプル近似法 …………………………………82
5.4 任意振幅特性の設計（MiniMax近似）……84
5.5 直線位相FIRフィルタの性質とその応用 …86
5.5.1 インパルス応答の形状と周波数特性 …86
5.5.2 零点配置 ………………………………88
5.6 最小位相FIRフィルタの設計 ………………88
章末問題 ……………………………………………90

第6章 IIRフィルタの設計 ……………92
6.1 IIRフィルタの特徴と次数決定 ……………92
6.1.1 IIRフィルタの特徴 …………………92
6.1.2 IIRフィルタとFIRフィルタの選択 …92
6.1.3 設計仕様と次数決定 …………………93
6.2 周波数選択型IIRフィルタの設計 …………94
6.2.1 アナログ基準ローパスフィルタ ……94
6.2.2 周波数変換 ……………………………95
6.2.3 双一次s-z変換と周波数プリワープ …95
6.3 任意特性の近似 …………………………………97
6.3.1 任意周波数特性の近似 ………………97
6.3.2 時間領域における近似 ………………98
6.4 全域通過回路の設計 …………………………99
章末問題 …………………………………………101
コラムG リミットサイクル発振 ………………93
コラムH 基準LPF伝達関数の導出 ……………102
コラム I IIRフィルタの次数決定 ………………105

第3部 ディジタル信号処理システムの実現

第7章 信号処理システムのアーキテクチャ …106
7.0 とりあえず試してみよう ……………………106
7.1 ディジタルフィルタの構成 …………………106
7.1.1 IIRディジタルフィルタ …………106
7.1.2 FIRフィルタ ………………………109
7.2 高速化のテクニック …………………………111
7.2.1 パイプラインアーキテクチャ ……111
7.2.2 リタイミング ………………………112
7.2.3 ルックアヘッド変換 ………………112
7.2.4 並列アーキテクチャ ………………113
7.2.5 その他の高速化 ……………………113
7.3 ハードウェアの低減と低消費電力化のテクニック …114
7.3.1 1乗算器1加算器構成 ……………115
7.3.2 乗算器を用いない分散演算による構成 …116
章末問題 …………………………………………117
コラムJ D-Aコンバータのアパーチャ効果 ………114

第8章 固定小数点ディジタル信号処理システムの最適化 ……………118
8.0 とりあえず試してみよう ……………………118
8.1 固定小数点演算と演算誤差 …………………118
8.1.1 固定小数点2進数 …………………119
8.1.2 固定小数点2進数における演算と誤差 …119
8.1.3 ディジタル信号処理システムにおける特性劣化と要因 …121
8.2 オーバフローの防止 …………………………121
8.2.1 L_1ノルム法 …………………………122
8.2.2 L_∞ノルム法 …………………………123
8.3 丸め雑音の低減 ………………………………126
8.3.1 丸め雑音モデルと雑音電力 ………126
8.3.2 バイクワッド縦続型IIRフィルタの丸め雑音の低減方法 ………………128
8.4 発振とその防止方法 …………………………130
8.4.1 量子化リミットサイクル …………130
8.4.2 オーバフロー発振 …………………131
8.5 係数感度と周波数特性 ………………………131
8.5.1 IIRフィルタ …………………………132
8.5.2 FIRフィルタ ………………………134
8.6 状態空間法によるシステムの最適化 ………136
8.6.1 オーバフロー防止方法 ……………136
8.6.2 丸め雑音の最小化 …………………137
8.6.3 リミットサイクルの防止 …………139
章末問題 …………………………………………140
コラムK L_pノルムについて …………………123
コラムL ガウス性信号 …………………………137

第4部 ディジタル信号処理の応用

第9章 マルチレート信号処理とフィルタバンク ……………142
9.0 とりあえず試してみよう ……………………142
9.1 レート変換とその性質 ………………………143
9.1.1 ダウンサンプラとアップサンプラ …143
9.1.2 レート変換 …………………………145
9.1.3 レート変換における有用なテクニック …147
9.2 マルチレート信号処理の応用 ………………147
9.2.1 音声と画像のサブバンド符号化 …148
9.2.2 音声の暗号化（秘話回路）………148
9.2.3 オーバサンプリグA-D/D-A変換器 …149
9.2.4 周波数シフト ………………………149
9.2.5 トランスマルチプレクサ
（TDM-FDM変換）…………………150
9.2.6 狭帯域ディジタルフィルタの実現 …150
9.3 ポリフェーズ分解とレート変換 ……………150
9.3.1 ポリフェーズ分解 …………………151
9.3.2 ポリフェーズ分解を用いた
レート変換器の構成 ………………151
9.4 2分割フィルタバンクの設計 ………………152
9.4.1 2分割フィルタバンクの入出力特性 …152
9.4.2 QMFバンク …………………………153
9.4.3 双直交フィルタバンク ……………154
9.4.4 CQF（パラユニタリ）バンク ……156
9.4.5 2分割PRフィルタバンクの
零係数感度構成 ……………………157
9.5 M分割フィルタバンクとウェーブレット変換 …158
9.5.1 最大間引きM分割フィルタバンク
（バイナリツリー構成）……………158
9.5.2 非最大間引きDFTフィルタバンク …160
章末問題 …………………………………………163

── 大学・高専の授業担当教官へ ──

　大学・高専などでは，限られた時間数で授業を終える必要がある．そこで，本書を教科書として使用する際の授業計画について，筆者の経験に基づいて述べる．

　本書は，量的に基礎編・応用編に分けて二学期で講義を行うことを前提に執筆されている．基礎編を学部で，応用編を大学院で講義するといった方法も考えられる．授業計画の一例を以下に示す．なお，1コマは90～100分の授業1回を示す．

1学期；基礎編	必要コマ数(演習を含む)
2章	4
3章	4
4章	3
5章	2

2学期；応用編	
基礎編の復習	2
6章	2
7章	2
8章	3
9章	4

　また，内容が特に専門的であるため，授業内容からスキップ可能な節を以下に示す．適宜，取捨選択して授業を実施していただきたい．

　スキップ可能な節；1章全節，2.4節，3.2.4節，3.3節，4.4節，4.5節，5.1節，5.4節，5.5節，6.1節，6.3節，6.4節

══ 本書で使用するMATLABファイルについて ══

　本書で使用するMATLAB/Simulinkファイルは，以下に示すWebページからダウンロードできる．一部を除き，MATLAB Ver.6上で動作確認を行っている．

　　`http://www.cqpub.co.jp/interface/techi/vol09/`

まえがき

　DVD，携帯電話，MD，ディジタルTVなど，少し身の周りを見渡しただけでも，最近はディジタル信号処理技術を用いたシステムで溢れている．このようにディジタル信号処理は，現代では電子産業の基盤技術として重要な役割を成すようになっており，今後もその需要は増えるばかりであろう．

　ディジタル信号処理を学ぶうえで重要な点は，数式の展開だけでなく，その理論を物理的に理解する「くせ」をつけることである．理由は，ディジタル信号処理システムは，最終的にDSPやLSIなど回路で実現されるからである．そうした物理的な理解を進めるために，CADを利用してディジタル信号処理の理論や現象を視覚的に理解することが望ましい．また，こうしたCADに慣れることは，EDAツールを利用してチップ設計を行う現代において有用である．

　本書は，上で述べた理念のもとに，MATLABによるCAD演習をとおして基礎理論からシステム設計の手法まで丁寧に解説されている．したがって，大学・高専の学生など初学者はもとより，すでにシステム設計に携わっている技術者にとっても利用価値の高い内容となっている．

　本書は以下の事項に注意し，執筆されており，その特徴とするところである．

1) ディジタル信号処理の基礎的解説から始め，予備知識なしで本書の内容が理解できるように工夫した．その際，MATLABによるCAD演習をとおしてできるだけ物理的な説明を行い，とかく数式の展開のみで終わりがちなディジタル信号処理の内容を，客観的に把握できるように努力した．
2) 実際の信号処理LSIなどのシステム設計において役に立つように，以下の点に留意して解説した．
- 回路規模の低減方法
- スループットの上げ方(高速化)
- 低消費電力化
- 固定小数点演算時の寄生発振や雑音の低減方法
- ダイナミックレンジの拡大方法

3) ディジタル信号処理の中核をなすディジタルフィルタについては，とくにページを割き，実際の設計に役立つように以下の点に留意して解説した．
- 伝達関数の次数の決定方法
- 具体的な設計手順を理解するために，設計ルールを表やフローチャートにまとめると同時に，多くの設計例を掲載
- 各設計手法のプログラムリストの公開
- 最小位相や任意振幅・位相特性同時近似など新しい設計手法の紹介
- 具体的な周波数特性の解析方法

4) ウェーブレット変換やフィルタバンクなどのマルチレート信号処理など，新しい技術内容についてもできる限り紹介するようにした．
5) 大学・高専の授業での利用を考慮して，理論の説明→例題→MATLAB実習→章末問題演習の順に段階的に構成し，理解が容易にかつ短い時間でできるように工夫している．

*

　本書が出版されるまでには，多くの方々のご協力をいただいた．参考にさせていただいた内外の著書および論文の著者をはじめ，日頃から温かいご指導をいただく長岡技術科学大学名誉教授 神林紀嘉博士，首都大学東京教授 貴家仁志博士，またプログラム作成や実験の手伝いをしてくれた筆者の属する研究室の学生に感謝する．

　本書執筆のきっかけは，日本無線(株)研究所山根大作氏ならびにCQ出版(株)山本潔氏によるものである．また，CQ出版(株)大野典宏氏には，出版に際し終始お世話になった．ここに各氏にも深くお礼を申し上げる次第である．

　最後に，本書が今からディジタル信号処理システムを設計する技術者や学生の方々に，少しでもお役に立つことができることを願ってやまない．

2001年5月　尾知　博

E-mail：ochi@cse.kyutech.ac.jp
HP　　：http://dsp.cse.kyutech.ac.jp/

第1部 ディジタル信号処理の基礎

第1章 ディジタル信号処理とは？

マルチメディアの時代と言われはじめて久しい．本章では，ディジタル信号処理とは何か，マルチメディアパソコンを例に取って考えてみることにする．この例をとおして，いかにディジタル信号処理が現代の情報・通信産業において重要な役割をなしているか，見てみることにしよう．

また，本書の各章で何を学んでいくのか，本章をとおして理解する．

1.1 アナログ信号処理とディジタル信号処理

ディジタル信号処理を一言で表現すれば，「アナログ信号を，アナログ回路を用いずに，ディジタル回路を用いた数値演算により処理する技術」となる．

たとえば，発振回路，変復調回路やフィルタなど，いままでトランジスタなどアナログ素子で実現していた回路を，すべてディジタルシグナルプロセッサ（DSP）や専用LSI（ASIC）などによる数値演算で実現するのである．また，ディジタル信号処理は，単なるアナログからディジタルへの置換技術ではなく，アナログ回路では実現が困難であった複雑な信号処理（適応フィルタ，信号圧縮など）も実現できる柔軟性に富んだ技術でもある（図1.1）．

以下に，具体的なディジタル信号処理の応用例を見てみることにしよう．

1.2 マルチメディアとディジタル信号処理

●マルチメディアパソコン

図1.2は，インターネットを介してパソコン間でTV電話のように画像や音声の伝送を行っている様子である．このように，パソコンでワープロやデータベースなどいわゆる情報処理を行うばかりでなく，パソコンは画像・音声・データ伝送など通信や信号処理を行うことができ，まさにマルチメディア対応となってきている．こうしたマルチメディアパソコンで行える通信・信号処理を列挙すると，たとえば図1.3のようになる．

ディジタル信号処理で中心的な役割をになうアルゴリズムが**ディジタルフィルタ**と**フーリエ変換**である．以下，図1.3の例を挙げて説明しよう．

●ディジタル変調とディジタルフィルタ

パソコンを使用しているユーザーは，モデムを介してパソコン通信やインターネットにアクセスしてデータ伝送することができ，またFAXの送信も行える．こうしたデータ伝送に使用される通信方式は，QAM

〔図1.1〕
アナログ処理からディジタル信号処理へ

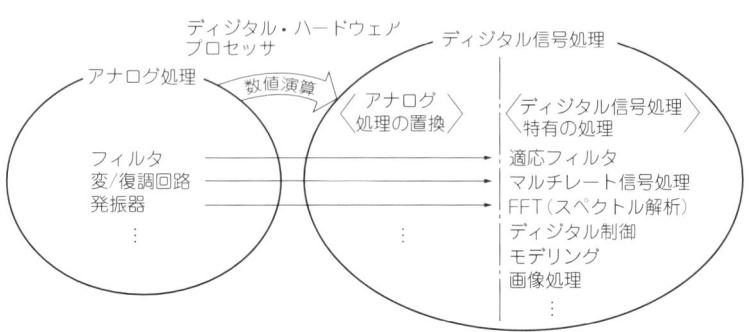

[図1.2] マルチメディア通信

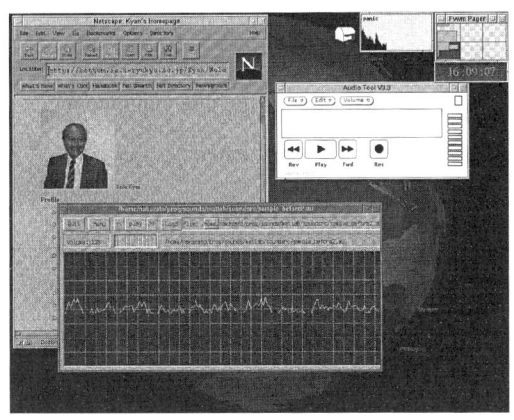

[図1.3] パソコンにおける信号処理

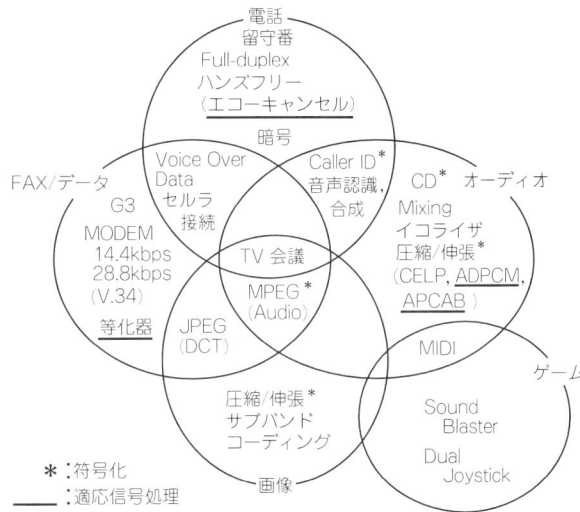

（Quadrature Amplitude Modulation）などの多値直交ディジタル変調である．そして，ディジタル変調システムでよく使われる信号処理は，雑音除去および帯域制限を行うディジタルフィルタである．

また，こうしたモデムを介した高速データ伝送システムでは，伝送路で劣化した信号を受信側で復元等化する適応ディジタルフィルタが，重要な信号処理アルゴリズムとなっている．

● 音声・画像圧縮

携帯電話におけるキーテクノロジは，音声の圧縮符号化である．CELPなど線形予測符号化が代表的な音声圧縮アルゴリズムであり，やはり適応ディジタルフィルタで実現される．

さらに，JPEGやMPEGと呼ばれる画像の圧縮/伸張システムを使用すると，静止画・動画の伝送を行うことができる．こうした画像圧縮には，離散コサイン変換（DCT：Discrete Cosine Transform）と呼ばれるフーリエ変換の一種が使用される．本書の第1部では，こうしたフーリエ変換などのディジタル信号処理の基礎について学んでいく．

● ディジタル信号処理の重要性

このように図1.3に挙げた処理のほとんどは，いわゆるディジタル信号処理と呼ばれる技術分野で開発されたアルゴリズムに基づいている．音声・画像の圧縮や信号の等化などをはじめ，ディジタル信号処理なくしては実現できなかった技術ばかりである．結局のところ，マルチメディアパソコンは，ディジタル信号処理技術の集大成と言えよう．

1.3 1次元信号処理とディジタルフィルタ

さまざまな信号処理アルゴリズムの中で，ディジタルフィルタが最もよく利用されている．一般にディジタルフィルタは，信号の帯域制限を行い，ノイズ除去や複数の信号波形から所望の信号だけを抽出するために用いられる．つぎに1次元信号に対するディジタルフィルタの具体例を，MATLABを使いながら見てみることにしよう．

● ディジタルフィルタの実例

ディジタルフィルタの基本的な回路を図1.4に示す．図のように，ディジタルフィルタは，遅延子（レジスタに相当），加算器，乗算器の3種類の演算のみで構成される．フーリエ変換など他のディジタル信号処理アルゴリズムも，すべてこの遅延，加算，乗算のみで構成される．図1.4はFIR（Finite Impulse Response）フィルタと呼ばれ，乗算器係数をインパルス応答，あるいはタップ係数と呼んでいる．

図における入力信号は，アナログ信号をT秒ごとにサンプリングしてA-D変換したディジタル信号である．とくに$f_s=1/T$ [Hz]をサンプリング周波数と呼ぶ．

さて，なぜディジタルフィルタが図1.4の構成になるのかという説明は2章以降に任せるとして，とりあえずこの回路で信号のフィルタリング，すなわち周波数帯域制限が行えることを，MATLABというCADツールを用いて実験してみることにしよう．

読者は，EX1_1.exe，EX1_2.exeおよびEX1_3．

第1部　ディジタル信号処理の基礎

[図1.4]
ディジタルフィルタの回路（FIRフィルタ）

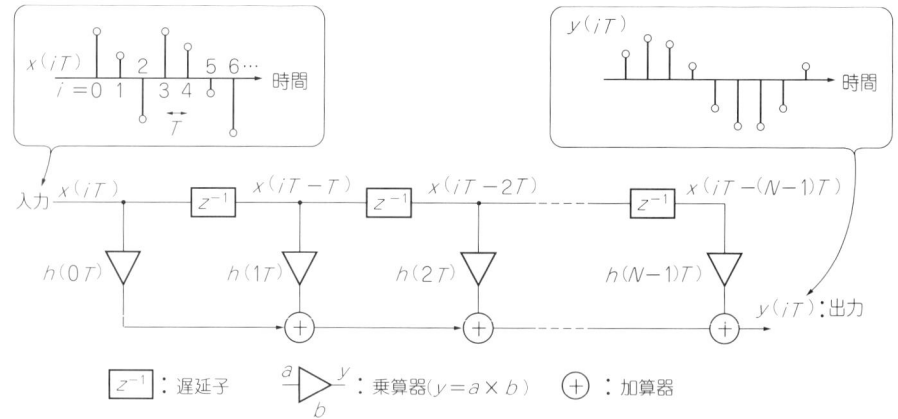

[図1.5] 例題1.1　正弦波の抽出

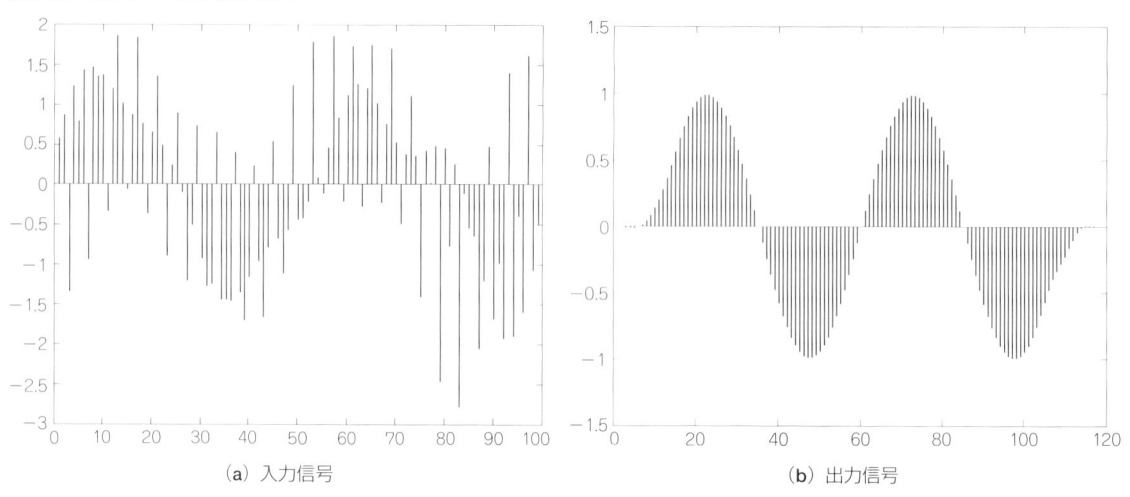

(a) 入力信号　　　　　　　　　　　　(b) 出力信号

exeを実行しながら各例題に取り組んでいただきたい．

例題1.1　ディジタルフィルタを用いた正弦波の抽出
（M-file編）

この例題は，図1.5に示す20Hzと250Hzの二つの正弦波に高周波雑音が加わった信号から，20Hzの正弦波のみをディジタルフィルタを用いて抽出する．

いま，インパルス応答の数$N=21$，サンプリング周波数$f_s=1000$Hzとして，図1.4のFIRフィルタをMATLABのコマンドでプログラム記述するとEx1r1.mのようになる．これをM-fileと呼ぶ．

20Hzの信号を抽出するFIRフィルタのインパルス応答すなわち乗算器係数（図1.4）の設計は，%matlab demo lowpass filter%部分のfir1で行っている．実際のFIRフィルタは，%matlab demo convolution%部分のconvなるたたみ込み演算コマンドで実行している．なお，%matlab demo input signal%部分のconvは高周波信号を生成するために使用されている．

このM-fileを実行させた結果が，EX1_1.exeで画面表示されている内容である．このように，希望どおりに20Hzの信号が抽出されていることがわかるであろう．

フィルタの周波数特性もグラフ表示されているので，なぜこのM-fileで20Hzの信号を抽出するフィルタが実現できているのか検討していただきたい．

宿題1.1

例題1.1のインパルス応答の数$N=11$と少なくして出力信号を観測しなさい．

ヒント：ファイルEX1_1.mを修正する．具体的には，fir1の引き数の20という値を変える．この引き数の値は伝達関数の次数（第5章で説明）であり，イン

〔図1.6〕
例題1.2 Simulinkによるディジタルフィルタの表現

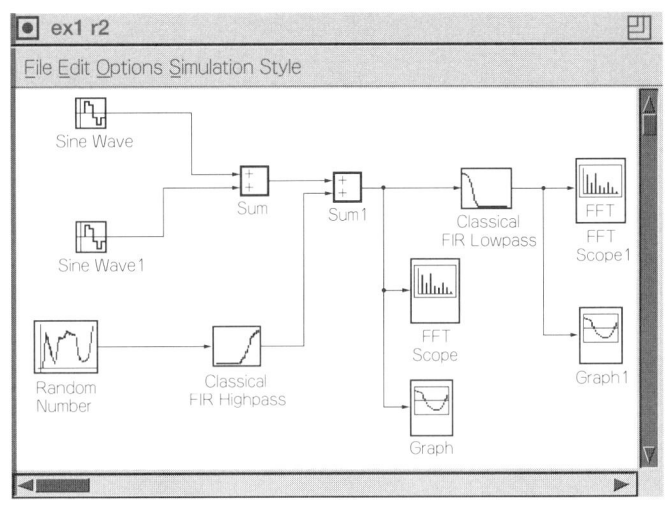

パルス応答の数Nより1だけ大きい値である(解答:ファイルHW1_1.m).

宿題1.2

例題1.1で250Hzの正弦波を抽出しなさい.

ヒント;fir1の引き数である周波数パラメータを変える.このパラメータは,サンプリング周波数f_sの半分(ナイキスト周波数)を1としている(解答:ファイルHW1_2.m).

例題1.2 ディジタルフィルタを用いた正弦波の抽出 (Simulink編)

MATLABは,Simulinkと呼ばれるブロック図入力のシミュレータも有している.例題1.1と同内容をSimulinkで実現したファイルがEX1_2.mであり(図1.6),その実行結果がEX1_2.exeである.

このように,例題1.1のM-fileのようなプログラミングをしなくても,ブロック図入力でアルゴリズムの検証ができるので効率がよい.

なお,ディジタル信号処理を実行するためには,Simulink以外にDSP Blocksetなるオプションが必要である.

例題1.3 Chirp信号を入力とするディジタルフィルタ

EX1_3.exeは,周波数が連続的に増加するChirp信号を入力とした低域通過フィルタの実験例である.このように,周波数が上がるにしたがって出力信号の振幅が低下しており,このことから動作しているフィルタが低域通過型であることが理解できる.

本書の第2部では,ディジタルフィルタの設計や特性の解析方法について学んでいく.

〔図1.7〕セルラ電話用IIRフィルタ

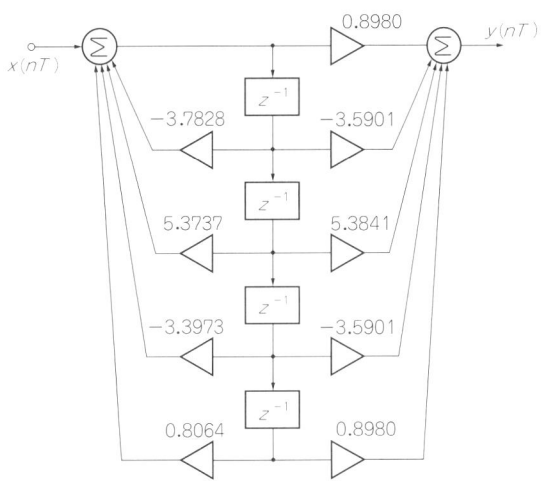

●有限語長問題

次に,ディジタルフィルタを実際にDSPやASICで動作させた場合に生じる問題点について簡単な例で見てみることにしよう.

図1.7は,セルラー電話器において米国TIA規格で推奨されている前処理用のIIR(Infinite Impulse Response)フィルタである.

このフィルタを小数部12ビットの単精度固定小数点乗算器を用いて実際に動作させると,図1.8(a)の実線のように振幅特性が理想特性に対して劣化する.劣化の原因は,フィルタ係数の量子化(2値化)による.一方,同図(b)のようにゼロ入力にかかわらず出力信号が発振して実用に耐えない結果となっている.発振

[図1.8] ハイパスフィルタの特性例（有限語長問題）

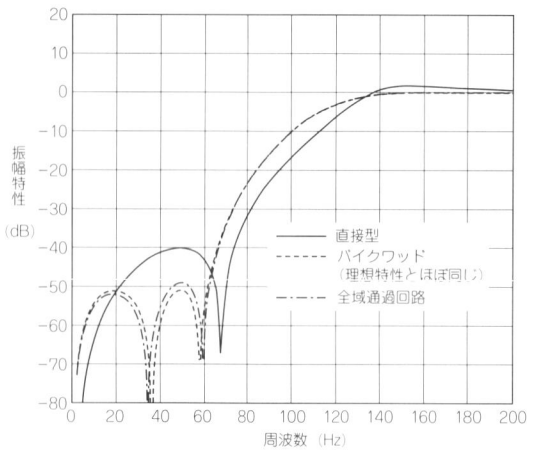

（a）振幅特性（係数量子化による劣化）

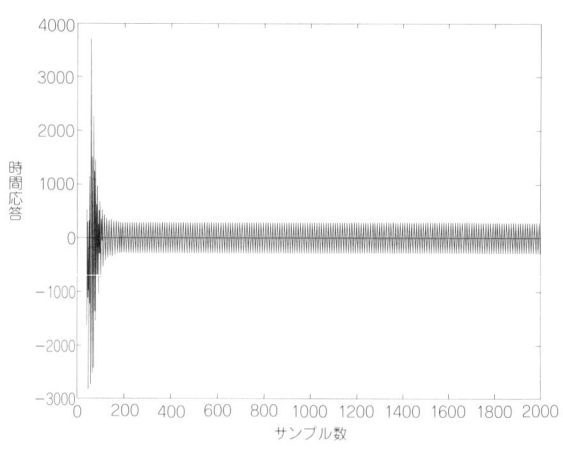

（b）時間応答（オーバフロー発振）

の理由は，加算器のオーバフローによる．

このように実際のディジタルフィルタや信号処理アルゴリズムは，発振やノイズが発生して理論どおりの動作をしない場合が多い．"ディジタル"で実現しているのに意外であろう．これらの劣化は，有限語長問題と呼ばれ，とくに固定小数点演算で顕著となる．

本書の第3部では，こうした有限語長問題の対処方法についても解説する．具体的には，短いビット長でも劣化が生じないフィルタ係数の設計法や回路構成について，CADツールを用いながら理解していく．このような検討は，低消費電力LSIの設計指針にもつながるので，重要な話題である．

1.4 2次元信号処理とDCTによる画像圧縮

さて，いままで1次元信号について眺めてきたが，ここでは2次元信号すなわち画像と信号処理の関係を見てみることにしよう．

● 画像圧縮の必要性

計算機で扱う画像はすでに量子化（2値化）されているので，その処理はディジタル信号処理そのものと言うことができる．画像の信号処理としては，拡大縮小，解像度変換，輪郭強調，ボケ修復，圧縮/伸張など数多くある．これらの中でとくに重要な要素技術は圧縮/伸張である．

たとえば1000×1000（ピクセル）の画像を1ピクセル8ビットで量子化すると，それだけで1Mバイトとなり，フロッピディスク1枚で1画面しか記録できないことになる．このように，画像信号は音響信号に比べて膨大な情報量を有しており，その伝送には圧縮技術が不可欠となる．こうした圧縮の技術規格として静止画に対してJPEG，動画に対してMPEGが勧告されているのである．

● DCTによる圧縮の原理

そこで，静止画の圧縮原理を実験を通して具体的に見てみることにしよう．

基本的に動画の圧縮も同じだが，画像圧縮方式として離散コサイン変換（DCT）がよく利用されている．DCTは，フーリエ変換の実部と考えればよく，一種の周波数スペクトル解析を行う．DCTにより圧縮が行える理由は，以下のとおりである．

一般に，音響信号や画像信号は，低周波スペクトルに比べて高周波スペクトルのパワーは少ない．信号に対してDCTを施して得られるDCT係数は，上で述べたように一種の周波数スペクトルと考えられるので，高周波スペクトルに相当する係数に少ないビット割り当てを行っても画像のもつ情報はそれほど失われないことになる．したがって，逆DCTをして得られる画像は，元画像と比べてそれほど劣化しないのである．

このようにJPEGやMPEGは，高周波に相当するDCT係数のビット割り当てを少なくするか廃棄して伝送することにより，圧縮を行っているのである．

例題1.4　DCTによる画像圧縮

図1.9（a）の元画像に対して2次元DCTを施して，画像圧縮を行う．MATLABにdct2というコマンドが提供されているのでこれを用いることにする．

EX1_4.exeを実行していただくと，圧縮・再生の過程が理解できるあろう．ここでは画像を8×8ピク

セルに分割して処理している.

同図(b)は5以下のDCT係数を廃棄した場合の再生画像である.ゼロのDCT係数は,前係数に対して92%である.この場合の再生画像は,ほとんど元画像と比較して劣化がない.

一方,同図(c)は100以下を廃棄した場合であり,98%のDCT係数がゼロになった.したがって,再生画像はかなり劣化している.

●フィルタバンクとサブバンドコーディング

DCTに類似した音響信号・画像信号の圧縮方式に,サブバンドコーディングがある.これは,信号をいくつかの帯域(サブバンド)に分割して,それぞれ並列に符号化する方式であり,高い圧縮が可能となる.

フィルタバンクは,時間-周波数の多重度解析が可能なウェーブレット変換やDCTとも密接な関係がある.

本書の第4部では,フィルタバンクをはじめ,マルチレート信号処理と呼ばれる一つのシステムで複数のサンプリングレートを有するシステムの信号処理方式について学ぶ.

まとめ

第1章では,ディジタル信号処理とは何かマルチメディアパソコンをとおして見てきた.理論はともかく,ディジタル信号処理の概要がわかっていただければ十分である.次章からディジタル信号処理の理論的な事項について本格的に学んでいく.

参考文献
(1) 尾知 博;ディジタル信号処理における有限ビット演算の影響,電子情報通信学会誌,Vol.78, No8, pp.768-777(1995-08).

〔図1.9〕DCTによる画像圧縮

(a) 元画像

(b) 再生画像(5以下のDCT係数を廃棄)

(c) 再生画像(100以下のDCT係数を廃棄)

第2章

信号とシステム/時間と周波数

第1部 ディジタル信号処理の基礎

CDプレーヤやDVDなどディジタル信号処理を応用したシステムが広く普及するようになった．ここで，"信号"と"システム"とは，具体的にどのようなものであろうか？ 本章は，こうした信号とシステムの定義について検討し，それらの時間および周波数領域の表現方法について学んでいく．

2.0 導入

まず，簡単なディジタルフィルタを通して，ディジタル信号処理で扱う信号とシステムについて見てみることにしよう．

実習2.0 ディジタルフィルタとは？

図2.0(a)の信号$x(t)$は，直流信号(1V)に雑音が加わったランダム信号である．この雑音を除去するシステムを考えてみよう．

そこで，図(b)のディジタルシステムに信号$x(t)$を入力してみる．このシステムは，FIRディジタルフィルタと呼ばれる．

ここで，$x(t)$はT[sec]ごとにしか信号が存在せず，また，z^{-1}が信号をT[sec]遅延させるレジスタであるとすると，システムの出力$y(nT)$は次のように表せられる．nは整数である．

$$y(nT) = \frac{1}{2}h_0 x(nT) + \frac{1}{2}h_1 x(nT-T) \quad (2.0.1)$$

さて，式(2.0.1)に図(a)の$x(t)$の値を代入して，T[sec]ごとの出力を計算していただきたい．結果は，図(c)に示す雑音が除去された直流信号が得られるはずである．

この簡単な例から，ディジタルフィルタで雑音除去が可能であることが理解できたであろう．しかし，なぜ雑音除去が可能となるのか？ また，どのような雑音でも除去が可能なのであろうか？ これらのことを調べるためには，システムの時間応答や周波数特性を知る必要がある．

そこで本章では，ディジタル信号処理で扱う信号やシステムの，時間領域および周波数領域の表現方法や特性の解析方法について調べていくことにする．

2.1 信号とは？

まず，ディジタル信号処理で扱う信号がどのようなものであるかを見ていく．

2.1.1 ディジタル信号処理システムと信号

図2.1は，アナログ入出力ディジタル信号処理シス

〔図2.0〕ディジタルフィルタとは

(a) 入力信号 $x(t)$

(b) FIRフィルタ

(c) 入力信号 $y(t)$

第2章 信号とシステム/時間と周波数

〔図2.1〕アナログ入出力ディジタル信号処理システム

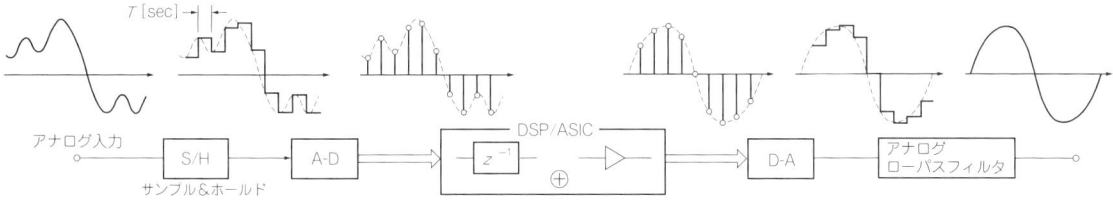

〔図2.2〕連続時間信号と離散時間信号

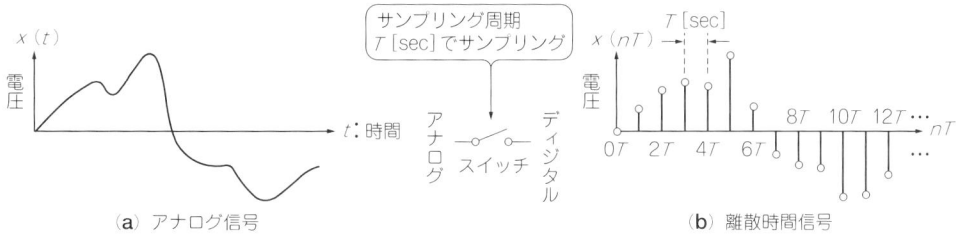

(a) アナログ信号　　(b) 離散時間信号

テムである．システムによっては，直接にディジタル信号をインターフェースする場合もあろう．いずれにしても，ディジタル信号処理システムで扱う信号は，もともとアナログ信号である場合が多い．

処理対象のアナログ信号は，まずサンプル&ホールド回路とA-DコンバータでT[sec]ごとにその電圧値が2進数に変換される．

このように量子化されたディジタル信号は，DSP（ディジタル・シグナル・プロセッサ）やASICで処理内容別にアルゴリズムに基づいて処理される．ここがいわゆる「信号処理」と呼ばれる部分であり，ディジタルフィルタ，高速フーリエ変換（FFT）や周波数シフトなどがその代表的なアルゴリズムである．

これらの信号処理は，加算，乗算および遅延の3種類の演算のみによりリアルタイムで実現される．遅延器はz^{-1}で表され，信号をT[sec]遅延させるレジスタにより構成されている．

処理された信号は，D-A変換されて再びアナログ信号に戻される．

このようにディジタル信号処理は，アナログ信号処理をリアルタイムにディジタル演算を用いて実現する技術であると言える．

2.1.2 離散時間信号とは？

● 連続時間信号と離散時間信号

ディジタル信号処理で扱う信号$x(nT)$は，図2.2に示すようにアナログである連続時間信号$x(t)$をサンプル間隔T(sec)でサンプリングした信号である．

〔図2.3〕離散時間信号の例

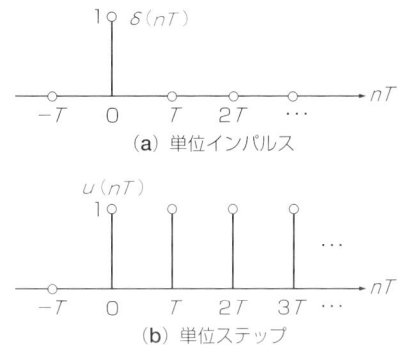

(a) 単位インパルス

(b) 単位ステップ

$x(nT)$は**離散時間信号**（discrete time signal）あるいはディジタル信号と呼ばれ，$x(t)$の時刻$t=nT$，$n=0$，1，2…における電圧値である．また，$f_s=1/T$を**サンプリング周波数**（sampling frequency）と呼んでいる．

実際のシステムでは，図2.1のようにサンプル&ホールド回路によりアナログ信号をサンプリングして$x(nT)$を得ている．さらにA-Dコンバータにより，$x(nT)$の電圧値を2進数に量子化する．しかしながら，量子化しても$x(nT)$には変わりないので，今後は図のように電圧値は連続に描くことにする．

● いろいろな離散時間信号

ディジタル信号処理においてよく使われる信号として，図2.3の単位インパルス関数（unit impulse）と単位ステップ関数（unit step）がある．

$$\text{単位インパルス関数；} \delta(nT) = \begin{cases} 1, & n=0 \\ 0, & n \neq 0 \end{cases} \quad (2.1.1)$$

〔図2.4〕例題2.1

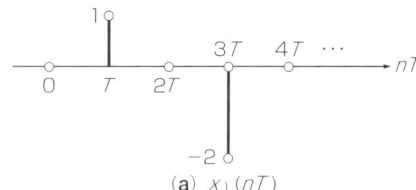

(a) $x_1(nT)$

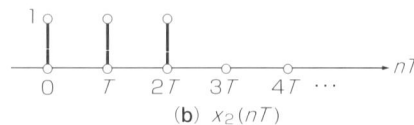

(b) $x_2(nT)$

(c) $x_3(nT)=x_2(nT-T)$

単位ステップ関数；$u(nT)=\begin{cases}1, & n \geq 0 \\ 0, & n < 0\end{cases}$ (2.1.2)

例題2.1 離散時間信号

次の信号を描きなさい．

(1) $x_1(nT)=\delta(nT-T)-2\delta(nT-3T)$

(2) $x_2(nT)=u(nT)-u(nT-3T)$

(3) $x_3(nT)=x_2(nT-T)$

答えを図2.4に示しておく．

次に，MATLABを使っていろいろな離散時間信号を実際に作ってみることにしよう．

実習2.1	信号を作る——MATLAB演習
	M-file：ex2_1.m,
	実行ファイル：ex2_1.exe

以下の信号をMATLABで発生させ，プロットしなさい．

(a) 時間シフトをともなう単位インパルス

$$x(nT)=\delta(nT-n_0T)$$

ただし，$n_0=3$は整数とする．

(b) 正弦波

発振周波数がf[Hz]，初期位相がϕ[rad]，サンプリング周波数$f_s=1/T$[Hz]である正弦波は，次式で表せられる．

$$x(nT)=\sin(\omega nT+\phi)$$

ただし，$\omega=2\pi f$

ここでは，$f=1000$[Hz]，$\phi=\frac{2}{3}\pi$，$f_s=10000$[Hz]とする．

(c) 指数関数

$$x(nT)=e^{j(\omega nT+\phi)}$$

〔図2.5〕
離散時間信号を作る

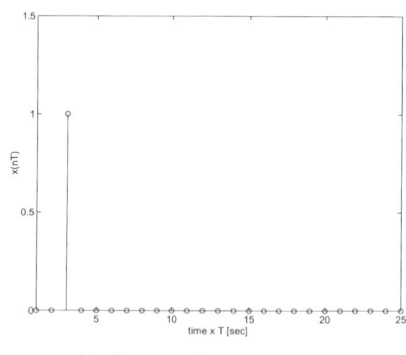

(a) 単位インパルス$\delta(nT-3T)$

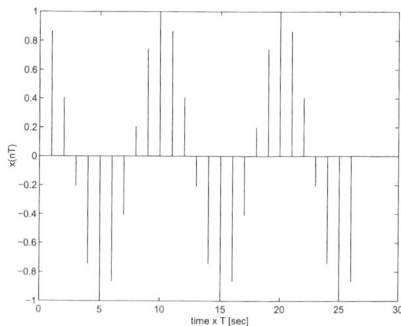

(b) 正弦波$\sin(\omega nT+\phi)$

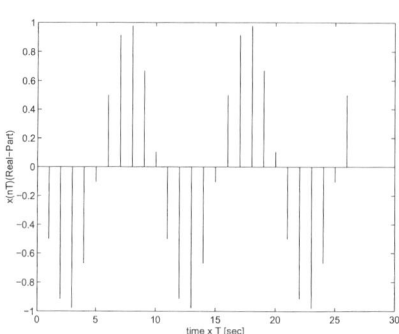

(c) 指数関数$\exp(j\omega nT)$：実部

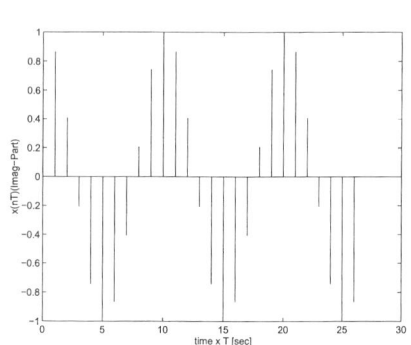

(d) 指数関数$\exp(j\omega nT)$：虚部

〔図2.6〕インパルス $\delta(nT)$ を用いた離散信号時間の表現

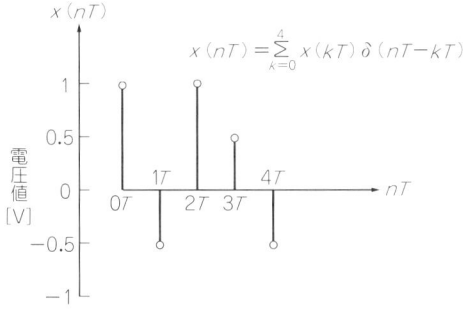

〔図2.8〕フィードバックを有する回路

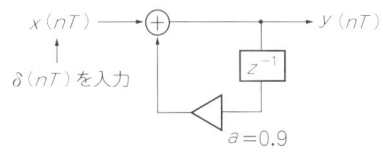

$$= \cos(\omega nT + \phi) + j\sin(\omega nT + \phi)$$

で表される信号を**指数関数**と呼んでおり，実数部に余弦波を，虚数部に正弦波をもつ複素数信号である．表記として，$\exp(j\omega nT)$ と書く場合もある．前式は，オイラーの公式として知られている．

f，ϕ，f_s を（**b**）と同様に選び，波形を描いてみよう．結果を図2.5に示す．

2.1.3 離散時間信号の表現

次に，単位インパルス $\delta(nT)$ を使った離散時間信号 $x(nT)$ の表現方法について考察してみよう．

例題2.2 単位インパルスを使った離散時間信号の表現

単位インパルス $\delta(nT)$ を使って，図2.6の離散時間信号 $x(nT)$ を表してみよう．

【解】

$x(0T)=1$，$x(1T)=-0.5$，$x(2T)=1$，$x(3T)=0.5$，$x(4T)=-0.5$ であり，その他の n に対してはゼロなので，$\delta(nT)$ の性質〔式(2.1.1)〕を利用すると $x(nT)$ は次のように表される．

$$\begin{aligned}x(nT) &= 1\delta(nT) - 0.5\delta(nT-1T) + 1\delta(nT-2T)\\ &\quad + 0.5\delta(nT-3T) - 0.5\delta(nT-4T)\\ &= \sum_{k=0}^{4} x(kT)\delta(nT-kT)\end{aligned} \quad (2.1.3)$$

上の例題より，式(2.1.3)の $x(nT)$ を一般化し，無限時間まで続く信号であるとすると，次式で表される離散時間信号の一般的な表現を得る．

<公式2.1：離散時間信号の表現>

$$x(nT) = \sum_{k=-\infty}^{\infty} x(kT)\delta(nT-kT) \quad (2.1.4)$$

このように，任意の信号 $x(nT)$ が単位インパルス $\delta(nT)$ を使うことにより関数表現でき，後ほど解説するシステム解析で大いに役に立つ．

2.2 システムの時間領域表現

これまで，信号について検討してきた．次にディジタル信号処理で扱われるシステムについて，その応答や性質を時間領域で眺めていくことにしよう．

2.2.1 システムと差分方程式

●**信号処理システムの3要素**

ディジタル信号処理は，図2.7に示す加算，乗算および遅延の三つの演算で実現される．遅延子 z^{-1} は，1サンプル時間だけ信号を遅延させるレジスタに相当する．

●**差分方程式**

信号処理システムにおける時間領域の入出力関係は，特に**差分方程式**（differential equation）と呼ばれている．たとえば，式(2.0.1)は，図2.0のシステムの差分方程式である．

例題2.3 差分方程式

図2.8に示すフィードバックを有する回路の差分方程式を求めなさい．

【解】

$$y(nT) = x(nT) + ay(nT-T)$$

〔図2.7〕
信号処理の基本要素

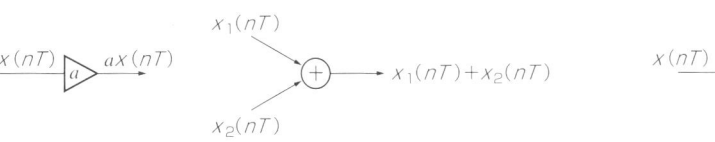

（a）乗算器　　　　　（b）加算器　　　　　（c）遅延子

第1部 ディジタル信号処理の基礎

[図 2.9]
線形時不変システム

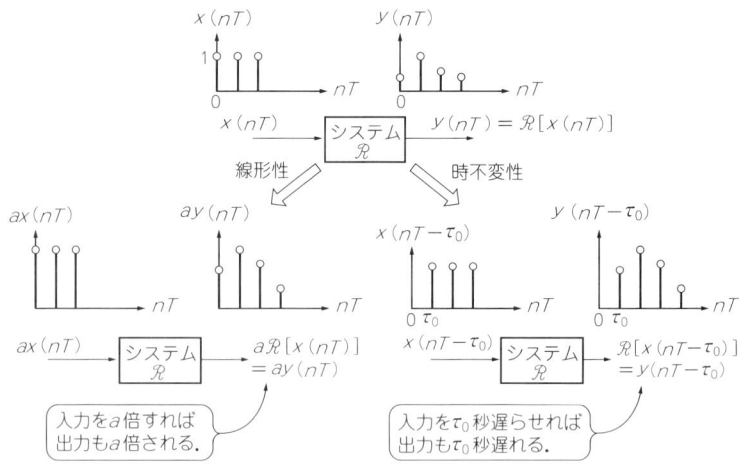

2.2.2 線形時不変システム

ディジタルフィルタなどのディジタル信号処理で実現されるシステムは，離散時間信号を入力とするので**離散時間システム**（discrete time system）と呼ばれる．

一般にディジタル信号処理で対象とする離散時間システムは，**線形時不変システム**（linear time invariant system）であることが多い．

ここで，**線形**とは入力 x を a 倍すれば出力 y も a 倍され，また複数の信号を足し合わせて入力しても，出力はそれぞれの入力信号に対する出力の和となることを意味する．一方，**時不変**とは，信号 x の印加時間を kT 秒遅らせれば出力信号も kT 秒遅れるシステムである（図 2.9）．

いま，システムの入出力関係を，
$$y(nT) = \mathcal{R}[x(nT)] \tag{2.2.1}$$
で表すことにする．$\mathcal{R}$ は，システムの応答を表す演算子である．ディジタルフィルタなどがシステムに相当する．

この演算子 $\mathcal{R}$ を使うと，上で述べた線形時不変システムの性質は，以下の式で記述することができる．

◆ **定義 2.1：線形時不変システム** ◆

(1) 線形性：
$$\mathcal{R}[ax(nT)] = a\mathcal{R}[x(nT)]$$
$$\mathcal{R}[ax_1(nT) + bx_2(nT)] = a\mathcal{R}[x_1(nT)] + b\mathcal{R}[x_2(nT)] \tag{2.2.2}$$

(2) 時不変性：
$$\mathcal{R}[x(nT-\tau_0)] = y(nT-\tau_0) \tag{2.2.3}$$

その他に非線形あるいは時変システムもディジタル信号処理では扱うことができる．

例題 2.4 線形性と時不変性

次の差分方程式を有するシステムの線形性と時不変性を判定せよ．

(1) $y(nT) = x(nT) + x(nT-T)$

(2) $y(nT) = nx(nT)$

【解】

(1) 線形性：
$$\mathcal{R}[ax_1(nT) + bx_2(nT)]$$
$$= ax_1(nT) + bx_2(nT) + ax_1(nT-T) + bx_2(nT-T)$$
$$= a[x_1(nT) + x_1(nT-T)] + b[x_2(nT) + x_2(nT-T)]$$
$$= a\mathcal{R}[x_1(nT)] + b\mathcal{R}[x_2(nT)]$$

時不変性：
$$\mathcal{R}[x(nT-kT)]$$
$$= x(nT-kT) + x(nT-T-kT)$$
$$= y(nT-kT)$$

以上より，線形かつ時不変システムである．

(2) 線形性：
$$\mathcal{R}[ax_1(nT) + bx_2(nT)]$$
$$= nax_1(nT) + nbx_2(nT)$$
$$= a\mathcal{R}[x_1(nT)] + b\mathcal{R}[x_2(nT)]$$

したがって，線形システムである．

時不変性：
$$\mathcal{R}[x(nT-kT)]$$
$$= nx(nT-kT)$$
$$y(nT-kT) = (n-k)x(nT-kT)$$

$y(nT-kT) \neq \mathcal{R}[x(nT-kT)]$ なので，時不変システムでない．

2.2.3 インパルス応答とたたみ込み

さて2.2.1節で定義した線形時不変システムにある信号を入力した場合，応答すなわち出力はどのようになるのであろうか．まず，時間領域で検討することにしよう．

●インパルス応答によるシステムの表現

式(2.2.1)に式(2.1.4)を代入すると，定義2.1における線形時不変システムの性質(1)より，

$$y(nT) = \Re\left[\sum_{k=-\infty}^{\infty} x(kT)\delta(nT-kT)\right]$$
$$= \sum_{k=-\infty}^{\infty} x(kT)\Re[\delta(nT-kT)] \quad (2.2.4)$$

となる．上式において，$\Re$ は時刻 nT の演算子であるから $\Re$ は $\delta(nT)$ にのみかかる．

ここで，単位インパルス $\delta(nT)$ を入力とするシステムの応答を $h(nT)$ と定義しておく〔図2.10(a)〕．

$$h(nT) = \Re[\delta(nT)] \quad (2.2.5)$$

この $h(nT)$ は，**インパルス応答**（impulse response）と呼ばれ，システムの解析において非常に重要な役割を果たす．このインパルス応答は，定義2.1の線形時不変システムの性質(2)より，

$$h(nT-kT) = \Re[\delta(nT-kT)] \quad (2.2.6)$$

となるので，式(2.2.4)は

$$y(nT) = \sum_{k=-\infty}^{\infty} x(kT)h(nT-kT) \quad (2.2.7)$$

と表すことができる．

実習2.2	インパルス応答を求める
	M-file：ex2_2.m,
	実行ファイル：ex2_2.exe

図2.11(a)に示す回路のインパルス応答を，
(1) 例題2.3で求めた差分方程式を利用して求めなさい．
(2) MATLABを用いて(1)の結果を確認しなさい．
ヒント；コマンド impz を使用してもよい．

〔図2.11〕
実習2.2　インパルス応答

〔図2.10〕線形時不変システム $\Re$ の応答

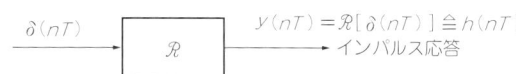

(a) インパルス $\delta(nT)$ が入力された場合：インパルス応答

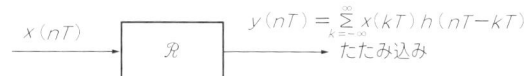

(b) 信号 $x(nT)$ が入力された場合：たたみ込み

結果を図2.11(b)に示しておく．

参考 この回路は，$a = \exp(-C/R)$ とすると，アナログ RC 積分回路と等価になっている．

●たたみ込み

式(2.2.7)は**たたみ込み**（convolution）と呼ばれ，線形時不変システムの時間領域における応答は，入力信号とインパルス応答のたたみ込みで一意に計算できるという重要な結果を示している〔図2.10(b)〕．

式(2.2.7)のたたみ込みは，次のように表記される場合もある．

$$y(nT) = x(nT) * h(nT) \quad (2.2.8)$$

―――＜公式2.2：線形時不変システムの応答＞―――
たたみ込み：

$$y(nT) = \sum_{k=-\infty}^{\infty} x(kT)h(nT-kT) \quad (2.2.9a)$$

$$= \sum_{k=-\infty}^{\infty} h(kT)x(nT-kT) \quad (2.2.9b)$$

ただし，$h(nT)$ はインパルス応答

式(2.2.9b)は，$nT-kT$ を新たに kT とおくことにより求まり，たたみ込みの計算においてその順序は交換可能であるという重要な性質を示す（章末問題2.3）．

以上の考察により，線形時不変システムの応答は，インパルス応答を用いて統一的に表現できることがわ

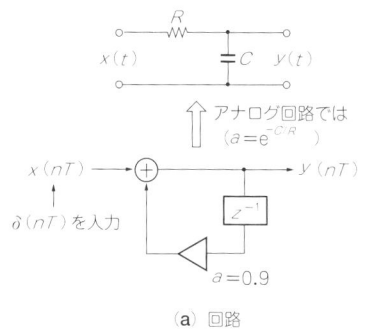

(a) 回路

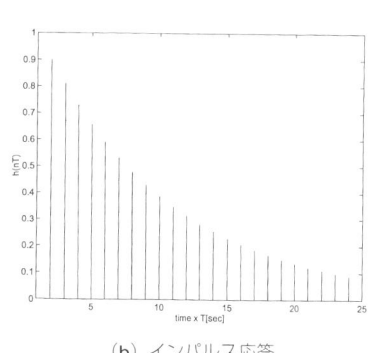

(b) インパルス応答

[図2.12] 例題2.5

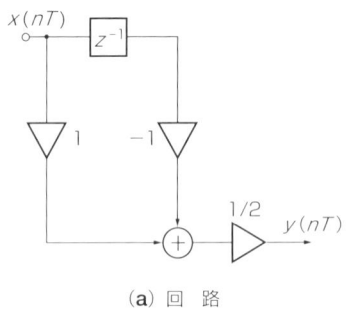
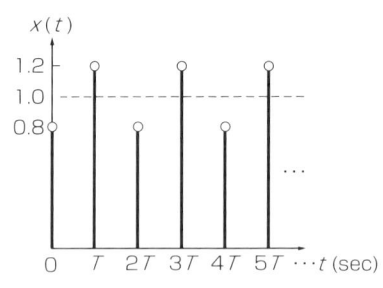
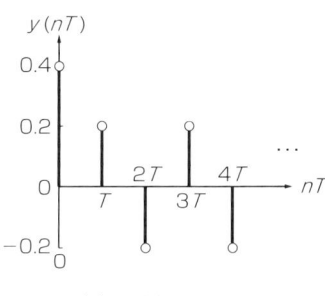

(a) 回 路　　　　(b) 入力信号 $x(nT)$　　　　(c) 出力信号 $y(nT)$

かる．

　インパルス応答は，周波数特性などそのシステムに関する多くの情報をもっており，後ほど明らかにしていく．

例題2.5　インパルス応答とたたみ込み

(1) 図2.12(a)に示す回路のインパルス応答を求めなさい．ただし，初期条件として，時刻 $n<0$ で各遅延子の値はゼロとする．
(2) 図(b)の信号を入力した場合の出力 $y(nT)$ を，たたみ込みにより求めなさい．ただし，$n=0\sim5$ とする．

【解】
(1) 単位インパルス $\delta(nT)$ が時刻 $nT=0$ のときにのみに値をもつ信号であることと，z^{-1} が1サンプル遅延に相当することに注意すると，単位インパルスを入力とした場合の回路出力すなわちインパルス応答 $h(nT)$ は，

$$h(nT)=|0.5-0.5|$$

このように，$n=0,1$ にだけ値をもつインパルス応答であり，またその値は乗算器の係数そのものであることがわかる．

(2) インパルス応答が求まったので，たたみ込みは，

$$y(nT)=0.5x(nT)-0.5x(nT-T)$$

で表される．上式を計算した結果を図2.12(c)に示す．
　このように，実習2.0と異なり，雑音のみを抽出するフィルタになっていることがわかる．
　なお，上式は差分方程式そのものとなっている．

実習2.3	たたみ込み――MATLAB演習
	M-file：ex2_3.m

　例題2.5(2)をMATLABを用いて実行しなさい．
ヒント；コマンド filter または conv を用いる．

● IIR/FIRフィルタ

　公式2.2で示したインパルス応答 $h(nT)$ は，無限長であるのでIIR(Infinite Impulse Response)と呼ばれる．一方，例題2.5のように有限長の場合(たとえば $n=0$ ～ $N-1$) はFIR(Finite I.R.)と呼ばれる．たとえばディジタルフィルタの場合も，IIR型とFIR型に分類される．

　ところで，IIRシステムにおけるたたみ込みは，無限回の積和演算が必要となり計算不可能である．しかしながら，実習2.2で検討したとおり，図2.8のようにフィードバック構造になっているシステムはIIRとなり，実現可能となるのである．

2.2.4　因果性と安定性

● 因果性システムの定義

　ところで，現実の物理システムの応答 $y(nT)$ は，現時刻 nT より過去の入力 $x(nT)$ にのみ関係し，nT より未来の $x(nT)$ は関係しないはずである．このような，未来の信号に現在の応答が関係しないシステムを**因果システム**(causal system)と呼ぶ．

　当然ながら，リアルタイム処理を行うディジタルフィルタや信号処理システムもその一つである．

● 線形時不変システムの因果性

　以上の因果性を考慮すると，線形時不変システムの出力は，式(2.2.9a)より次のようになる．

$$y(nT)=\sum_{k=-\infty}^{n}x(kT)h(nT-kT)\quad :因果システム$$

(2.2.10)

　上式より，システムのインパルス応答が，

$$h(nT)=0\ ,\quad n<0$$

である場合も，$x(kT)$ が存在する時間に関係なく，そのシステムは因果性システムになることがわかる．
　このように負の時間にインパルス応答が存在しないことが，線形時不変システムが，因果性をもつための必要十分条件となる．

● 因果的な信号

　一方，負の時間に値が存在しない離散時間信号を因

果的な信号と呼び，われわれが通常扱う信号は因果的である．ここで時間ゼロとは，システムの動作開始時間と考える．

因果的な信号を入力すると，式(2.2.10)の因果性システムの出力は，

$$y(nT) = \sum_{k=0}^{n} x(kT)h(nT-kT) \quad :因果信号 \quad (2.2.11)$$

となる．上式の意味するところは，因果的な信号を入力とする因果システムは，出力も因果的であるということである．このことは，入力が印加される前に応答がないというごく当たり前の話である．

例題2.6 システムの因果性

次の差分方程式を有するシステムの因果性を判定せよ．

(1) $y(nT) = 0.5x(nT) + 0.5x(nT-T)$
(2) $y(nT) = 0.5x(nT) - 0.5x(-nT+T)$

【解】
(1) この場合は線形時不変システムであるので，インパルス応答$h(nT)$を吟味する．

$$h(nT) = \begin{cases} 0.5 & (n=0, 1) \\ 0 & (その他のn) \end{cases}$$

なので，$n<0$において$h(nT)=0$となり，本システムは因果性システムである．

(2) 本システムは時不変システムでないので，定義にしたがって判定する．いま，$nT=0$とすると，

$$y(0) = 0.5x(0) - 0.5x(T)$$

となり，未来の時刻の信号$x(T)$を必要とするので因果性システムではない．

●システムの安定性(stability)

次に，線形時不変システムの安定性について述べておこう．システムが安定であるということは，有限な値をもつ信号(有界な信号という)が入力されたとき，応答も有界になるということである．

線形時不変システムが安定になる条件は，

$$\sum_{n=-\infty}^{\infty} |h(nT)| < \infty \quad (2.2.12)$$

となることが証明されている[1]．

式の意味するところは，$h(nT)$の値が時間が経てばいつかはゼロになるということである．したがって，このようなシステムにおいては，有界な入力に対して応答が有界になることは直観的に理解できるであろう．

例題2.7 線形時不変システムの安定性

インパルス応答が，

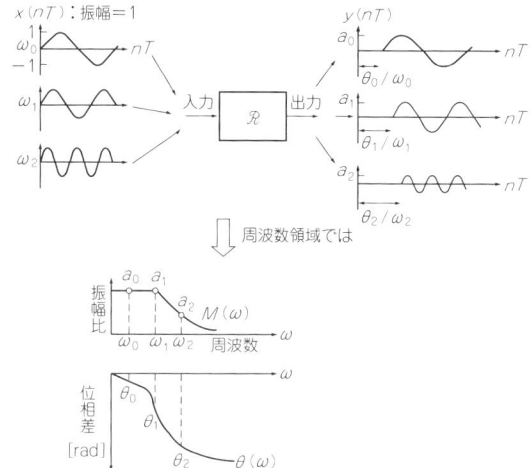

〔図2.13〕線形時不変システム$\mathcal{R}$の周波数特性の調べ方

$$h(nT) = \begin{cases} a^n, & n > 0 \\ 0, & n < 0 \end{cases}$$

である因果的な線形時不変システムの安定判別をしなさい．

【解】

$$\sum_{n=-0}^{\infty} |h(nT)| = 1 + |a^1| + |a^2| + |a^3| + \cdots$$

であるので，もし$|a| \geq 1$ならば上式の値は∞に発散し，式(2.2.12)の安定条件を満足しなくなる．

総和の値が収束する，すなわち安定条件を満足するためには，$|a| < 1$でなければならない．

この結果より実習2.2のシステムが安定であるためには，$|a| < 1$でなければならないことがわかる〔図2.11(b)〕．

2.3 システムの周波数領域表現

これまで，線形時不変システムの時間領域における応答について検討してきた．次に周波数領域におけるシステムの表現方法について考察していこう．

2.3.1 周波数応答

与えられたシステムについて，ある周波数区間の性質を調べようとする場合，簡単な方法として図2.13のように単一の周波数成分(スペクトル)をもつ正弦波信号を入力し，順次その周波数を変化させてそのたびに応答を測定する方法が考えられよう．得られる情報としては，各周波数点における入出力信号の振幅比$M(\omega)$や位相差$\theta(\omega)$などである．

[図2.14]
線形時不変システム$h(nT)$の周波数応答

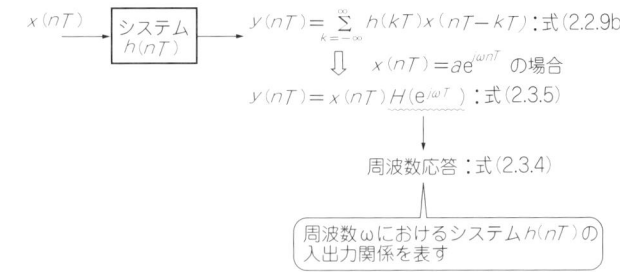

以下では，$M(\omega)$や位相差$\theta(\omega)$をインパルス応答から求める方法について検討する．

● 正弦波入力におけるシステムの応答

いま，オイラーの公式（コラムA）より，

$$\cos\omega nT = \frac{e^{j\omega nT}+e^{-j\omega nT}}{2} \qquad (2.3.1)$$

なる三角関数の公式が成立するので，システムに正弦波（ここではcos波）を入力することと指数関数$e^{j\omega nT}$を入力することは等価になる．

そこで，ピーク値がaである次の指数で表示された正弦波信号

$$x(nT) = ae^{j\omega nT} \qquad (2.3.2)$$

を入力信号とし，インパルス応答が$h(nT)$の線形時不変システムの応答を計算してみることにしよう．

式(2.2.9b)に式(2.3.2)を代入すると，その応答は次式となる．

$$y(nT) = a\sum_{k=-\infty}^{\infty} h(kT)e^{j\omega(nT-kT)}$$

$$= ae^{j\omega nT}\sum_{k=-\infty}^{\infty} h(kT)e^{-j\omega kT} \qquad (2.3.3)$$

ここで，

◆定義2.2：周波数応答◆

$$H(e^{j\omega T}) = \sum_{k=-\infty}^{\infty} h(kT)e^{-j\omega kT} \qquad (2.3.4)$$

とおき，式(2.3.2)に注意すると，式(2.3.3)は，

$$y(nT) = ae^{j\omega nT}H(e^{j\omega T})$$
$$= x(nT)H(e^{j\omega T}) \qquad (2.3.5)$$

となり，式(2.3.2)の入力$x(nT)$が$H(e^{j\omega T})$倍されて出力$y(nT)$になると解釈できる（図2.14）．

$H(e^{j\omega T})$はωが変数であるので，システムの周波数領域での性質を決定していると考えられる．こうした意味で，$H(e^{j\omega T})$は周波数応答と呼ばれ，インパルス応答$h(nT)$により唯一決定されることがわかる．

後ほど明らかになるように，周波数応答からシステムの周波数領域における振幅特性や位相特性が求められる．

2.3.2 システムの伝達特性（振幅，位相，群遅延）

次に，周波数応答のもつ物理的な意味について詳しく調べることにしよう．

● 周波数応答の極座標表示

$H(e^{j\omega T})$は，$e^{j\omega T}$を変数にもつので複素数である．したがって，以下のように実部，虚部に分解できる．

$$H(e^{j\omega T}) = H_R(e^{j\omega T}) + jH_I(e^{j\omega T}) \qquad (2.3.6a)$$

ただし，

$$H_R(\omega) = \sum_{n=-\infty}^{\infty} h(nT)\cos\omega nT \qquad (2.3.6b)$$

$$H_I(\omega) = -\sum_{n=-\infty}^{\infty} h(nT)\sin\omega nT \qquad (2.3.6c)$$

式(2.3.6a)を複素平面上で描くと図2.15のようになる．

いま，$H(e^{j\omega T})$を極座標表示により，

$$H(e^{j\omega T}) = M(\omega)e^{j\theta(\omega)} \qquad (2.3.7)$$

とおくと，図2.15より$H(e^{j\omega T})$の長さが$M(\omega)$，偏角が$\theta(\omega)$を表すことがわかる．

● 振幅特性，位相特性，遅延特性

再び式(2.3.5)における入力$x(nT)$を$ae^{j\omega nT}$とおき，式(2.3.7)を代入すると，

$$y(nT) = aM(\omega)e^{j(\omega nT + \theta(\omega))} \qquad (2.3.8)$$

コラムA

三角関数の指数関数表示（オイラーの公式）

信号処理では，以下のオイラーの公式あるいは指数関数と呼ばれる複素関数をよく使うので，暗記しておこう．

$$e^{jx} = \exp(jx) = \cos x + j\sin x$$

第2章 信号とシステム/時間と周波数

となる．$M(\omega)$は周波数ωにおける入出力信号の振幅比を決定しているので**振幅特性**と呼ばれ，$\theta(\omega)$は位相差を表しているので**位相特性**と呼ばれる．

さらに，式(2.3.8)の位相項について変形すると次式となる．

$$y(nT) = aM(\omega)e^{j\omega(nT + \theta(\omega)/\omega)} \qquad (2.3.9)$$

このように，$\theta(\omega)/\omega$は時間遅れを表しており，**相遅延特性**と呼ばれる．

その他に位相特性から得られる情報として，式(2.3.13)で定義する群遅延特性がある(コラムB)．相遅延，群遅延特性ともに遅れ時間を正の値として表すので，マイナス符号を付けて定義される．

● **振幅特性，位相特性，遅延特性の計算方法**

振幅特性，位相特性，遅延特性を合わせてシステムの周波数特性あるいは伝達特性と呼んでおり，それぞれ公式2.3で求まる．

振幅特性および位相特性が，周波数応答を用いてそれぞれ式(2.3.10)，式(2.3.11)で表される理由は，図2.15より明らかであろう．

<公式2.3：周波数特性>

振幅特性：
$$M(\omega) = \sqrt{H_R^2(e^{j\omega T}) + H_I^2(e^{j\omega T})} \qquad (2.3.10)$$

あるいは，
$$M(\omega) = \sqrt{H(e^{j\omega T}) \times H^*(e^{j\omega T})} \qquad (2.3.10)'$$
ただし，＊は複素共役を表す．

位相特性：
$$\theta(\omega) = \tan^{-1}\frac{H_I(e^{j\omega T})}{H_R(e^{j\omega T})} \quad [\text{rad}] \qquad (2.3.11)$$

〔図2.16〕例題2.8 システムの周波数応答

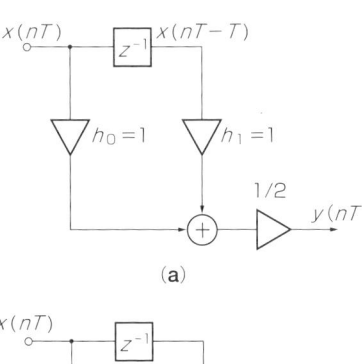

(a)

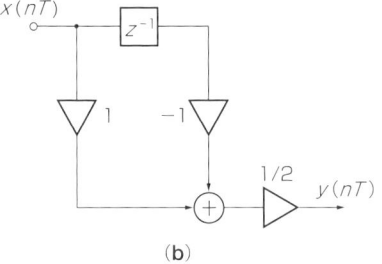

(b)

〔図2.15〕周波数応答$H(e^{j\omega T})$の極座標表示

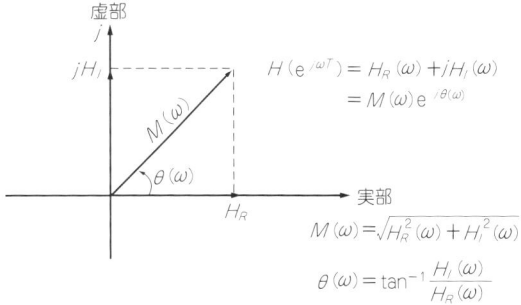

相遅延特性：
$$\tau_p(\omega) = -\theta(\omega)/\omega \quad [\text{sec}] \qquad (2.3.12)$$

群遅延特性：
$$\tau_g(\omega) = -\frac{d\theta(\omega)}{d\omega} \quad [\text{sec}] \qquad (2.3.13)$$

$$= \text{Re}\left\{\frac{j\dfrac{dH(e^{j\omega})}{d\omega}}{H(e^{j\omega})}\right\} \qquad (2.3.13)'$$

このようにシステムの周波数特性を調べる場合，図2.13の測定方法のようにいちいち入力正弦波の周波数を変化させて応答を測定しなくても，インパルス応答さえ得られていれば，式(2.3.4)の周波数応答の計算のみで各周波数特性が求められることが理解できよう．

例題2.8 システムの周波数応答

図2.16(a)，(b)に示すシステムの各周波数特性を

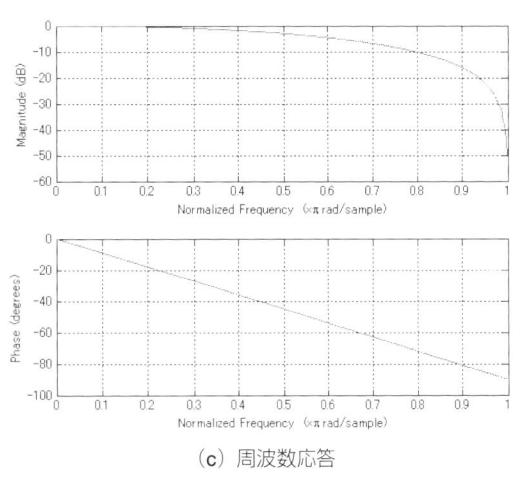

(c) 周波数応答

コラムB

相遅延特性と群遅延特性，位相と群遅延

●相遅延特性と群遅延特性

1) 相遅延と群遅延の物理的意味

式(2.3.12)，式(2.3.13)の定義より，相遅延特性，群遅延特性ともに位相を角周波数で割った形なので，その単位は，

$$\frac{\theta}{2\pi f} \to \frac{[\text{rad}]}{[\text{rad}][\text{Hz}]} \to \frac{1}{[\text{Hz}]} \to [\text{sec}]$$

となり，secすなわち時間になる．したがって，位相特性が位相遅れを表すことより，相遅延特性および群遅延特性は各周波数に対するシステムの遅延時間を表すと考えられる．

相遅延と群遅延の違いは，次のとおりである．前者はあるシステムにおける単一周波数の正弦波入力に対する遅れ時間であり，後者は複数の周波数をもつ正弦波の集まり(たとえばAM変調波)が入力された場合の，その包絡線の遅れ時間となる．上述のように直線位相特性の場合は，両者は同一になる．

2) 位相特性と遅延時間の関係

いま，ある線形時不変システムの位相特性 $\theta(\omega)$ が図B.1(a)に示すように，

$$\theta(\omega) = -\tau_c \omega \quad [\text{rad}]$$

で表される直線位相特性をもつものと仮定しよう．ただし，τ_c は定数とする．

このシステムの相遅延特性 $\tau_p(\omega)$ および群遅延特性 $\tau_g(\omega)$ は，定義より，

$$\tau_p(\omega) = \tau_g(\omega) = \tau_c \quad [\text{sec}]$$

と等しくなる．τ_c は定数であったので，このシステムは理想的に全周波数域で遅延が $\tau_c[\text{sec}]$ で一定になることがわかる．

そこで，遅延特性が全周波数域で一定なシステムとそうでないシステムにおける入出力信号の関係を図(b)に示す．このように，遅延時間が一定なシステムでは入力信号が正確に $\tau_c[\text{sec}]$ だけ遅延し伝送される．一方，遅延が一定でないシステムは，各周波数における遅延時間が異なるので出力波形は歪み，パルス伝送などの波形伝送システムには適さないことがわかる．

●位相と群遅延

さて，群遅延は式(2.3.13)で定義されるが，しばしば微分の実行が不可能な場合がある．理由は，位相 $\theta(\omega)$ が関数 $\tan^{-1}$ の主値 $\pm\pi/2$ の範囲でしか数値計算で求められないからである．すなわち，理論に反して不連続な位相特性しか得られない．この問題に対して，式(2.3.13)'で求める群遅延は，こうした位相の不連続性に関係しないという利点を有している．

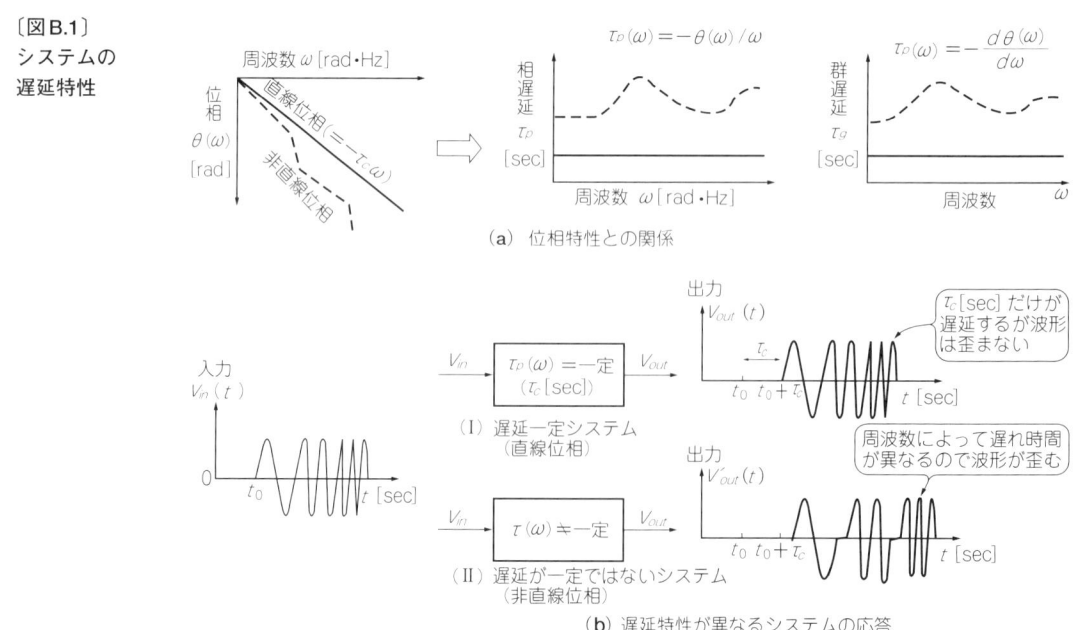

〔図B.1〕システムの遅延特性

(a) 位相特性との関係

(b) 遅延特性が異なるシステムの応答

[図2.17] 2次元正弦波

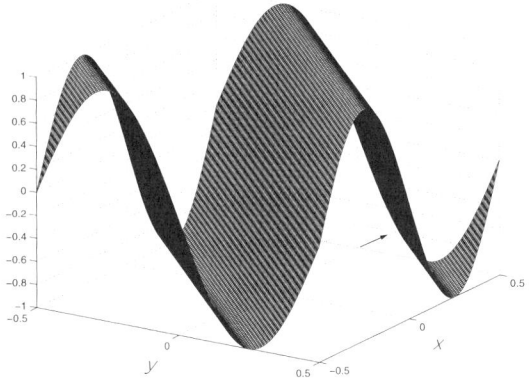

求めなさい．

【解】図2.16(a)について示す．

$$H(e^{j\omega T}) = 0.5 + 0.5e^{-j\omega T}$$
$$= (0.5 + 0.5\cos\omega T) + j(-0.5\sin\omega T)$$
$$M(\omega) = \sqrt{(0.5 + 0.5\cos\omega T)^2 + (-0.5\sin\omega T)^2}$$
$$= \sqrt{0.5 + 0.5\cos\omega T} = \cos\omega T/2$$

$$\theta(\omega) = \tan^{-1}\left(\frac{-0.5\sin\omega T}{0.5 + 0.5\cos\omega T}\right)$$
$$= \tan^{-1}\left(\frac{-\sin\frac{\omega T}{2}\cos\frac{\omega T}{2}}{\cos^2\frac{\omega T}{2}}\right)$$
$$= -\frac{\omega T}{2} \quad [\text{rad}]$$

$$\tau(\omega) = \frac{-d\theta(\omega)}{d\omega} = \frac{T}{2} \quad [\text{sec}]$$

結果は，図2.16(c)にそれぞれ示しているので確認してみよう．

実習2.4	システムの周波数応答 M-file：ex2_4.m， 実行ファイル：ex2_4.exe

例題2.8のシステムの各周波数特性をそれぞれMATLABにより求めなさい．

ヒント；まず，インパルス応答に対してfreqzより周波数応答を求める．ついで，abs, angle, grpdelayを使って各特性を求める．angleで位相を求める際，unwrapを使えば位相の不連続性が解消される．

2.4 2次元の信号とシステム

これまで扱ってきた信号とシステムは，サンプル時間nのみを変数とする1次元信号であった．本節では，画像など2次元の信号とシステムについて検討していく．

[図2.18] 方形標本化

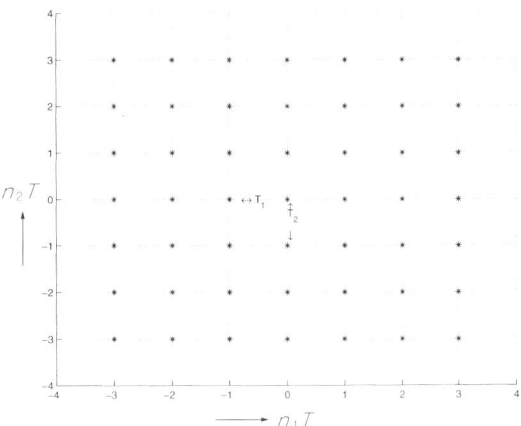

2.4.1 2次元信号

●2次元連続信号

写真画像のように，二つの空間変数x, yで定義される関数$f(x, y)$を2次元連続信号(2-Dimensional continuous signal)と呼ぶ．ただし，x, yは実数値である．

例として，2次元正弦波を図2.17に示す．

$$f(N_1, N_2) = \sin(2\pi N_1 + 2\pi N_2) \tag{2.4.1}$$
$$\left(-\frac{1}{2} \leq N_1, N_2 \leq \frac{1}{2}\right)$$

●2次元離散空間信号

空間領域で連続した信号を離散的な信号に変換する操作を標本化(sampling)と呼ぶ．また，標本化によって得られた各離散的な点を画素(pixel)と呼ぶ．

標本化された2次元空間信号は，2次元離散空間信号と呼ばれ，単に2次元信号もしくは離散空間信号とも呼ばれることもある．

図2.18は，方形標本化と呼ばれている標本化の手法で，n_1, n_2を平面とし，2次元的に表示している．( )内の値は，振幅値$f(n_1, n_2)$を表している．ここで，T_1, T_2は標本化周期，または標本化間隔と呼ばれている．

標本化の方法として，この他に六角標本化などがある．

連続信号$f(x, y)$と標本化された信号との関係を，以下の式に示す．

$$f(n_1 T_1, n_2 T_2) = f(N_1, N_2)\Big|_{N_1 = n_1 T_1, N_2 = n_2 T_2}$$
$$(n_1, n_2\text{は整数}) \tag{2.4.2}$$

[図2.19]
2次元連続正弦波信号を $T_1=T_2=0.1$ として標本化

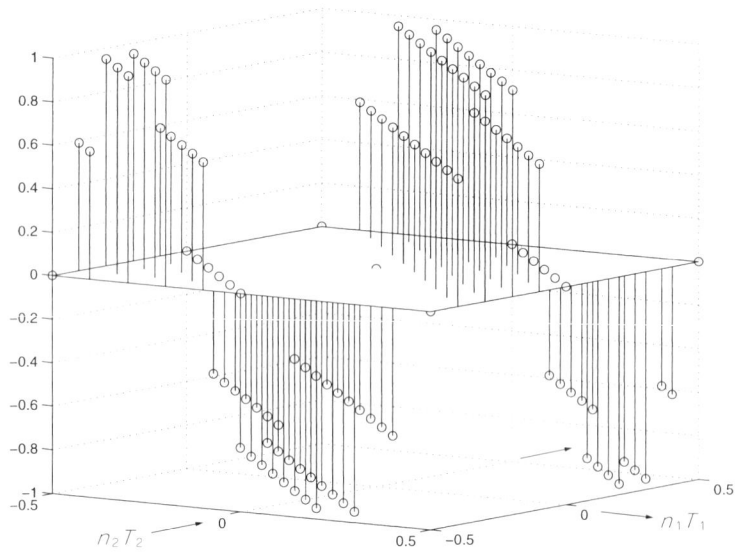

[図2.20]
例題2.9 2次元信号の数列表現

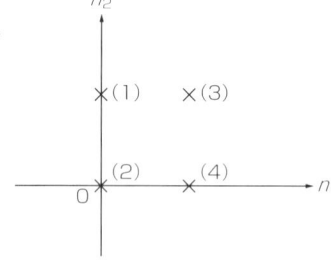

とくに $T_1=T_2=1$ としたとき，**正規化表現**と呼ばれている．今後，とくに断りがない場合，離散空間信号は方形標本化の正規化表現とする．

先の2次元連続正弦波信号を，$T_1=T_2=0.1$ として標本化した例を**図2.19**に示す．

● 2次元信号の数列表現

次に，2次元離散信号を2次元数列を用いて表現する方法を考える．

まず，以下に基本的な2次元数列を定義する．
(1) 2次元単位インパルス関数
$$\delta(n_1, n_2) = \begin{cases} 1, & n_1=n_2=0 \\ 0, & \text{その他} \end{cases} \quad (2.4.3)$$
(2) 2次元ステップ関数
$$u(n_1, n_2) = \begin{cases} 1, & n_1 \geq 0 \text{ かつ } n_2 \geq 0 \\ 0, & \text{その他} \end{cases} \quad (2.4.4)$$

任意の2次元信号は，2次元単位インパルスを用いて以下のように一般的に記述できる．
$$f(n_1, n_2) = \sum_{k_1=-\infty}^{\infty} \sum_{k_2=-\infty}^{\infty} f(k_1, k_2)\delta(n_1-k_1, n_2-k_2) \quad (2.4.5)$$

例題2.9 2次元信号の数列表現

図2.20に示す信号を，2次元数列で表現せよ．
【解】
式(2.4.3)より，
$$f(n_1, n_2) = 2\delta(n_1, n_2) + 4\delta(n_1-1, n_2) + \delta(n_1, n_2-1) \\ + 3\delta(n_1-1, n_2-1) \quad (2.4.6)$$

● 分離型数列と非分離型数列

2次元数列を，
$$f(n_1, n_2) = f_1(n_1)f_2(n_2) \quad (2.4.7)$$
のように n_1, n_2 に関して独立の二つの数列 $f_1(n_1)$, $f_2(n_2)$ の積に分解できるとき，これを**分離型数列**という．また，分離不可能な場合には，**非分離型数列**という．先の2次元インパルス数列と2次元単位ステップ数列は分離型数列の例である．

例題2.10 分離型数列と非分離型数列

図2.21に示す離散空間信号について，分離型か非分離型かを区別せよ．また，各々離散空間信号 $f(n_1, n_2)$ を求めよ．ただし，分離型は，1次元に分離した数列 $f_1(n_1)$, $f_2(n_2)$ も求めよ．
【解】
(a) 分離型
$$f(n_1, n_2) = 2\delta(n_1+1, n_2+1) + \delta(n_1+1, n_2) \\ + 3\delta(n_1+1, n_2-1) + 2\delta(n_1, n_2+1) \\ + \delta(n_1, n_2) + 3\delta(n_1, n_2-1) \\ + 2\delta(n_1-1, n_2+1) + \delta(n_1-1, n_2) \\ + 3\delta(n_1-1, n_2-1)$$
$$f_1(n_1) = \delta(n_1+1) + \delta(n_1) + \delta(n_1-1)$$

〔図2.21〕
例題2.10　分離型数列と非分離型数列

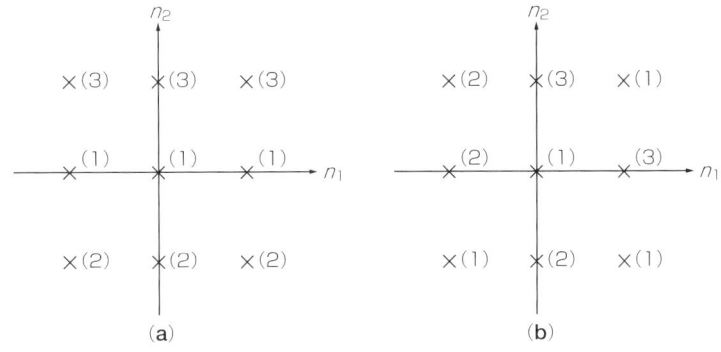

$$f_2(n_2) = 2\delta(n_2+1) + \delta(n_2) + 3\delta(n_2-1)$$

(b) 非分離型

$$\begin{aligned}f(n_1, n_2) &= \delta(n_1+1, n_2+1) + 2\delta(n_1+1, n_2) \\ &+ 2\delta(n_1+1, n_2-1) + 2\delta(n_1, n_2+1) \\ &+ \delta(n_1, n_2) + 3\delta(n_1, n_2-1) \\ &+ \delta(n_1-1, n_2+1) + 3\delta(n_1-1, n_2) \\ &+ \delta(n_1-1, n_2-1)\end{aligned}$$

2.4.2　2次元システムとたたみ込み

つぎに，2次元空間信号を入出力とする2次元システムについて考えていくことにしよう．

● **線形推移不変システム**

図2.22で表現されている一般的な2次元システムは，ある2次元空間信号$x(n_1, n_2)$を入力とし，システムにより処理を施され出力信号$y(n_1, n_2)$を得る過程を示している．

いま，入力信号と出力信号の関係を次式で表現しておく．

$$y(n_1, n_2) = T[x(n_1, n_2)] \qquad (2.4.8)$$

ここで，T[ ]は変換(Transform)を意味している．

さて，2.1節では線形時不変な1次元システムを検討した．2次元でも同様な性質を有するシステムT[ ]について議論を進めることにしよう．

[線形システム]

任意の二つの入力信号$x_1(n_1, n_2)$，$x_2(n_1, n_2)$に対する出力信号$y_1(n_1, n_2) = T[x_1(n_1, n_2)]$，$y_2(n_1, n_2) = T[x_2(n_1, n_2)]$において以下の式が成り立つ場合，そのシステムを**線形システム**と呼ぶ．

$$\begin{aligned}y(n_1, n_2) &= T[ax_1(n_1, n_2) + bx_2(n_1, n_2)] \\ &= aT[x_1(n_1, n_2)] + bT[x_2(n_1, n_2)] \\ &= ay_1(n_1, n_2) + by_2(n_1, n_2)\end{aligned} \qquad (2.4.9)$$

このように，線形システムは複数の入力を同時にシステムに加えた場合の出力を，個々の出力を単純に重ね合わせた形で表現できるシステムである．

〔図2.22〕一般的な2次元システム

$x(n_1, n_2)$　入力 → [システム (2Dフィルタ)] → $y(n_1, n_2) = T[x(n_1, n_2)]$

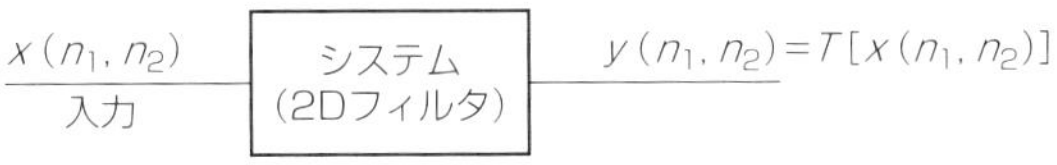

[推移不変システム]

一方，任意の入力信号$x(n_1, n_2)$に対する出力信号$y(n_1, n_2) = T[x(n_1, n_2)]$に対して以下の式が成り立つ場合，そのシステムを**推移不変システム**もしくは**シフト不変システム**と呼ぶ．

$$y(n_1-m_1, n_2-m_2) = T[x(n_1-m_1, n_2-m_2)] \qquad (2.4.10)$$

推移不変システムは，入力する信号の空間位置をずらした場合，出力も同じ量だけずれて出力されるシステムである．

線形システムと推移不変システムの性質を同時に満たす2次元システムを，**線形推移不変**(Linear Shift Invariant：LSI)**システム**という．

● **2次元たたみ込み**

線形推移不変システムにおいて，システムに単位インパルス$\delta(n_1, n_2)$を入力したときに得られる応答を$h(n_1, n_2)$とする．この応答$h(n_1, n_2)$を，2次元インパルス応答という．

このインパルス応答を用いて，任意の入力$x(n_1, n_2)$に対する2次元線形推移不変システムの応答$y(n_1, n_2)$は，以下のような一般的な記述ができる．

$$y(n_1, n_2) = \sum_{k_1=-\infty}^{\infty}\sum_{k_2=-\infty}^{\infty} h(k_1, k_2) x(n_1-k_1, n_2-k_2)$$

$$(2.4.11)$$

これを，2次元たたみ込みという．

実習2.5	MATLAB演習——2次元たたみ込み
	M-file：ex2_5.m

以下の2次元インパルス応答を用いて，画像バーバラを入力とした時の2次元たたみ込みの結果を描きなさい．

[図2.23] 実習2.5　2次元たたみ込み

（a）入力画像（バーバラ）

（b）たたみ込み結果

なお、画像バーバラは、FACEとして収録してある。
$$h(n_1, n_2) = h_1(n_1)h_2(n_2) \quad (2.4.12)$$
ただし、$h_1(n_1) = h_2(n_2) = \{1/4, 1/4, 1/4, 1/4\}$

【解】

図2.23に示す。

ヒント；Matlabコマンド；

2次元たたみ込み：`conv2(h,x)`,

2次元画像の表示（グレイスケール）：
`imagesc(y);colormap(gray(256));truesize`

●分離型システムと非分離型システム

2次元LSIシステムにおいても、2次元離散数列と同様に、インパルス応答$h(n_1, n_2)$に対して分離型、非分離型に区分される。

分離型システムによるたたみ込みの実行は、まず縦（もしくは横）方向への1次元たたみ込みを行い、その出力に対してさらに横（もしくは縦）方向への1次元たたみ込みを行ってシステムの出力を得ることができる。図2.24に分離型の2次元たたみ込みの流れを示す。

初めに入力信号のn_2を固定し、n_1方向に対して1次元のインパルス応答$h_1(n_1)$を用いてたたみ込みを行う〔図2.24（a）〜（b）〕。
$$x'(n_1, n_2) = \sum_{k_1=-\infty}^{\infty} h_1(k_1)x(n_1-k_1, n_2) \quad (2.4.13)$$

この1次元たたみ込みをすべてのn_2の値（$n_2 = -\infty, \cdots, \infty$）に対して行い、その結果に対し、今度は$n_1$を固定し$n_2$方向に対して1次元のインパルス応答$h_2(n_2)$を用いて1次元のたたみ込みを行う〔図2.24（c）〜（d）〕。
$$y(n_1, n_2) = \sum_{k_2=-\infty}^{\infty} h_2(k_2)x'(n_1, n_2-k_2) \quad (2.4.14)$$

この$y(n_1, n_2)$が、分離型システムを用いた2次元たたみみ込み結果となる。

分離型のシステムの利点として、回路を簡単に設計でき（1次元のシステムが二つあればよい）、システム処理にともなう演算量の低減が可能となることが挙げられる。

一方、非分離型は回路が複雑となり、たたみ込み処理の演算量が分離型と比較して多くなってしまう。しかしながら非分離型は分離型と比べて自由度が大きく、任意の周波数特性のシステムが設計できる利点がある。

例題2.11

2次元の入力信号が以下のように与えられているとする。
$$\begin{aligned}x(n_1, n_2) &= \delta(n_1, n_2) + 2\delta(n_1-1, n_2)\\&\quad + 2\delta(n_1, n_2-1) + \delta(n_1-1, n_2-1)\end{aligned}$$
以下の問に答えよ。

(1) 以下に示すインパルス応答を用いて$x(n_1, n_2)$とのたたみ込みを行え。
$$\begin{aligned}h(n_1, n_2) &= 2\delta(n_1, n_2) + \delta(n_1-1, n_2)\\&\quad + \delta(n_1, n_2-1) + 2\delta(n_1-1, n_2-1)\end{aligned}$$

(2) 以下に示すインパルス応答を用いて$x(n_1, n_2)$とのたたみ込みを行え。

ただし、与えられたインパルス応答を分離型で表してからたたみ込みを行うこと。
$$\begin{aligned}h(n_1, n_2) &= \delta(n_1, n_2) + 2\delta(n_1-1, n_2)\\&\quad + 2\delta(n_1, n_2-1) + 4\delta(n_1-1, n_2-1)\end{aligned}$$

●2次元システムの周波数応答

インパルス応答が$h(n_1, n_2)$で表される2次元LSIシ

[図2.24] 分離型の2次元たたみ込みの流れ

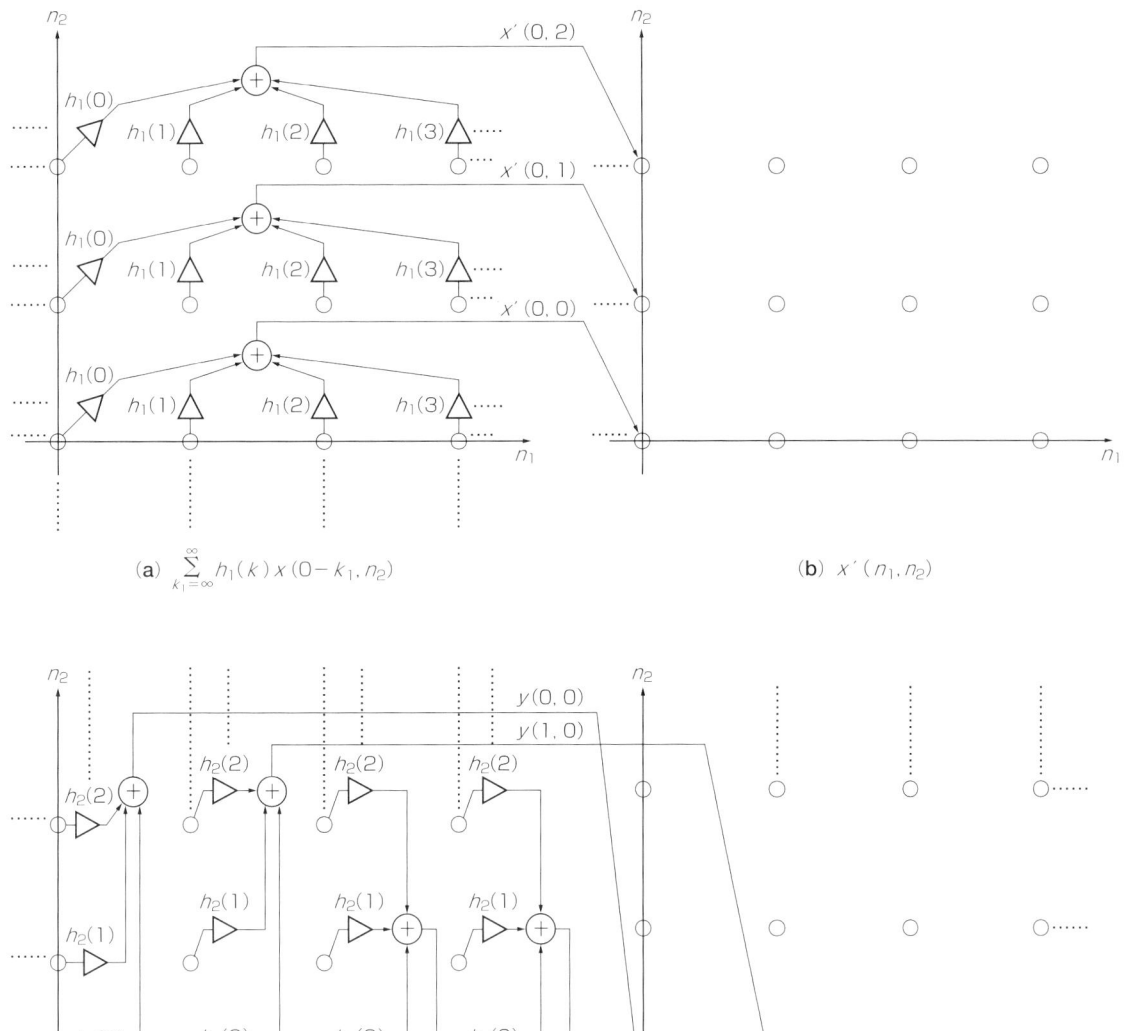

(a) $\sum_{k_1=-\infty}^{\infty} h_1(k) x(0-k_1, n_2)$

(b) $x'(n_1, n_2)$

(c) $\sum_{k_2=-\infty}^{\infty} h_2(k_2) x'(n_1, 0)$

(d) $y(n_1, n_2)$

- "………" は省略していることを示している
- (a) は $n_1=0$ のときのたたみ込みのようすを示している
- △;は乗算器, ⊕;は加算器
- "○" は2次元信号を表している

第1部 ディジタル信号処理の基礎

〔図Q2.2〕離散時間信号

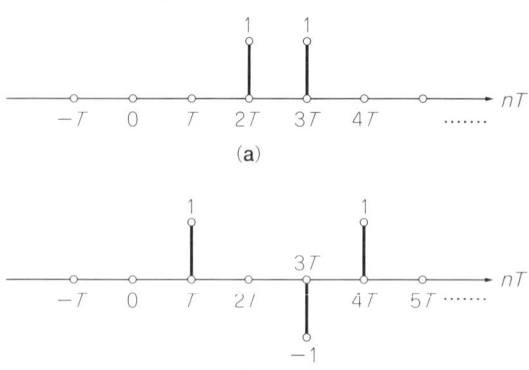

ステムの周波数応答は，ω_1とω_2の二つの周波数変数を有しており，1次元と同様に次式で表される．

$$H(\omega_1, \omega_2) = \sum_{n_1=-\infty}^{\infty} \sum_{n_2=-\infty}^{\infty} h(n_1, n_2) e^{-j\omega_1 n_1} e^{-j\omega_2 n_2} \quad (2.4.15)$$

2次元システムの振幅特性，位相特性など周波数特性は1次元と同様に求めることができる．これは第4章で具体的に検討することにする．

おわりに

本章では，ディジタル信号処理で扱われる信号とシステムについて検討してきた．重要な点は次の二つである．

・システムの応答は，入力信号とインパルス応答とのたたみ込みで表される．
・そのインパルス応答は，システムの周波数応答を決定している．

次章では，信号の周波数スペクトルを解析する道具であるフーリエ変換について学んでいく．

参考文献
(1) A.V.Oppenheim, R.W.Shafer, Digital Signal Processing, Prentice-Hall, 1975.

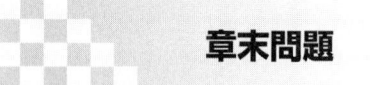

問題2.1 離散時間信号（MATLAB演習）

MATLABを使って以下の信号をプロットしなさい．
(a) 単位ステップ関数を描いてみよう．
　ヒント；コマンドonesを使うと便利．
(b) 実習2.1(b)，(c)において，$\phi=1/3\pi$[rad]と変えて

〔図Q2.7〕差分方程式

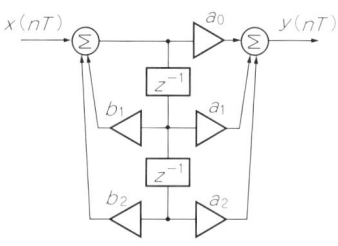

みて，波形の違いを確認してみよう．また，振幅を2倍に変えるにはどのようにしたらよいか検討してみよう．
(c) 実習2.1(c)において，指数関数の絶対値$|\exp(j\omega nT)|$を表示してみよう．
　ヒント；コマンドabsを使用する．

問題2.2 離散時間信号

図Q2.2(a)に示す信号を単位ステップ$u(nT)$を使って表せ．図(b)は，単位インパルス$\delta(nT)$を使って表せ．

問題2.3 たたみ込み

公式2.2における式(2.2.9b)を証明しなさい．

問題2.4 たたみ込みの計算

インパルス応答を$h(n)=\{h(0T)\,h(1T)\,h(2T)\cdots\}$と級数表示する．

以下のインパルス応答を有するシステムに直流（単位ステップ関数）信号を入力して，その応答$y(nT)$を$n=10$まで計算しなさい．ただし，初期条件として$n \le 0$で$x(nT)=0$とする．
(1) $h(n)=\{1\ -1\ 1\}$
(2) $h(n)=\{1\ \ 0\ -1\}$

問題2.5 たたみ込みの計算（MATLAB演習）

問題2.4をMATLABを使って実行せよ．

問題2.6 線形性，時不変性，因果性，安定性

次の差分方程式で表されるシステムの線形性，時不変性，因果性，安定性を検証せよ．
(1) $y(nT)=x^2(nT)+x(nT+T)$
(2) $y(nT)=\{an+x(nT+2T)\}^2$,　$|a|>1$

問題2.7 差分方程式

(1) 図Q2.7の差分方程式を求めなさい．
　ヒント；入力側の加算器の後に媒介変数$x'(nT)$を置く．

(2) 問題2.4(1), (2)の差分方程式を示し, その回路を描きなさい.

問題2.8　周波数応答（MATLAB演習）

次のインパルス応答をもつシステムの周波数特性を, MATLABを用いて求めてみよう. この$h(nT)$はsinc関数と呼ばれている.

$h(nT) = \sin(0.2n\pi)/n\pi$

ただし, $n = -10, -9, \cdots, 0, 1, 2, \cdots, 10$

ヒント；実習2.4参照. 負の時間にもインパルス応答が存在することに注意.

問題2.9　群遅延

$nh(nT)$の周波数特性が,

$$j\frac{dH(e^{j\omega T})}{d\omega}$$

となることが知られている. これを利用して, 群遅延が式(2.3.13)'で求まることを示しなさい.

問題2.10　群遅延

インパルス応答$h(nT)$が有限長($n = 0 \sim N-1$)であるFIRフィルタの群遅延が次式で表されることを示しなさい.

$$\tau_g(\omega) = \frac{H'_R(e^{j\omega T})H_I(e^{j\omega T}) - H_R(e^{j\omega T})H'_I(e^{j\omega T})}{M^2(\omega)}$$

ただし,

$M^2(\omega) = H_R^2(e^{j\omega T}) + H_I^2(e^{j\omega T})$

$H'_R(e^{j\omega T}) = \dfrac{d\{H_R(e^{j\omega T})\}}{d\omega}$

$H'_I(e^{j\omega T}) = \dfrac{d\{H_I(e^{j\omega T})\}}{d\omega}$

問題2.11　2次元システム

以下の2次元インパルス応答が, 分離型あるいは非分離型か特定せよ.

(1) $h(n_1, n_2) = \delta(n_1, n_2) + 2\delta(n_1, n_2 - 1)$
$\quad\quad\quad + 2\delta(n_1, n_2 - 2) + \delta(n_1 - 1, n_2)$
$\quad\quad\quad - 3\delta(n_1 - 1, n_2 - 1) + \delta(n_1 - 1, n_2 - 2)$
$\quad\quad\quad + 2\delta(n_1 - 2, n_2) + \delta(n_1 - 2, n_2 - 1)$
$\quad\quad\quad + 2\delta(n_1 - 2, n_2 - 2)$

(2) $h(n_1, n_2) = \delta(n_1, n_2) - \delta(n_1, n_2 - 1)$
$\quad\quad\quad + 2\delta(n_1, n_2 - 2) + 3\delta(n_1 - 1, n_2)$
$\quad\quad\quad - 3\delta(n_1 - 1, n_2 - 1) + 6\delta(n_1 - 1, n_2 - 2)$
$\quad\quad\quad + \delta(n_1 - 2, n_2) + \delta(n_1 - 2, n_2 - 1)$
$\quad\quad\quad + 2\delta(n_1 - 2, n_2 - 2)$

第3章 信号のスペクトル解析

第1部 ディジタル信号処理の基礎

第2章では，線形時不変システムの周波数領域での表現方法について検討した．本章では，任意の時間信号に対する周波数領域での表現方法（フーリエ変換と呼ぶ）について調べていく．

3.0 とりあえず試してみよう

まずは，次の導入演習をMATLABで試してみよう．

|実習3.0|この信号の周波数は？|

図3.1(a)のBlocksetあるいはex3_0.mのM-fileを実行すると，同図(b)に示す信号が発生する．このようなランダムな信号が，どのような周波数成分（スペクトル）を有しているのか調べる方法はないのであろうか？

こうした信号のスペクトル解析の一手法としてフーリエ変換があり，MATLABでもfft（高速フーリエ変換）なるコマンドで提供されている．

そこで，上の信号をfftすると図(c)に示すように，20[Hz]と250[Hz]に大きな振幅の信号が存在することと450[Hz]付近で広帯域信号が存在することが，そのスペクトル分布から理解できる．実際，BlocksetあるいはM-fileリストを見てわかるように図(b)の信号は，20[Hz]と250[Hz]の正弦波および高域通過フィルタで帯域制限されたランダムな信号が合成されたものである．

このように複雑な波形をした信号は，時間信号だけ眺めているだけではどのような周波数成分が含まれているか判断しがたいが，フーリエ変換を用いてスペクトル解析を行うと，その性質が容易にわかるようになる場合が多い．そこで以下では，フーリエ変換について詳しく調べていくことにする．

＊

まず3.1節においては，まずフーリエ変換を用いるとなぜ信号の周波数領域の情報が得られるのか，基本的な説明を行う．さらに，連続時間信号とそれをサンプルして得られる離散時間信号の周波数領域の関係であるサンプリング定理を説明する．そして3.2節では，フーリエ変換をソフトウェアで求めるための離散フーリエ変換（DFT）と，その高速アルゴリズムである高速フーリエ変換（FFT）についてその応用とともに説明を行う．

3.1 フーリエ変換

3.1.1 連続時間信号のフーリエ変換

フーリエ変換（Fourier Transform）は，今から調べていくように信号の周波数領域における情報を与える数学的手法である．まず連続時間信号のフーリエ変換から調べていくことにしよう．

●連続時間信号のフーリエ変換と逆変換

アナログ信号すなわち連続時間信号$x_a(t)$のフーリエ変換$X_a(j\Omega)$は，以下のように定義されている．

◆**定義3.1：フーリエ変換（連続時間信号の場合）**◆

$$X_a(j\Omega) = \int_{-\infty}^{\infty} x_a(t) e^{-j\Omega t} dt \qquad (3.1.1)$$

ただし，t：時間，$\Omega = 2\pi f$，f：周波数

フーリエ変換$X_a(j\Omega)$は周波数スペクトルと呼ばれており，信号$x(t)$の周波数Ωにおける振幅スペクトル$|X_a(j\Omega)|$，位相スペクトル$\angle X_a(j\Omega)$，パワースペクトル$|X_a(j\Omega)|^2$などの情報を与える[注1]（図3.2）．

$x(t)$のフーリエ変換$X_a(j\Omega)$を，次のように表すことにする．

$$X_a(j\Omega) = \mathcal{F}\{x(t)\} \quad \text{または} \quad x(t) \overset{\mathcal{F}}{\longleftrightarrow} X(j\Omega)$$

一方，$X(j\Omega)$から逆に$x(t)$を求める算法は逆フーリ

第3章　信号のスペクトル解析

〔図3.1〕実習3.0 信号の周波数を調べる

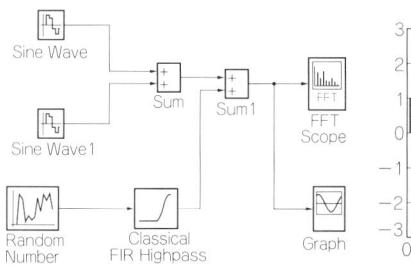
(a) MATLAB Blockset

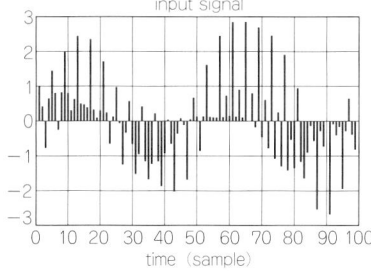
(b) 信号波形

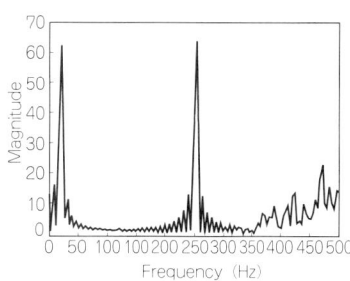
(c) 周波数スペクトル

〔図3.2〕
フーリエ変換から
得られる情報

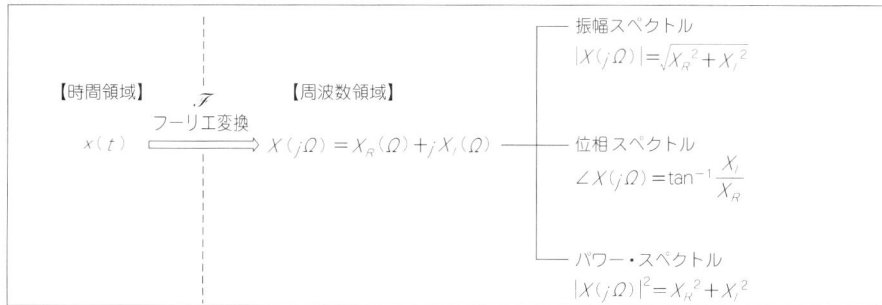

エ変換と呼ばれ，次式で与えられる．

◆定義3.2：逆フーリエ変換（連続時間信号の場合）◆

$$x_a(t) = \frac{1}{2\pi}\int_{-\infty}^{\infty} X_a(j\Omega) e^{j\Omega t} d\Omega \quad (3.1.2)$$

定義3.1，定義3.2の数学的な導出については数学書を参照していただくとして，ここでは工学的な観点に立ってフーリエ変換がなぜ信号の周波数領域の情報を与えるのか，具体的な例題で理解することにしよう．

例題3.1 連続時間信号のフーリエ変換

図3.3に代表的な連続時間信号とその周波数スペクトルを示す．それぞれのフーリエ変換の導出を示せ．

(1) 矩形パルス　$x(t) = \begin{cases} A, & t = -\tau/2 \sim \tau/2 \\ 0, & その他のt \end{cases}$

【解】
信号の存在時間すなわち積分区間に注意すると，

$$\mathscr{T}\{X_a(j\Omega)\} = \int_{-\tau/2}^{\tau/2} A e^{-j\Omega t} dt = \frac{A}{-j\Omega}\left[e^{-j\Omega t}\right]_{-\tau/2}^{\tau/2}$$

$$= \frac{2A}{\Omega} \sin\frac{\Omega\tau}{2} \quad (3.1.3)$$

となる（コラムA）．

ここで，$S_a(x) = \sin x / x$ とおくと上式は，

$$X_a(j\Omega) = A\tau S_a\left(\frac{\Omega\tau}{2}\right) \quad (3.1.4)$$

と表すことができる．

$\sin x / x$の形をとる関数$S_a(x)$を**標本化関数**（Sinc function）と呼んでおり，そのグラフを図3.4に示しておく．

標本化関数の重要な性質は，以下のとおりである．

―― 標本化関数の性質 ――

$$S_a(m\pi) = 0, \quad m：整数 \quad (3.1.5)$$
$$S_a(0) = 1$$

(2) デルタ関数　$x(t) = \delta(t), \quad t = -\infty \sim \infty$

【解】
まず，次の信号$f_\tau(t)$を定義する．

$$f_\tau(t) = \begin{cases} \dfrac{1}{\tau}, & -\dfrac{\tau}{2} \leq t \leq \dfrac{\tau}{2} \\ 0, & その他のt \end{cases} \quad (3.1.6)$$

(1)において$A = 1/\tau$とすれば，式(3.1.4)より，

$$\mathscr{T}\{f_\tau(t)\} = S_a\left[\frac{\Omega\tau}{2}\right] \quad (3.1.7)$$

となり，ここでデルタ関数$\delta(t)$は，

(注1) 本書では，システムの周波数応答を$H(e^{j\omega T})$，時間信号のフーリエ変換を$X(j\Omega)$あるいは$X(j\omega)$と表記している．Ωはアナログ信号をフーリエ変換した場合の角周波数，ωは離散時間信号の場合の角周波数を表すことにする．

本来の変数は，角周波数ωだが，変数を$j\omega$としてわざわざ虚数単位jを付けているのは，フーリエ変換が複素関数であることを強調したいためである．たとえば時間信号が実数でも，そのフーリエ変換は複素数となるからである．

[図3.3] フーリエ変換の例

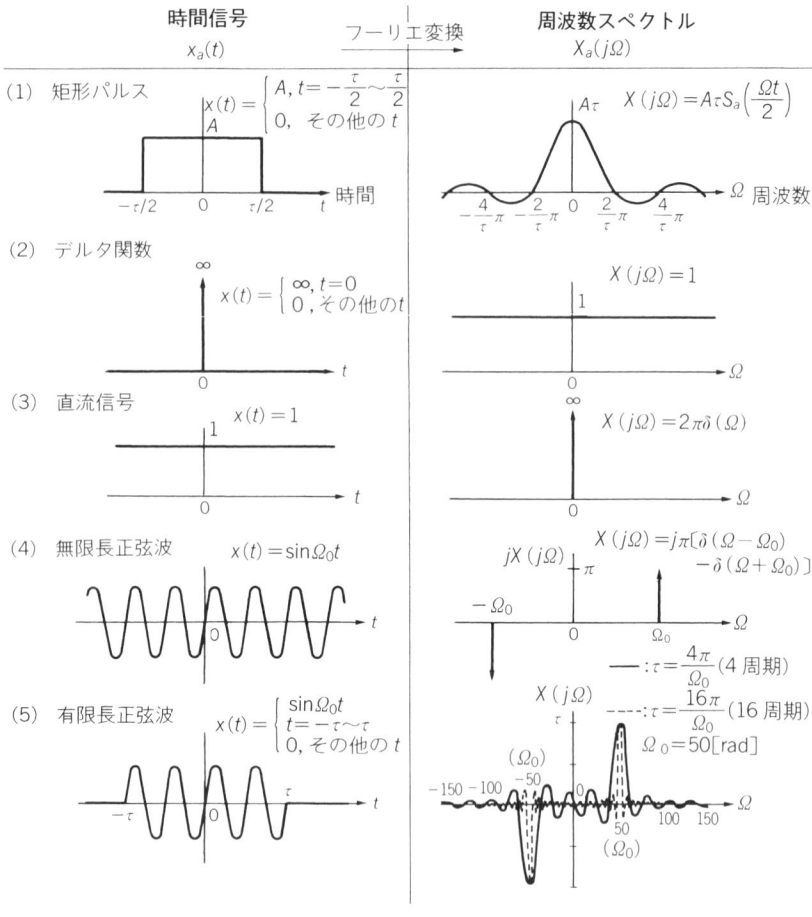

[図3.4] 標本化関数 $S_a(x) = \sin x / x$

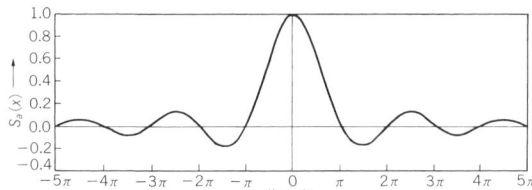

コラムC

ディラックのデルタ関数 $\delta(t)$

以下のように定義される信号 $\delta(t)$ を，ディラックのデルタ関数あるいは連続時間信号におけるインパルス信号と呼んでいる．

$$\delta(t) = \begin{cases} \infty, & t=0 \\ 0, & その他の t \end{cases}, \quad \int_{-\infty}^{\infty} \delta(t)dt = 1$$

$\delta(t)$ は離散時間信号における単位インパルス $\delta(nT)$ に相当している．

$$\delta(t) = \lim_{\tau \to 0} f_\tau(t) \tag{3.1.8}$$

であるので（コラムC参照），式(3.1.7)において $\tau \to 0$ とすると，

$$\mathscr{F}\{\delta(t)\} = 1 \tag{3.1.9}$$

が得られる．上式では，式(3.1.5)の関係を利用している．

このように，デルタ関数の周波数スペクトルは全周波数帯域で1となる．

(3) 直流信号　$x(t) = 1$, $t = -\infty \sim \infty$

【解】

まず，フーリエ変換と逆フーリエ変換の関係から考えていくことにする．

逆フーリエ変換の式(3.1.2)において $t \to -t$ と置き換えると，

$$2\pi x(-t) = \int_{-\infty}^{\infty} X(\Omega) e^{-j\Omega t} d\Omega \tag{3.1.10}$$

となる．ここで t と Ω を入れ換えると，上式は式(3.1.1)のフーリエ変換を表していることが理解できよう．

したがって，フーリエ変換において，

$$\mathscr{F}\{X(t)\} = 2\pi x(-\Omega) \tag{3.1.11}$$

なる関係が存在することがわかる(**フーリエ変換の対称性**と呼ぶ).

さて,(2)のデルタ関数のフーリエ変換において上述の対称性を適用すると,

$$\mathscr{F}\{1\} = 2\pi\delta(\Omega) \tag{3.1.12}$$

を得る.

上式より,直流信号は零周波数にのみ周波数スペクトルが存在することがわかる.これは直流信号が交流成分をもたないからであり,当然の結果である.

(4) 無限長正弦波 $x(t) = \sin\Omega_0 t$, $t = -\infty \sim \infty$

【解】

コラムAより,

$$\sin\Omega_0 t = \frac{e^{j\Omega_0 t} - e^{-j\Omega_0 t}}{2j} \tag{3.1.13}$$

であるので,まず指数関数 $x(t) = e^{j\Omega_0 t}$, $t = -\infty \sim \infty$ のフーリエ変換を求めることにする.

$$\mathscr{F}\{e^{j\Omega_0 t}\} = \int_{-\infty}^{\infty} e^{j\Omega_0 t} e^{-j\Omega t} dt$$

$$= \int_{-\infty}^{\infty} e^{-j(\Omega - \Omega_0)t} dt \tag{3.1.14}$$

$\Omega - \Omega_0 \to \Omega$ と考えれば,上式は(3)の直流信号のフーリエ変換に相当している.

したがって,

$$\mathscr{F}\{e^{j\Omega_0 t}\} = 2\pi\delta(\Omega - \Omega_0) \tag{3.1.15}$$

となり,指数関数は角周波数 Ω_0 に単一のスペクトルをもつ信号であることがわかる.

同様に,式(3.1.13)における $e^{-j\Omega_0 t}$ のフーリエ変換も求まるので,結局,

$$\mathscr{F}\{\sin\Omega_0 t\} = \frac{1}{2j}[\mathscr{F}\{e^{j\Omega_0 t}\} - \mathscr{F}\{e^{-j\Omega_0 t}\}]$$
$$= j\pi[\delta(\Omega + \Omega_0) - \delta(\Omega - \Omega_0)] \tag{3.1.16}$$

が得られる.

したがって,時間 $t = -\infty \sim \infty$ で定義される正弦波信号は,$\pm\Omega_0$ にスペクトルをもつことがわかる.この結果は,正弦波信号の発振(角)周波数が Ω_0 であることからも容易に想像できよう.

また,上式より,

振幅スペクトル:
$$|X(j\Omega)| = \pi[\delta(\Omega+\Omega_0) - \delta(\Omega-\Omega_0)] \tag{3.1.17}$$

位相スペクトル: $\angle X(j\Omega) = \dfrac{\pi}{2}$ [rad] $\tag{3.1.18}$

となる.

(5) 有限長正弦波 $x(t) = \begin{cases} x(t) = \sin\Omega_0 t, & t = -\tau \sim \tau \\ 0, & \text{その他の } t \end{cases}$

【解】

無限長正弦波の場合と同様に,

$$\mathscr{F}\{\sin\Omega_0 t\}$$
$$= \int_{-\tau}^{\tau} \sin\Omega_0 t \, e^{-j\Omega t} dt$$
$$= \frac{1}{2j}\int_{-\tau}^{\tau}[e^{j\Omega_0 t} - e^{-j\Omega_0 t}]e^{-j\Omega t} dt$$
$$= \frac{1}{2j}\left\{\frac{1}{-j(\Omega-\Omega_0)}[e^{-j(\Omega-\Omega_0)t}]_{-\tau}^{\tau} - \frac{1}{-j(\Omega+\Omega_0)}[e^{-j(\Omega+\Omega_0)t}]_{-\tau}^{\tau}\right\}$$
$$= j\pi[S_a\{(\Omega+\Omega_0)\tau\} - S_a\{(\Omega-\Omega_0)\tau\}] \tag{3.1.19}$$

となる.

$\tau = 4\pi/\Omega_0$ とした場合,すなわち4周期分の正弦波が存在する場合の $X(j\omega)$ を図3.3に実線で示す.このように有限長正弦波は,発振周波数 Ω_0 を中心とする一定の幅をもった周波数スペクトルとなることがわかる.

一方,$\tau = 16\pi/\Omega_0$ すなわち16周期分の正弦波が存在する場合を破線で示している.このように,信号の持続する時間が長くなるにしたがって,有限長正弦波の周波数スペクトルは無限長正弦波における線スペクトルに近づいていくことがわかる.

以上の具体例より,時間信号にフーリエ変換を施すと周波数スペクトルとして周波数領域の情報が得られることが理解できたことと思う.とくに正弦波と直流信号は,フーリエ変換で求めた周波数スペクトルと信号のもつ周波数成分が一致するので,物理的にも理解できるであろう.

3.1.2 離散時間信号のフーリエ変換

次に,離散時間信号に対するフーリエ変換を調べていくことにしよう.

●**順変換**

離散時間信号 $x(nT)$ のフーリエ変換 $X(j\omega)$ は,離散時間フーリエ変換と呼ばれ,以下のように定義されている.

◆**定義3.3:離散時間フーリエ変換**◆

$$X(j\omega) = \sum_{n=-\infty}^{\infty} x(nT) e^{-j\omega nT} \tag{3.1.20}$$

式(3.1.20)は,第2章の2.3節の定義2.2〔式(2.3.4)〕で求めた線形時不変システムの周波数応答を求める式において,インパルス応答 $h(nT)$ を一般の離散時間信号

$x(nT)$に置き換えた形となっている．したがって，定義2.2の周波数応答がシステムの周波数領域の情報を表したと同様に，同じ式で表される一般の離散時間信号$x(nT)$に対する定義3.3のフーリエ変換も，その周波数領域の情報を与えることが理解できるであろう．

式(3.1.20)の数学的な導出は，コラムDを参照していただきたい．

● 逆変換

一方，$X(j\omega)$から逆に$x(nT)$を求める算法は逆フーリエ変換と呼ばれ，次式で与えられる．

◆ 定義3.4：フーリエ逆変換 ◆

$$x(nT) = \frac{1}{\omega_s}\int_{-\omega_s/2}^{\omega_s/2} X(j\omega) e^{j\omega nT} d\omega \quad (3.1.21)$$

$X(j\omega)$は，次の3.1.3節で明らかにするように，周波数軸上でサンプリング周波数ω_sごとにそのスペクトルが繰り返される．つまり，$X(j\omega)$はω_sを周期とする周期関数である．周期関数はフーリエ級数で表すことが可能であり，事実，定義3.3はフーリエ級数の式そのものとなっている．定義3.3において$x(nT)$はフーリエ係数に相当するので，フーリエ係数を求める式として式(3.1.21)の逆変換が得られるのである．

例題3.2 基本的な信号のスペクトル解析

以下の信号のフーリエ変換を求めなさい．

(1) 単位インパルス　$x(nT) = \delta(nT)$

(2) インパルス列　$x(nT) = \begin{cases} 1, & n = 0, 1, \cdots, N-1 \\ 0, & その他のn \end{cases}$

(3) 直流信号　$x(nT) = 1$，すべてのn

【解】

(1)

$$X(j\omega) = \sum_{n=-\infty}^{\infty} \delta(nT) e^{-j\omega nT} = e^{-j\omega 0T} = 1$$

である．なぜならば，以下のように単位インパルスは時刻0のときだけ1となる信号であるからである．

$$\delta(nT) = \begin{cases} 1, & n = 0 \\ 0, & その他のn \end{cases}$$

よって，

振幅スペクトル　$|X(j\omega)| = 1$

位相スペクトル　$\angle X(j\omega) = 0$

このように単位インパルスの振幅スペクトルは，全周波数帯域で1となる．一方，位相は0である〔図3.5(a)〕．

(2) $X(j\omega) = \sum_{n=0}^{N-1} e^{-j\omega nT} = 1 + e^{-j\omega T} + e^{-j\omega 2T} + \cdots + e^{-j\omega(N-1)T}$

$$(3.1.22)$$

コラムD

連続時間信号と離散時間信号のフーリエ変換の関係

これまでの説明では，連続時間信号$x(t)$を時間間隔$T[\text{sec}]$でサンプルして得られた離散時間信号を$x(nT)$と表してきた．ここでは，離散時間信号を連続時間tの関数として扱えるように$x_s(t)$と表すことにする．

$x_s(t)$はディラックのデルタ関数$\delta(t)$を用いて

$$\begin{aligned} X_s(t) &= \cdots x(0T) \times \delta(t - 0T) + x(1T) \times \delta(t - 1T) \\ &\quad + x(2T) \times \delta(t - 2T) + \cdots \\ &= \sum_{n=-\infty}^{\infty} x(nT) \times \delta(t - nT) \end{aligned} \quad (\text{D.1})$$

と表現できる(図D.1)．

$x_s(t)$について定義2.5のフーリエ変換を施すと，

$$\begin{aligned} X_s(j\Omega) &= \int_{-\infty}^{\infty} x_s(t) e^{-j\Omega t} dt = \sum_{n=-\infty}^{\infty} x(nT) \int_{-\infty}^{\infty} \delta(t - nT) e^{-j\Omega t} dt \\ &= \sum_{n=-\infty}^{\infty} x(nT) e^{-j\Omega nT} \int_{-\infty}^{\infty} \delta(\tau) e^{-j\Omega \tau} d\tau \\ &\quad (\because t - nT = \tau \to e^{-j\Omega t} = e^{-j\Omega(t-nT)} = e^{-j\Omega \tau} e^{-j\Omega nT}) \\ &= \sum_{n=-\infty}^{\infty} x(nT) e^{-j\Omega nT} \quad (\because \int_{-\infty}^{\infty} \delta(\tau) e^{-j\Omega \tau} d\tau = 1) \end{aligned} \quad (\text{D.2})$$

となる．上式は，定義3.3を表しており，これより離散時間信号のフーリエ変換は連続時間信号のフーリエ変換の特別な場合であることがわかる．

〔図D.1〕連続時間信号のサンプリング

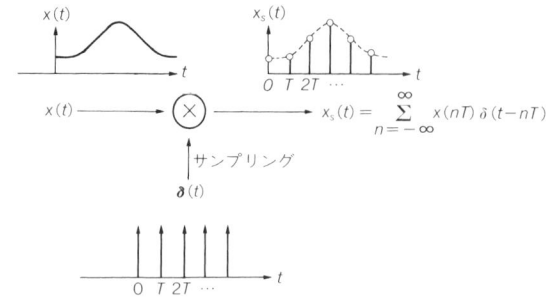

上式の両辺に $e^{-j\omega T}$ をかけると，次のようになる．
$$e^{-j\omega T}X(j\omega) = e^{-j\omega T} + e^{-j\omega 2T} + \cdots + e^{-j\omega(N-1)T} + e^{-j\omega NT} \tag{3.1.23}$$

式(3.1.22)から式(3.1.23)を引くと，
$$X(j\omega) - e^{-j\omega T}X(j\omega) = 1 - e^{-j\omega NT} \tag{3.1.24}$$
となり，次式を得る．

$$X(j\omega) = \frac{1-e^{-j\omega NT}}{1-e^{-j\omega T}} = \frac{e^{-j\frac{\omega N}{2}T}(e^{j\frac{\omega N}{2}T}-e^{-j\frac{\omega N}{2}T})}{e^{-j\frac{\omega}{2}T}(e^{j\frac{\omega}{2}T}-e^{-j\frac{\omega}{2}T})}$$
$$= e^{-j\frac{N-1}{2}\omega T}\frac{\sin\left(\frac{\omega N}{2}T\right)}{\sin\left(\frac{\omega}{2}T\right)} \tag{3.1.25}$$

したがって，

振幅スペクトル $\quad |X(j\omega)| = \dfrac{\sin\left(\dfrac{\omega N}{2}T\right)}{\sin\left(\dfrac{\omega}{2}T\right)} \tag{3.1.26}$

位相スペクトル $\quad \angle X(j\omega) = -\dfrac{N-1}{2}\omega T \tag{3.1.27}$

となる．$T=1$[sec]，$N=10$ とした場合の各特性を図3.5(b)に示しておく．

(3) (2)で扱ったインパルス列は，直流信号を有限時間内でサンプルしてできた離散時間信号と考えられる．N を十分に大きくとると，持続時間の長い理想的な直流信号になる．N が大きくなるにしたがって，図3.5(b)においてスペクトルの最初のゼロクロス点 ω_s/N の値が小さくなるので，零周波数成分にスペクトルが集中することになる〔図(c)〕．このことは，直流信号には交流成分が存在しないので零周波数以外の周波数成分はもたないことからも理解できる．

以上の具体例より，離散時間信号に対しても，フーリエ変換を施すと周波数スペクトルとして周波数領域の情報が得られることが理解できたことと思う．

3.1.3 フーリエ変換の性質

次に，フーリエ変換に関する重要な性質についていくつか述べておく．これらの性質は非常に重要なので，その物理的な意味も含めて十分に理解していただきたい．

(1) 線形性

いま，$x_1(nT) \xleftrightarrow{\mathcal{F}} X_1(j\omega)$ $x_2(nT) \xleftrightarrow{\mathcal{F}} X_2(j\omega)$ ならば，a,b を定数とすると，
$$ax_1(nT) + bx_2(nT) \xleftrightarrow{\mathcal{F}} aX_1(j\omega) + bX_2(j\omega) \tag{3.1.28}$$
証明は，定義3.3より明らかであろう．

上式は，図3.6(a)に示すように時間信号の振幅を定数倍すれば周波数スペクトルも定数倍されることと，複数の時間信号をたし合わせた信号のフーリエ変換は，個々の時間信号の周波数スペクトルの和となるという二つのことを表している．

(2) 周期性
$$X\{j(\omega + m\omega_s)\} = X(j\omega) \tag{3.1.29}$$

〔図3.5〕離散時間信号のフーリエ変換

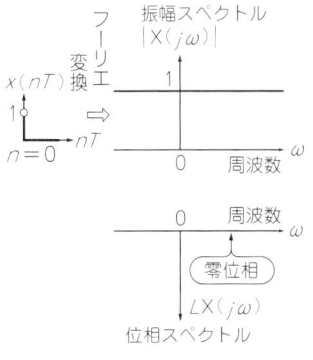

(a) 単位インパルス

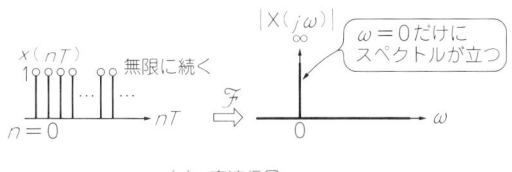

(c) 直流信号

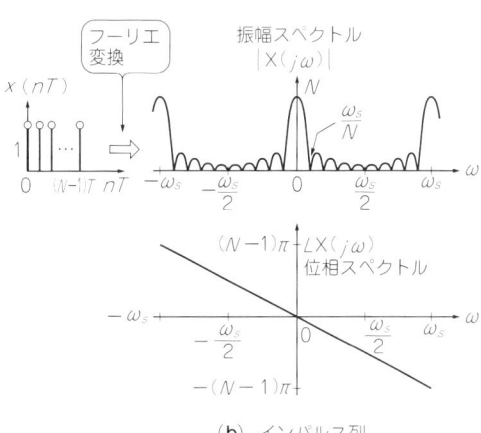

(b) インパルス列

[図3.6] フーリエ変換の性質

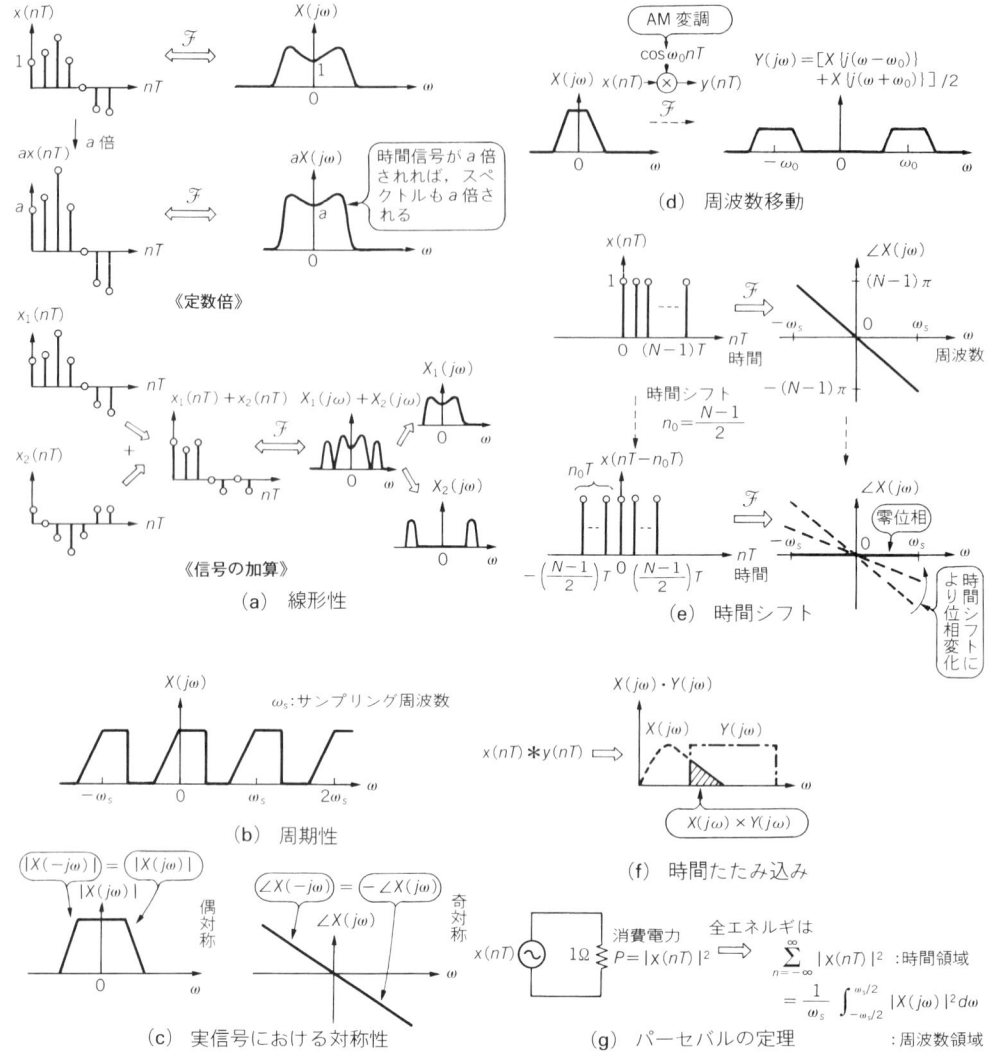

(a) 線形性
(b) 周期性
(c) 実信号における対称性
(d) 周波数移動
(e) 時間シフト
(f) 時間たたみ込み
(g) パーセバルの定理

ただし，m：整数，
$\omega_s = 2\pi f_s$：サンプリング周波数

【証明】

$$X\{j(\omega + m\omega_s)\} = \sum_{n=-\infty}^{\infty} x(nT) e^{-j(\omega + m\omega_s)nT}$$

$$= \sum_{n=-\infty}^{\infty} x(nT) e^{-j\omega nT} e^{-jm\omega_s nT}$$

$$= \sum_{n=-\infty}^{\infty} x(nT) e^{-j\omega nT} = X(j\omega)$$

$$(\because e^{-jm\omega_s nT} = e^{-j2\pi mn} = 1)$$

このように，離散時間信号のフーリエ変換は，サンプリング周波数 ω_s を周期とする周期関数である〔図3.6(b)〕。たとえば，図3.5(b)の振幅スペクトルを見れば理解できるであろう．

(3) 実信号における周波数対称性

定義3.3において，$x(nT)$ を実数信号とすると，

$$X(-j\omega) = X^*(j\omega) \tag{3.1.30}$$

上式より，以下のことが容易にわかる．

(a)：$|X(-j\omega)| = |X(j\omega)|$
(b)：$\angle X(-j\omega) = -\angle X(j\omega)$

【証明】

$x(nT)$ は実数であるので，定義3.3において $\omega \to -\omega$ と置換することにより，明らかに成立する．

性質3(a)は実信号の振幅スペクトルは偶対称であることを，(b)は位相スペクトルは奇対称であること

を示している〔図3.6(c)〕．
(4) 周波数シフト
$$x(nT)e^{j\omega_0 nT} \xleftrightarrow{\mathscr{T}} X[j(\omega-\omega_0)] \qquad (3.1.31)$$

【証明】
$$\sum_{n=-\infty}^{\infty} \{x(nT)e^{j\omega_0 nT}\} e^{-j\omega nT}$$
$$= \sum_{n=-\infty}^{\infty} x(nT) e^{-j(\omega-\omega_0)nT}$$
$$= X\{j(\omega-\omega_0)\}$$

性質(4)は，ある信号$x(nT)$に周波数ω_0の指数関数をかけ算すると，周波数スペクトルはω_0だけ周波数シフトするということを示している．これは，**振幅変調(AM変調)**として知られている．

(5) 時間シフト
$$x(nT-n_0T) \xleftrightarrow{\mathscr{T}} X(j\omega)e^{-j\omega n_0 T} \qquad (3.1.32)$$

【証明】
$n-n_0=m$とおくと，
$$\sum_{n=-\infty}^{\infty} x(nT-n_0T)e^{-j\omega nT}$$
$$= \sum_{m=-\infty}^{\infty} x(mT)e^{-j\omega(m+n_0)T}$$
$$= \left[\sum_{m=-\infty}^{\infty} x(mT)e^{-j\omega mT}\right]e^{-j\omega n_0 T}$$
$$= X(j\omega)e^{-j\omega n_0 T}$$

式(3.1.32)は，ある信号$x(nT)$をn_0Tだけ時間シフトすると，周波数スペクトルの振幅スペクトルはそのままで，位相スペクトルが$-\omega n_0 T$[rad]だけ変化するということを示している〔図3.6(e)〕．

(6) 時間たたみ込み

二つの信号$x(nT)$，$y(nT)$において，
$$x(nT) * y(nT) = \sum_{n=-\infty}^{\infty} x(mT)y(nT-mT) \qquad (3.1.33)$$
をたたみ込みと呼ぶ．

この時間信号のたたみ込みをフーリエ変換すると次式となる．
$$x(nT) * y(nT) \xleftrightarrow{\mathscr{T}} X(j\omega)Y(j\omega) \qquad (3.1.34)$$

【証明】
$$\sum_{n=-\infty}^{\infty}\left\{\sum_{m=-\infty}^{\infty} x(mT)y(nT-mT)\right\}e^{-j\omega nT}$$
$$= \sum_{m=-\infty}^{\infty} x(mT)\left\{\sum_{n=-\infty}^{\infty} y(nT-mT)e^{-j\omega nT}\right\}$$
$$= \sum_{m=-\infty}^{\infty} x(mT)\left\{\sum_{l=-\infty}^{\infty} y(lT)e^{-j\omega lT}\right\}e^{-j\omega mT}$$
$$(\because n-m=l)$$
$$= \left\{\sum_{m=-\infty}^{\infty} x(mT)e^{-j\omega mT}\right\}\left\{\sum_{l=-\infty}^{\infty} y(lT)e^{-j\omega lT}\right\}$$
$$= X(j\omega)Y(j\omega)$$

性質(6)は，時間領域における信号のたたみ込みは，周波数領域では周波数スペクトルのかけ算になっていることを意味し〔図3.6(f)〕，フーリエ変換においてとくに重要な性質の一つである．

線形時不変システムの応答が，入力信号とインパルス応答とのたたみ込みで表されることは，すでに2.2.2節〔式(2.2.9)〕で学んだとおりである．

(7) パーセバルの定理
$$\sum_{n=-\infty}^{\infty} |x(nT)|^2 = \frac{1}{\omega_s}\int_{-\omega_s/2}^{\omega_s/2} |X(j\omega)|^2 d\omega \qquad (3.1.35)$$
証明は，章末問題にする．

図3.6(g)に示すように$x(nT)$を1Ωの抵抗にかかる電圧信号とすると，$|x(nT)|^2$は単位時間あたりにおける消費電力と考えられるので，左辺は時間領域の全エネルギを表している．同様に，$|X(j\omega)|^2$は単位周波数あたりの電力と考えられるので，右辺は周波数領域の全エネルギを表している．したがって，パーセバルの定理の物理的な意味は，信号$x(nT)$の時間領域におけるエネルギと周波数領域のエネルギが等しいということである．

例題3.3 フーリエ変換の性質

(1) 周波数シフト（振幅変調）

信号$x(nT)$の周波数スペクトルを$X(j\omega)$とする．$x(nT)\cos\omega_0 nT$の周波数スペクトルを求めよ．

(2) 時間シフト

例題3.2(2)のインパルス列の周波数スペクトル$X(j\omega)$において，$n_0=(N-1)/2$として$x(nT)$を負の時間方向にn_0Tだけ時間シフトした場合の，位相スペクトル$\angle X(j\omega)$を求めなさい．

【解】
(1)

オイラーの公式〔コラムA（第2章）〕と式(3.1.31)を利用すると，
$$\mathscr{T}\{x(nT)\cos\omega_0 nT\} = \mathscr{T}\left\{x(nT)\frac{e^{j\omega_0 nT}+e^{-j\omega_0 nT}}{2}\right\}$$
$$= \frac{1}{2}[\mathscr{T}\{x(nT)e^{j\omega_0 nT}\} + \mathscr{T}\{x(nT)e^{-j\omega_0 nT}\}]$$
$$= \frac{1}{2}[X\{j(\omega-\omega_0)\}] + [X\{j(\omega+\omega_0)\}]$$
$$(3.1.36)$$

第1部　ディジタル信号処理の基礎

〔図3.7〕例題3.6 正弦波信号とサンプリング

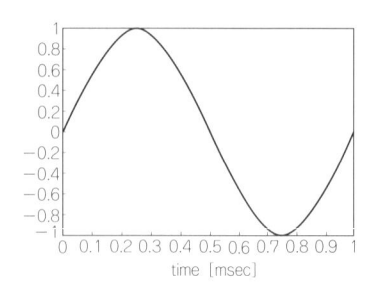

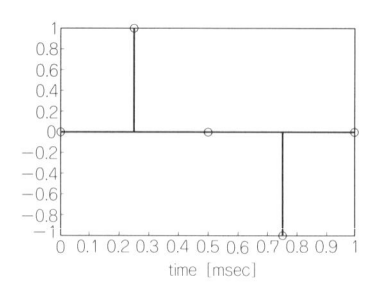

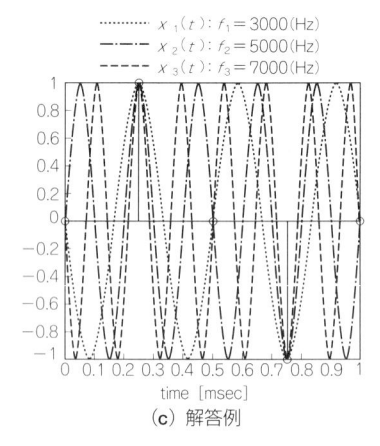

(a) 1000Hzの正弦波　　(b) T=0.25msecでサンプリングすると…　　(c) 解答例

となり，元の周波数スペクトル$X(j\omega)$が$\pm\omega_0$だけ周波数シフトし，かつ振幅が1/2になることがわかる〔図3.6(d)〕．

(2)

式(3.1.32)より，

$$\mathscr{F}\{x(nT+n_0T)\} = X(j\omega)\,e^{j\omega n_0 T} = \frac{\sin\left(\frac{\omega N}{2}T\right)}{\sin\left(\frac{\omega}{2}T\right)}$$

(3.1.37)

となる．すなわち，零位相になる〔図3.6(e)〕．

このように，時間シフトは位相スペクトルに対し直線位相$-\omega n_0 T$[rad]を付加する作用をもつことがわかる．

実習3.1 ｜ フーリエ変換の性質

MATLABファイル ex3_1.m を実行して，フーリエ変換の性質(1)，(3)，(4)，(5)を確認してみよう．

3.1.4 サンプリング定理

これまでフーリエ変換について検討してきた．ところで，連続時間信号と，それをサンプリングして得られた離散時間信号の周波数スペクトルの関係は，どのようになっているのであろうか？ また，離散時間信号から元の連続時間信号を復元する方法が存在するのであろうか？

これらの検討を通して，ディジタルデータが記録されているCDやMDから音が再生できる理由が明らかになる．

●アナログ信号をサンプリングすると？

例題3.4　私は何Hz？

図3.7(a)は，以下の式で与えられる発振周波数f_0=1000[Hz]の連続時間の正弦波信号$x_0(t)$である．

$$x_0(t) = \sin(2\pi f_0 t)$$

これを，サンプリングレートT=0.25[msec]すなわちサンプリング周波数f_s=4[kHz]でサンプリングすると，同図(b)の離散時間信号が得られる．さて，この離散時間信号の○印点をちょうど通る連続時間正弦波が$x_0(t)$以外に存在する．図を描きながら，そうした正弦波を見つけてみよう．

【解】

それらは以下の正弦波である．

$x_1(t) = \sin(2\pi f_1 t + \pi)$, 　$f_1 = 3000$[Hz]

$x_2(t) = \sin(2\pi f_2 t)$　　　　, 　$f_2 = 5000$[Hz]

$x_3(t) = \sin(2\pi f_3 t + \pi)$, 　$f_3 = 7000$[Hz]

$x_4(t) = \sin(2\pi f_4 t)$　　　　, 　$f_4 = 9000$[Hz]

$x_5(t) =$　　　　：　　　　：

　　　　　　　　：　　　　：

図(c)に$x_3(t)$まで示しておく．

以上の結果から，発振周波数が$kf_s \pm f_0$[Hz]であることがわかる．ただし，kは整数である．

さて，例題3.4は何を物語っているのであろうか？

[**考察1**]　スペクトルの周期化

図(a)のもともとの正弦波$x_0(t)$は連続時間信号であるため，発振周波数f_0[Hz]のみにスペクトルが存在するはずである．ただし，実信号のフーリエ変換の対称性より$-f_0$[Hz]にもスペクトルが存在する．

[**考察2**]　連続時間信号のスペクトル

一方，図(b)の離散時間信号は，発振周波数が$kf_s \pm f_0$[Hz]である連続時間正弦波$x_k(t)$，$k>1$の整数，のサンプル値でもある．$x_k(t)$のスペクトルは，$kf_s \pm f_0$[Hz]のみに存在する．

以上の二つの考察より，「連続時間信号がサンプルされて離散時間信号になると，サンプリング周波数ごとにスペクトルが繰り返す」と結論できる．

第3章 信号のスペクトル解析

〔図3.8〕連続時間信号と離散時間信号の周波数領域

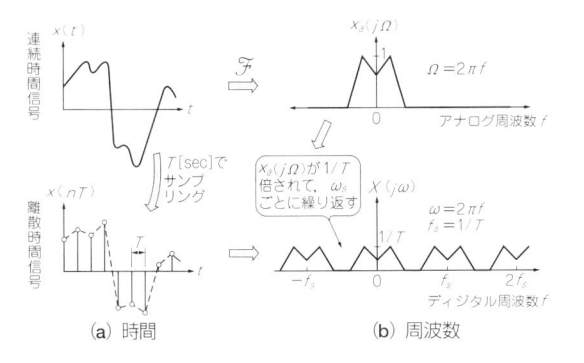

(a) 時間　　(b) 周波数

〔図3.9〕帯域制限信号とスペクトル

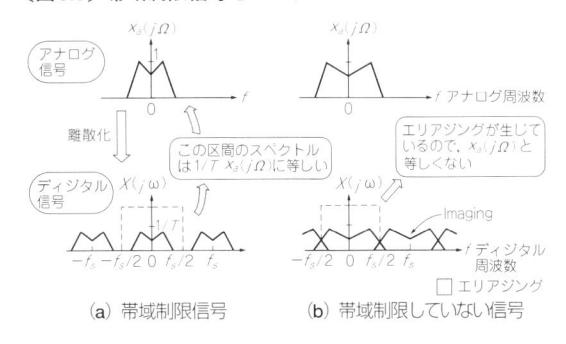

(a) 帯域制限信号　　(b) 帯域制限していない信号

● 連続時間信号と離散時間信号の周波数スペクトルの関係

上の例題で考察してきた連続時間信号と離散時間信号の周波数スペクトルの関係を，理論的に検証してみよう．

いま図3.8(a)に示すように，連続時間信号$x(t)$をサンプリング周波数$f_s=1/T$[Hz]すなわち時間間隔T[sec]でサンプリングした離散時間信号を$x(nT)$とする．さらに，$x(t)$および$x(nT)$のフーリエ変換を，おのおの，

$$x(t) \overset{\mathcal{F}}{\longleftrightarrow} X_a(j\Omega) \qquad x(nT) \overset{\mathcal{F}}{\longleftrightarrow} X(j\omega)$$

とすると，次の定理が成立する．ただし，$\Omega=2\pi f$：アナログ周波数，$\omega=2\pi f$：ディジタル周波数である．

定理3.1 連続時間/離散時間信号の周波数スペクトル

$$X(j\omega) = \frac{1}{T} \sum_{m=-\infty}^{\infty} X_a\left(j\Omega + j\frac{2\pi m}{T}\right) \quad (3.1.38)$$

【証明】

$x(nT)$は時刻$t=nT$における$x(t)$の値であるので，連続時間信号の逆フーリエ変換(定義2.2)において$t=nT$と置き換えれば，$x(nT)$の逆フーリエ変換が行える．

$$x(nT) = \frac{1}{2\pi} \int_{-\infty}^{\infty} X_a(j\Omega) e^{j\Omega nT} d\Omega \quad (3.1.39)$$

上式の積分を$2\pi/T$[rad]間隔の積分の総和として表すと次式となる．

$$x(nT) = \frac{1}{2\pi} \sum_{m=-\infty}^{\infty} \int_{(2m-1)\pi/T}^{(2m+1)\pi/T} X_a(j\Omega) e^{j\Omega nT} d\Omega \quad (3.1.40)$$

ただし，m：整数

さらに上式においてmを整数とし，$\Omega \to \Omega + 2\pi m/T$と変数変換を行うと，

$$x(nT) = \frac{1}{2\pi} \sum_{m=-\infty}^{\infty} \int_{-\pi/T}^{\pi/T} X_a\left(j\Omega + j\frac{2\pi m}{T}\right) e^{j\Omega nT} e^{j2\pi mn} d\Omega$$

$$= \frac{T}{2\pi} \int_{-\pi/T}^{\pi/T} \left[\frac{1}{T} \sum_{m=-\infty}^{\infty} X_a\left(j\Omega + j\frac{2\pi m}{T}\right) \right] e^{j\Omega nT} d\Omega$$

(3.1.41)

となり，上式と定義2.4の離散時間信号の逆フーリエ変換を比べると，[ ]の中は$X(j\omega)$に等しいので定理3.1を得る．

定理3.1は，連続時間信号とそれをサンプルして得られる離散時間信号との関係を周波数領域において表現している．すなわち図3.8(b)に示すように，<u>離散時間信号の周波数スペクトル$X(j\omega)$は，連続時間信号の周波数スペクトル$X_a(j\Omega)$が振幅が$1/T$倍されてサンプリング周波数f_s[Hz]ごとに繰り返すのである</u>．

ベースバンド以外にサンプリング周波数ごとに現れるスペクトルを**折り返し(imaging)成分**と呼んでいる．

● サンプリング定理と連続時間信号の復元

いま図3.9(a)に示すように，連続時間信号の周波数スペクトル$X_a(j\Omega)$が$f_s/2$[Hz]以上のスペクトルをもたないように帯域制限されていると仮定する．すると，離散時間信号$x(nT)$の周波数スペクトル$X(j\omega)$は，定理3.1に従って$X_a(j\Omega)$が繰り返した形となるが，互いに重ならない．したがって，周波数区間$-f_s/2 \sim f_s/2$[Hz]における$X(j\omega)$は，振幅が$1/T$倍される以外は連続時間信号の周波数スペクトル$X_a(j\Omega)$とまったく同じになる．周波数点$f_s/2$をとくに，**ナイキスト周波数(Nyquist Frequency)**と呼んでいる．

以上の関係より，**サンプリング定理(標本化定理：Sampling Theorem)**と呼ばれる重要な定理を得る．

定理3.2 サンプリング定理(その1)

区間$-f_s/2 \sim f_s/2$[Hz]で帯域制限された信号$x(t)$を，サンプリング周波数$f_s=1/T$[Hz]でサンプリングした離散時間信号$x(nT)$の周波数スペクトル$X(j\omega)$において，区間$-f_s/2 \sim f_s/2$[Hz]のスペクトルを取り出すと，元の連続時間信号$x(t)$が復元できる(図3.10)．

[図3.10] 離散時間信号から連続時間信号の復元

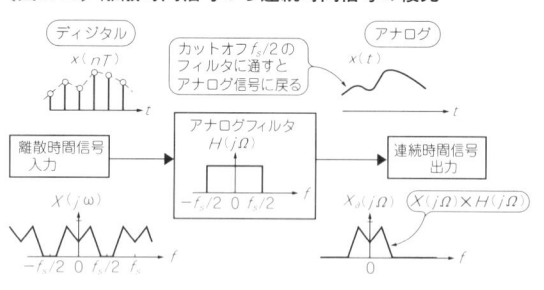

サンプリング定理を満足しない例は，$x(t)$が帯域制限信号でなく図3.9(b)に示すようにナイキスト周波数以上のスペクトルをもつ場合である．この場合，$X(j\omega)$は互いに重なりが生じ〔エリアシング(Aliasing)と呼ぶ〕，$x(nT)$は$x(t)$の情報を失う結果となる．したがって，$x(nT)$から元の連続時間信号$x(t)$が復元できなくなる．

サンプリング定理の別の表現である次の定理も重要である．

定理3.2' サンプリング定理(その2)
連続時間信号$x(t)$の情報を失わないように離散時間信号$x(nT)$にするためには，$x(t)$の最高周波数の2倍以上のサンプリング周波数でサンプルする必要がある．

例題3.5 サンプリングとアナログ信号の復元

次の連続時間信号(アナログ信号)がある．
$$f(t) = 2\sin(2\pi f_1 t) + 5\cos(2\pi f_2 t)$$
ただし，$f_1 = 1[\text{kHz}]$, $f_2 = 3[\text{kHz}]$

(1) $f(t)$をサンプリングして離散時間信号$f(nT)$を得たい．$f(t)$の情報を失わないようにサンプリングするには，サンプリング周波数f_sをどのように設定すればよいか．

(2) (1)で得られた$f(nT)$から元のアナログ信号$f(t)$を復元したい．図3.10におけるアナログローパスフィルタのカットオフ周波数f_c(信号通過帯域の高いほう)をどのように設定すればよいか．ただし，ローパスフィルタは理想的な振幅特性を有するものとする．

【解】
(1) $f_s > 6\text{kHz}$とする．
(2) $f_c = f_s/2$とする．

実習3.2 エリアシングの確認

リスト3.1のMATLAB M-file(ex3_2.m)における信号yを利用してエリアシングの確認をしてみよう．

サンプリング周波数をf_s, $f_s/2$, $f_s/3$と順に下げて

[リスト3.1] 実習3.2 エリアシング

```
%%%%%%%%%%%%%%%%%%%%%%%%%%%%%
%          実習 3.2          %
%        エリアシング         %
%%%%%%%%%%%%%%%%%%%%%%%%%%%%%
clear all;
y=fir1(511,0.4);            %入力信号
Y=fft(y,512);               %FFTで周波数領域に変換
figure(1)
plot(abs(Y))                %Yを表示
axis([1 512 0 1.1])
xlabel('frequency[Hz]')
ylabel('Spectrum')

y2=y(1,1:2:512);            %サンプリング周波数を1/2にする
Y2=fft(y2,256);             %y2をFFTで変換
figure(2)
plot(abs(Y2))               %Y2を表示
axis([1 512 0 1.1])
xlabel('frequency[Hz]')
ylabel('Spectrum')

y3=y(1,1:3:512);            %サンプリング周波数を1/3にする
Y3=fft(y3,128);             %y3をFFTで変換
figure(3)
plot(abs(Y3))               %Y3を表示
axis([1 512 0 1.1])
xlabel('frequency[Hz]')
ylabel('Spectrum')
```

いき，信号のスペクトルにエリアシングが生じることをMATLABにより確認する．ここで，信号yは，その振幅スペクトルが方形となる標本化関数を利用している．また，$f_s = 1[\text{Hz}]$として，信号のサンプル点を間引くことにより等価的にサンプリング周波数を下げている．フーリエ変換には，FFTと呼ばれるアルゴリズムを使用している．

実行結果を図3.11に示しておく．このように，$f_s/2$ではエリアシングが生じていないが，$f_s/3$になるとスペクトルの形状が異なってしまいエリアシングが生じていることが理解できる．なお，サンプリング周波数を下げていくと(サンプル間隔Tは大きくなる)，定理3.1に基づきスペクトルの振幅が低下($1/T$倍)していくことも図より確認できる．

3.2 離散フーリエ変換と高速フーリエ変換

本節では，フーリエ変換を計算機で求める場合に使う離散フーリエ変換(DFT)と，DFTを使ってスペクトル解析を行う際のテクニック(サイドローブの低減，分解能の上げ方など)について説明する．また，DFTを少ない演算量で高速に求める高速フーリエ変換(FFT)と呼ばれるアルゴリズムについても学んでいく．さらに，ディジタルフィルタで使うたたみ込み演算を，FFTを利用して少ない演算量で求める高速たたみ込みの方法についても検討していく．

[図3.11] 実習3.2の実行結果

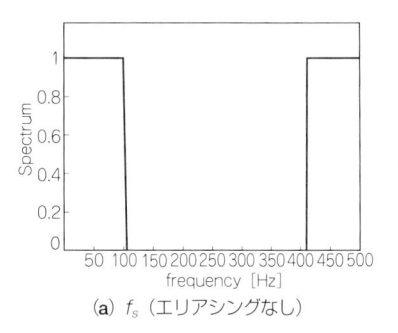

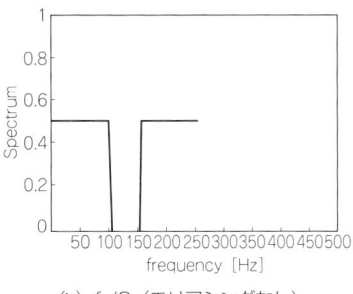

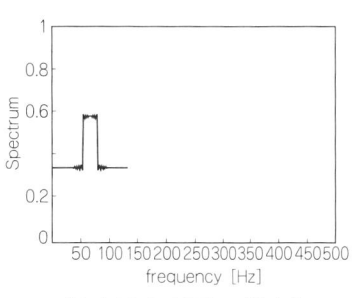

(a) f_s（エリアシングなし）
(b) $f_s/2$（エリアシングなし）
(c) $f_s/4$（エリアシングあり）

3.2.1 離散フーリエ変換（DFT）

●フーリエ変換の現実性

3.1節で検討してきたフーリエ変換（定義3.3）は，時間信号が離散でも，周波数は連続的であった．

しかしながら，計算機でフーリエ変換を求める場合，離散周波数点でフーリエ変換を計算しなければならず，また用途によっては離散周波数点における周波数スペクトルを知るだけで十分な場合が多い．

一方，定義3.4の逆フーリエ変換を用いて周波数スペクトルから逆に時間信号を求める場合，積分を実行する際に周波数スペクトルは，連続周波数軸上で関数表現された数式である必要があり現実的でない．

やはり逆フーリエ変換も，離散周波数点で与えられた周波数スペクトルに対して定義されているほうが計算機を使ううえで望ましい．

以下では，時間および周波数のパラメータの両方が離散となるフーリエ変換について考察していく．

●離散フーリエ変換の定義

いま，定義3.3の離散時間信号$x(nT)$に対するフーリエ変換において，以下の条件を仮定する．

(1) $x(nT)$は有限長信号である．すなわち，Nを正の整数とし，$x(nT)$は時刻$n=0, 1, 2, \cdots, N-1$でのみ存在する．

(2) ωは離散周波数点ω_kとし，DCからサンプリング周波数ω_sまでN等分した周波数間隔とする．すなわち，

$$\omega_k = \frac{\omega_s}{N}k = \frac{2\pi f_s}{N}k = \frac{2\pi}{NT}k \quad (3.2.1)$$

以上の仮定より，定義3.3のフーリエ変換は，

$$X(j\omega_k) = \sum_{n=0}^{N-1} x(nT)e^{-j\frac{2\pi nk}{N}} \quad (3.2.2)$$

となる．ここで，表記の簡単化のため$X(k) = X(j\omega k)$とおくと，

[リスト3.2] 実習3.3 関数dft

```
%%%%%%%%%%%%%%%%%%%%%%%%%%%%%%%%%%%%%%%%%%%%%%%
% dft : フーリエ変換(DFT)を行う matlab 関数    %
%     使用法                                   %
% matlabコマンドライン上でコマンドを入力する.  %
%     (コマンド:dft)                           %
% >>y=dft(signal,number)                       %
%                                              %
% ここでsignal:DFTされる信号ベクトル           %
%       number:信号のサンプル数                %
%%%%%%%%%%%%%%%%%%%%%%%%%%%%%%%%%%%%%%%%%%%%%%%

function [ Y ] = dft(signal, number)
Y = signal(1:number) * dftmtx(number);
```

◆定義3.5：離散フーリエ変換◆

$$X(k) = \sum_{n=0}^{N-1} x(n)e^{-j\frac{2\pi nk}{N}} \quad (3.2.3)$$

$$k = 0, 1, \cdots, N-1$$

となる．これを**離散フーリエ変換（Discrete Fourier Transform，DFT）**と呼んでいる．定義3.3と異なる点は，周波数が離散になった点で，これが離散フーリエ変換と呼ばれるゆえんである．$X(k)$は離散周波数スペクトルと呼ばれている．なお，$x(nT)$を$x(n)$と表記している．

今後，「フーリエ変換」は定義3.3を指し，「離散フーリエ変換」は定義3.5とする．

DFTを計算するMATLAB関数dftをリスト3.2に示しておく．

一方，$X(k)$から逆に$x(n)$を求める**逆離散フーリエ変換（Inverse DFT，IDFT）**は，

◆定義3.6：逆離散フーリエ変換（IDFT）◆

$$x(n) = \frac{1}{N}\sum_{k=0}^{N-1} X(k)e^{j\frac{2\pi nk}{N}} \quad (3.2.4)$$

$$n = 0, 1, \cdots, N-1$$

で与えられる．式(3.2.4)の妥当性はコラムEに示してある．

例題3.6　フーリエ変換とDFTの比較

つぎの離散時間信号 $x(n)$ に対し，

$$x(n)=\begin{cases} a^n, & n=0,1,2,\cdots,N-1 \\ 0, & \text{上記以外の}n \end{cases}$$

(1) 離散時間信号のフーリエ変換，(2) DFTをそれぞれ求め比較してみよう．

【解】
(1) 離散時間信号のフーリエ変換：

例題3.2(2)と同様な方法で求めることができる．

$$X(j\omega)=\sum_{n=0}^{N-1}a^n e^{-j\omega nT}$$

$$=\frac{1-a^N e^{-j\omega NT}}{1-ae^{-j\omega T}} \tag{3.2.5a}$$

振幅スペクトル：

$$|X(j\omega)|=\frac{\sqrt{1+a^{2N}-2a^N\cos\omega NT}}{\sqrt{1+a^2-2a\cos\omega T}} \tag{3.2.5b}$$

位相スペクトル：

$$\angle X(j\omega)=\tan^{-1}\left(\frac{-a^N\sin\omega NT}{1-a^N\cos\omega NT}\right)-\tan^{-1}\left(\frac{-a\sin\omega T}{1-a\cos\omega T}\right) \tag{3.2.5c}$$

$a=0.6$, $N=8$ とした場合の振幅スペクトルを図3.12(a)に示す．

(2) DFT

同様に，定義3.5にしたがって計算すると以下のようになる．

$$X(k)=\sum_{n=0}^{N-1}a^n e^{-j\frac{2\pi}{N}nk}$$

$$=\frac{1-a^N}{1-ae^{-j(2\pi k/N)}} \tag{3.2.6a}$$

振幅スペクトル：

$$|X(k)|=\frac{1-a^N}{\sqrt{1+a^2-2a\cos\left(\frac{2\pi k}{N}\right)}} \tag{3.2.6b}$$

位相スペクトル：

$$\angle X(k)=\tan^{-1}\left(\frac{-a\sin\left(\frac{2\pi k}{N}\right)}{1-a\cos\left(\frac{2\pi k}{N}\right)}\right) \tag{3.2.6c}$$

同様に，$a=0.6$, $N=8$ とした場合の振幅スペクトルを図3.12(b)に示す．式(3.2.6)をそれぞれ計算してもよいが，リスト3.2のMATLAB関数dftを用いるとよい．

図より，DFTで求めた周波数スペクトルは，フーリエ変換で求めた周波数スペクトルを周波数間隔 ω_s/N でサンプリングした値となっていることがわかる．この結果は，DFTが離散周波数点におけるフーリエ変換から導いた変換なので，当然のことである．

以上より，DFTは離散時間信号のフーリエ変換すなわちスペクトル解析を離散周波数点で求める変換であることが理解できたと思う．

実習3.3	MATLAB演習
	よく使う信号のDFT（スペクトル解析）

以下の信号の N 点DFTをリスト3.2を使って求め，周波数スペクトルの性質を検討してみよう．ただし，

コラムE

離散フーリエ変換と逆離散フーリエ変換

逆離散フーリエ変換が定義3.6で与えられることを証明してみよう．ここで，$W_N=\exp(-j2\pi/N)$ とする．

式(3.2.4)の $X(k)$ に式(3.2.3)を代入すると元の $x(n)$ に戻らなければならない．そこで実際に代入整理すると，

$$\frac{1}{N}\sum_{k=0}^{N-1}X(k)W_N^{-nk}=\frac{1}{N}\sum_{k=0}^{N-1}\left\{\sum_{m=0}^{N-1}x(m)W_N^{mk}\right\}W_N^{-nk}$$

$$=\frac{1}{N}\sum_{m=0}^{N-1}x(m)\sum_{k=0}^{N-1}W_N^{(m-n)k} \tag{E.1}$$

となる．ここで，右辺の第二項の総和は，

1) $m-n$ が N の整数倍のとき：

$$\sum_{k=0}^{N-1}W_N^{(m-n)k}=N \tag{E.2a}$$

2) $m-n$ が N の整数倍でないとき：

$$\sum_{k=0}^{N-1}W_N^{(m-n)k}=\frac{1-W_N^{(m-n)N}}{1-W_N^{m-n}}=0 \tag{E.2b}$$

すなわち，

$$\sum_{k=0}^{N-1}W_N^{(m-n)k}=\begin{cases}N, & m-n=0,\pm N,\pm 2N,\cdots \\ 0, & \text{その他}\end{cases} \tag{E.2c}$$

したがって，式(E.1)において $m-n=0$ すなわち $m=n$ のとき右辺の2番目の総和は値 N をもつので，右辺は $x(n)$ に等しくなる．

[図3.12]
例題3.6 フーリエ変換とDFTの比較

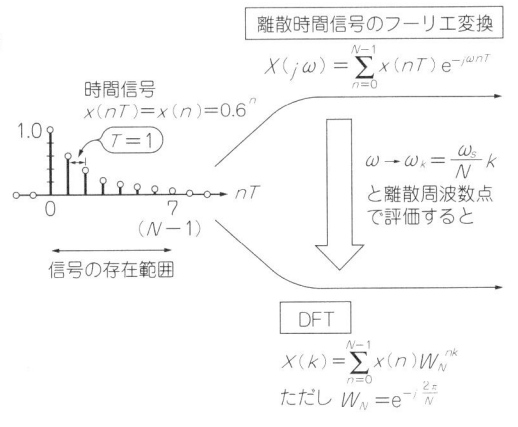

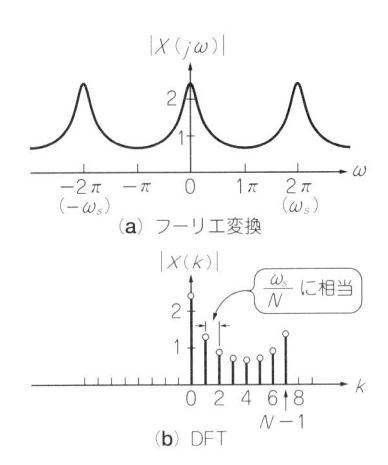

時間信号 $x(nT)=x(n)=0.6^n$, $T=1$

離散時間信号のフーリエ変換
$$X(j\omega)=\sum_{n=0}^{N-1}x(nT)\,e^{-j\omega nT}$$

$\omega \to \omega_k = \dfrac{\omega_s}{N}k$ と離散周波数点で評価すると

DFT
$$X(k)=\sum_{n=0}^{N-1}x(n)W_N^{nk}$$
ただし $W_N = e^{-j\frac{2\pi}{N}}$

(a) フーリエ変換

(b) DFT ($\dfrac{\omega_s}{N}$ に相当)

[図3.13]
実習3.3 のこぎり波のスペクトル

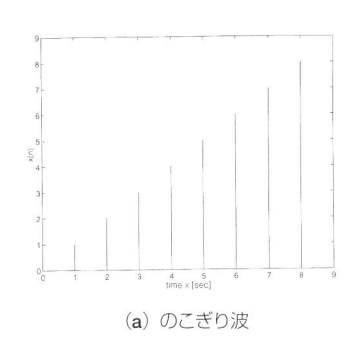

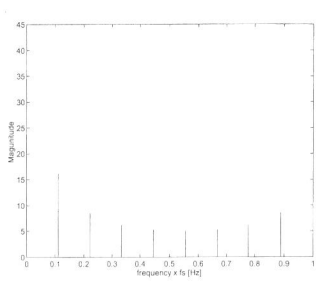

(a) のこぎり波   (b) のこぎり波のスペクトル

$N=10$, サンプルレート $T=1$ とする(MATLABのMfileは, ex3_3.m).

のこぎり波,
$$x(n)=\begin{cases} n, & 0 \le n \le N-1 \\ 0, & その他の n \end{cases}$$

(参考:のこぎり波はコマンド sawtooth でも発生できる)

結果は,図3.13に示しておく.このように,のこぎり波は基本波スペクトル以外に高調波を含んでいることがわかる.

3.2.2 DFTの性質と問題点

●DFTの性質

DFTおよびIDFTのもつ重要な性質を,表3.1にまとめて示しておく.(4)および(5)の性質については,(1)の周期性が成立するものと仮定している.

おのおのの性質のもつ物理的な意味は,3.1.3節「フーリエ変換の性質」と比較しながら読者自身で確かめていただきたい.

性質(2),(3),(6)の証明は,3.1.3節「フーリエ変換の性質」と同様にできるので省略する.DFTを利用する場合は,とくに性質(1)の周期性に注意が必要

[表3.1] 離散フーリエ変換/逆離散フーリエ変換の性質

(1) 周期性	DFT: $X(mN+k)=X(k)$ IDFT: $x(mN+n)=x(n)$ ただし,m:整数,$k,n=0,1,\cdots,N-1$
(2) 線形性	$ax(n)+by(n) \longleftrightarrow aX(k)+bY(k)$
(3) 対称性	$X(N-k)=X^*(k)$ ただし,$x(n)$は実数とする 振幅特性:$\|X(N-k)\|=\|X(k)\|$ 位相特性:$\angle[X(N-k)]=-\angle[X(k)]$
(4)*時間シフト	$x(n+m_0) \longleftrightarrow e^{-j\frac{2\pi k}{N}m_0}X(k)$
(5)*時間たたみ込み	$y(n)=\sum_{l=0}^{N-1}h(l)x(n-l) \longleftrightarrow Y(k)=H(k)X(k)$
(6) パーセバルの定理	$\dfrac{1}{N}\sum_{k=0}^{N-1}\|X(k)\|^2 = \sum_{n=0}^{N-1}\|x^2(n)\|$

ただし, $\longleftrightarrow$ はDFT,*は周期性をもつ

なので,以下に証明を与えておく.

●DFTの周期性

性質(1)周期性:
$$X(mN+k)=X(k)$$

【証明】

定義3.5において $k=mN+k$ とおくと

第1部 ディジタル信号処理の基礎

〔図3.14〕DFTの周期性

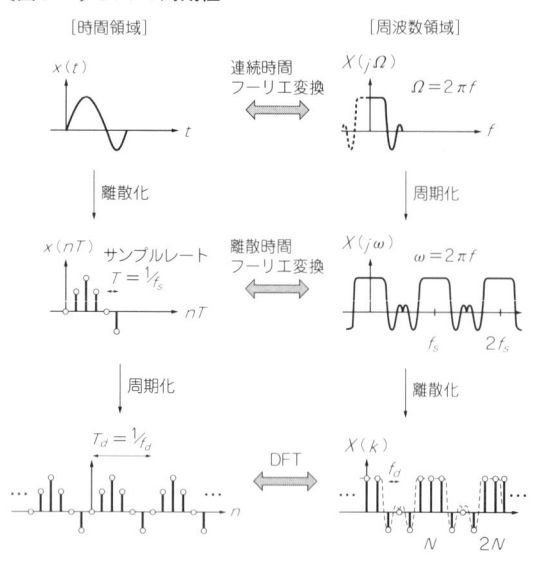

$$X(mN+k) = \sum_{n=0}^{N-1} x(n)\exp\left(-j\frac{2\pi n(mN+k)}{N}\right)$$
$$= \sum_{n=0}^{N-1} x(n)\exp\left(-j\frac{2\pi nk}{N}\right)\underbrace{\exp\left(-j\frac{2\pi nmN}{N}\right)}_{=1}$$
$$= \sum_{n=0}^{N-1} x(n)\exp\left(-j\frac{2\pi nk}{N}\right)$$
$$= X(k) \tag{3.2.7}$$

となり，性質(1)が成立する．

このように，DFTの周波数スペクトル $X(k)$ は，周波数領域で周期 N をもつことがわかる．これは，フーリエ変換がサンプリング周波数 f_s を周期とする周期関数であることと同じ性質である．

同様に，定義3.6を用いれば信号 $x(n)$ も時間領域で周期 N をもつことが容易に証明できる(章末問題)．

●離散化と周期性

ところで，サンプリング定理を思い出すと，連続時間信号を時間領域においてサンプルレート T[sec]で離散化すると，周波数スペクトルは $f_s = 1/T$ を周期とする周期関数となる(図3.14)．一方，DFTのように，周波数のほうを離散化すると時間信号が周期化する．このように時間あるいは周波数のどちらか一方を離散化すると，他方が周期化するのである(図3.14)．

したがって，周期化は離散化により生ずる現象であり，信号が本来もっている性質でない場合があることに注意しなければならない．

●DFTの周期性とスペクトル解析の関係

以上で，DFTは時間と周波数の両方の領域で周期 N の周期関数であることが理解できた．ところで，この周期性が周波数スペクトル解析を行う際に悪影響を与える場合がある．以下に，例題で見てみることにしよう．

例題3.7 スペクトル解析におけるサイドローブ

次の余弦波で $N=10$ および16として，DFTによりスペクトル解析を行ってみよう．

$$x(n) = \begin{cases} \cos(2\pi f n), & 0 \leq n \leq N-1 \\ 0, & その他の n \end{cases}$$

ただし，$f=0.1$[Hz]とする．

図3.15に時間信号と周波数スペクトルを示す．

結果より，$N=10$ の場合は線スペクトルとなり，$N=16$ の場合はサイドローブが発生していることがわかる．なぜであろうか？

答は，性質(1)の $x(n)$ の周期性にある．周期性を考慮して $N=10$，$N=16$ それぞれの時間信号を描いた図が図3.15(a), (b)である．$N=10$ の場合は滑らかな余弦波の形を維持しているが，$N=16$ の場合は不連続な信号となる．

この信号の不連続性のため，DFTの周波数スペクトルは本来の線スペクトルに比較して広がってしまう．これは，DFTの本質的な欠点である．この欠点は，図(a)のように信号の周期と N が一致した場合に限り生じないが，このような信号が入力されることはまれである．

さて，この欠点を解決するテクニックはないのであろうか？

3.2.3 スペクトル解析のテクニック

●窓関数を使ったサイドローブの低減

もし，不連続性がなるべく抑えられるように時間信号 $x(n)$ の形状を変えることができれば，サイドローブが少なくなると予想される．

そこで，まず図3.15(c)の波線で示すような滑らかな関数 $w(n)$ を用意する．こうした関数は窓関数と呼ばれ，以下のハミング窓がよく知られている．

ハミング窓：$w(n) = 0.54 - 0.46\cos(2\pi n/(N-1))$
$$\tag{3.2.8}$$

つぎに，その $w(n)$ を不連続な信号 $x(n)$ にかけて，新しい $x_w(n)$ を以下のように作る．

$$x_w(n) = x(n)w(n) \tag{3.2.9}$$

実際に，このハミング窓を図3.15(b)の信号 $x(n)$ にかけると，同図(c)の信号 $x_w(n)$ のように滑らかな信号が得られる．その周波数スペクトルは，予想どおり図(b)の場合よりサイドローブが低減されていることがわかる．

[図3.15]
例題3.7 スペクトル解析におけるサイドローブ

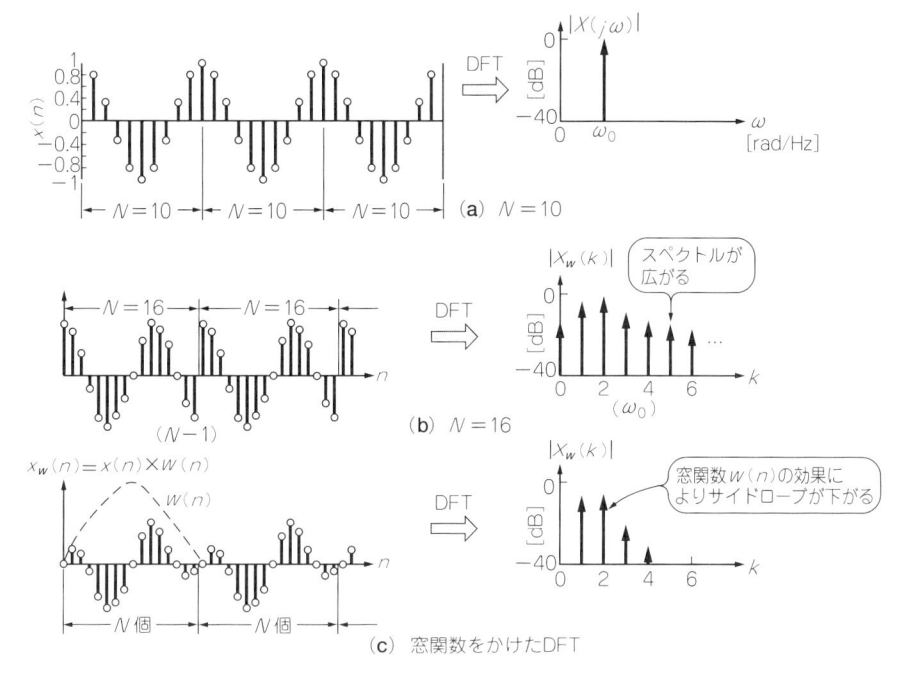

(a) $N=10$

(b) $N=16$

(c) 窓関数をかけたDFT

そのほかによく使われる窓関数とその特徴を**表3.2**に示しておく．

実習3.4 　窓関数を使ったスペクトル解析

以下の信号のスペクトル解析をDFTにより行いたい．窓関数を用いない場合，ハミング窓およびブラックマン窓を用いた場合それぞれについて求め，比較検討してみよう．

ただし，$N=256$，サンプリング周波数$f_s=20$[kHz]，$f_1=350$[Hz]，$f_2=1200$[Hz]とする（Mfileは，ex3_4.m）．

$$x(n)=\begin{cases}\sin(2\pi f_1 n/f_s)+0.05\sin(2\pi f_2 n/f_s), & 0\leq n\leq N-1 \\ 0, & その他のn\end{cases}$$

結果を**図3.16**に示しておく．このように，窓関数を用いると小さなレベルのスペクトルも解析できるようになる．

● スペクトル分解能を上げる方法

ところで，DFTは信号$x(n)$のサンプル数Nが決まると，周波数分解能は定義2.5より$2\pi/N$と自動的に決まってしまう．つまり，分解能を上げたくても$2\pi/N$より上げられない．さて，この周波数分解能を上げる方法がないものであろうか？

そこで，Nサンプルの$x(n)$の後ろにゼロを$M-N$個追加して，Mサンプルの信号$x'(n)$を作ることを考える．すると，$x'(n)$のDFT $X'(k)$は，

$$X'(k)=\sum_{n=0}^{M-1}x'(n)e^{-j2\frac{\pi nk}{M}}$$

[表3.2] 窓関数の種類と特徴

窓関数名	関数	特徴
ハミング	$0.54-0.46\cos\left(\frac{2\pi n}{N-1}\right)$	減衰量は多くとれないが，メインローブを狭くでき，シャープにできる．
ブラックマン	$0.42-0.5\cos\left(\frac{2\pi n}{N-1}\right)+0.08\cos\left(\frac{4\pi n}{N-1}\right)$	減衰量は多くとれるが，メインローブが広がり，シャープさが失われる
ハニング	$0.5-0.5\cos\left(\frac{2\pi n}{N-1}\right)$	ハミングと似ている
方形窓	1	サイドローブが大きいが，メインローブは最もシャープ

$$=\sum_{n=0}^{N-1}x(n)e^{-j2\frac{\pi nk}{M}}$$

$$\left(\because x'(n)=\begin{cases}x(n), & 0\leq n\leq N-1\\ 0, & N\leq n\leq M-1\end{cases}\right) \quad (3.2.10)$$

$X'(k)$の周波数分解能は$2\pi/M$となり，NポイントDFTの分解能$2\pi/N$より上がっていることがわかる．

このように，ゼロパッド（追加）するだけで周波数分解能が上がるので，有限長の信号データでNを増やすことができない場合に有効である．

実習3.5 　周波数分解能を上げる

次の正弦波について，M点DFTによりスペクトル解析を行ってみたい．(a)(b)それぞれの条件で実行してみよう．なお，窓関数は使用しない．

[図3.16]
実習3.4 窓関数を用いたスペクトル解析

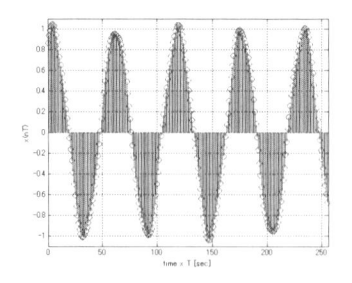

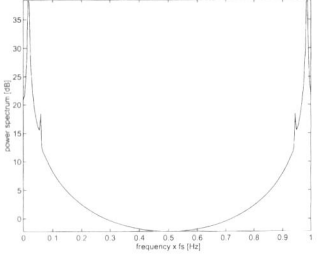

(a) 入力信号
(b) スペクトル（窓関数なし）
(c) ハミング窓を用いたときのスペクトル
(d) ブラックマン窓を用いたときのスペクトル

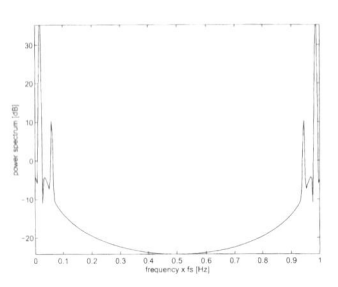

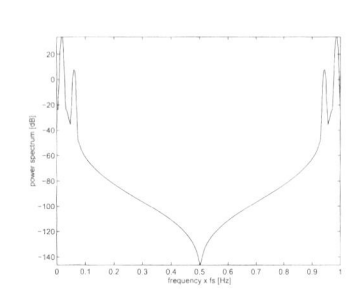

[図3.17]
実習3.5 周波数分解能を上げる

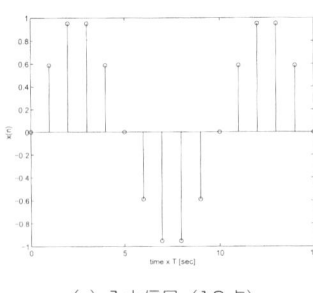

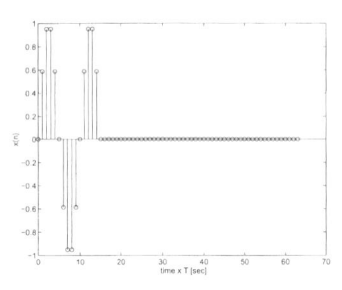

(a) 入力信号（16点）
(b) 入力信号にゼロを48個追加（64点）
(c) (a)に対するDFT結果（ゼロ追加なし）
(d) (b)の信号をDFTした結果（ゼロ追加して64点DFT）

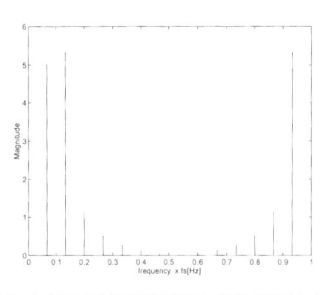

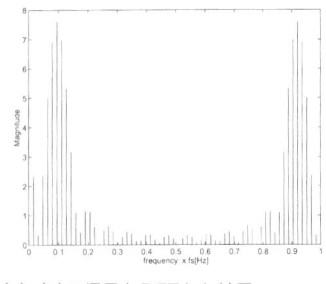

$$x(n) = \sin(2\pi fn), \quad 0 \leq n \leq N-1$$

ただし，$f = 0.1$[Hz]，$N = 16$とする．

(a) 16点DFT
(b) 64点DFT．ただし，$N \leq n < 64$で$x(n) = 0$とゼロパッドする．

結果を図3.17に示す．このように周波数分解能を上げることにより，少ないポイント数では見えなかったスペクトルが見えてくるようになることがわかる．

3.2.4 DFTを用いた直線たたみ込み

つぎに，DFTを用いて周波数領域でたたみ込みを計算する方法を検討する．この方法を使うと，非常に長いインパルス応答をもつFIRディジタルフィルタが少ない演算量で実現できるなど，実用上重要な応用が

第3章 信号のスペクトル解析

[図3.18] 例題3.8　直線たたみ込みと巡回たたみ込み

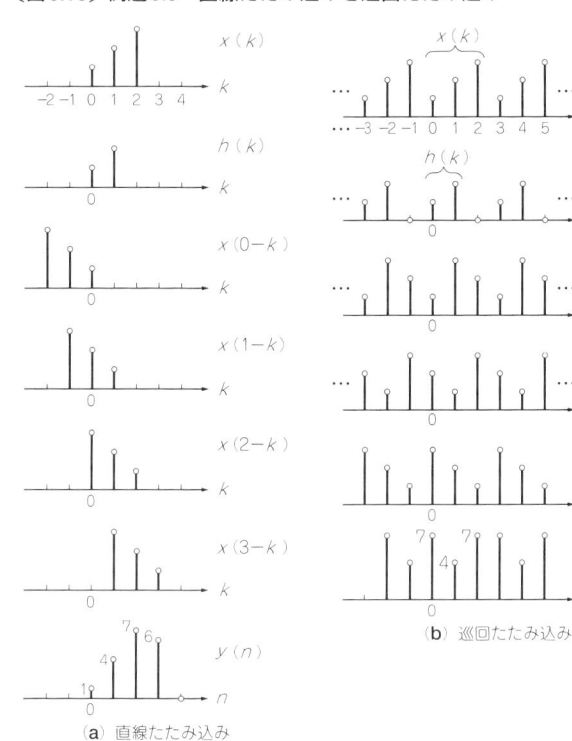

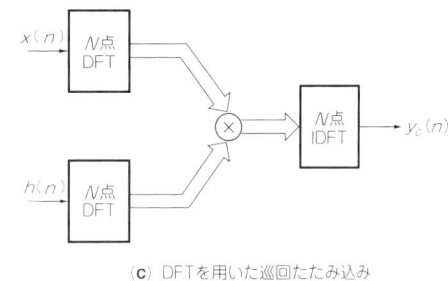

(a) 直線たたみ込み

(b) 巡回たたみ込み

(c) DFTを用いた巡回たたみ込み

考えられる．

● 巡回たたみ込み

表3.1をもう一度見ていただきたい．性質(5)の時間領域表現は，**巡回たたみ込み**(circular convolution)と呼ばれており，時間信号$x(n)$，$h(n)$が性質(1)の周期性をもつものと仮定している．この場合，$x(n)$，$h(n)$の巡回たたみ込みは，周波数領域においてDFTで得られるスペクトルのかけ算となる．

これは，2.2.2節で学んだたたみ込み(ここでは直線たたみ込みと呼ぶ)が，周波数領域でフーリエ変換のかけ算となる性質と似ている．異なる点は，直線たたみ込みは信号に何の制約も必要としないが，巡回たたみ込みは信号に周期Nの周期性を仮定している点である．

さて，例題で両者の違いを確認してみよう．

例題3.8 直線たたみ込みと巡回たたみ込み

$x(n) = \{1, 2, 3\}$，$h(n) = \{1, 2\}$として，(a)直線たたみ込みと(b)周期Nの巡回たたみ込みを求めてみよう．ただし，$N=3$とする．

【解】

(a) 直線たたみ込み

式(2.2.9)より，

$$y(0) = \sum_{k=0}^{1} x(0-k) h(k) = x(0) h(0)$$
$$= 1$$
$$y(1) = \sum_{k=0}^{1} x(1-k) h(k) = x(1) h(0) + x(0) h(1)$$
$$= 4$$
$$y(2) = \sum_{k=0}^{1} x(2-k) h(k) = x(2) h(0) + x(1) h(1)$$
$$= 7$$
$$y(3) = \sum_{k=0}^{1} x(3-k) h(k) = x(2) h(1) = 6$$
$$\vdots \qquad (3.2.11)$$

この計算過程を図的に表すと**図3.18**(a)となる．このように，直線たたみ込みの結果$y(n)$は，長さ4のサンプル系列となる．一般に$x(n)$の長さをP，$h(n)$の長さをLとすると，$y(n)$は$P+L-1$となる．

(b) 巡回たたみ込み

周期性を考慮すると信号xは，

$x_c(k) = \{\cdots 1, 2, 3, 1, 2, 3, 1, 2, 3, \cdots\}$

と書け，同様にhは次のようになる．

$h_c(k) = \{\cdots 1, 2, 0, 1, 2, 0, 1, 2, 0, \cdots\}$

この周期性を考慮すると，巡回たたみ込みの結果

$y_c(n)$ は，

$$y_c(0) = \sum_{k=0}^{1} x(0-k) h_c(k) = x_c(0) h_c(0) + x_c(-1) h_c(1)$$
$$= 7$$

$$y_c(1) = \sum_{k=0}^{1} x(1-k) h_c(k) = x_c(1) h_c(0) + x_c(0) h_c(1)$$
$$= 4$$

$$y_c(2) = \sum_{k=0}^{1} x(2-k) h_c(k) = x_c(2) h_c(0) + x_c(1) h_c(1)$$
$$= 7$$

$$y_c(3) = y_c(0) = 7$$
$$y_c(1) = y_c(1) = 4$$
$$\vdots \qquad \vdots \qquad (3.2.12)$$

となる．この計算過程を図的に表すと**図3.18**(b)となる．このように，巡回たたみ込みの結果の $y_c(n)$ は，周期 N の周期関数となる．$y_c(1)$，$y_c(2)$ は直線たたみ込みと一致しているが，$y_c(0)$ は異なっている．

巡回たたみ込みは性質(5)より，**図3.18**(c)のようにDFTを用いても得ることができる．

このように，同じ信号をたたみ込んでも，直線たたみ込みと巡回たたみ込みの結果は異なる場合があることに注意しなければならない．結果がすべて一致する場合は，信号が周期性をもつ場合である．

さて，それでは周期性をもたない信号を巡回たたみ込みする場合，その結果を直線たたみ込みと完全に一致させるような手法はないのであろうか？

● **有限長信号に対して直線たたみ込みを得る方法**

まず，有限長信号について例題で説明しよう．

例題3.9 巡回たたみ込みによる直線たたみ込み

例題3.8と同じ信号を巡回たたみ込みして，直線たたみ込みを得る手法を考えてみよう．

【解】

図3.18(a)，(b)をもう一度見てみよう．$h(k)$ と $x(n-k)$ の積をとる際，たとえば $x(0-k)$ と $x_c(0-k)$ を比べると，$x_c(0-k)$ には周期性のため $x(0-k)$ には本来なら存在しない信号が立っている．これが，巡回たたみ込みで直線たたみ込みができない理由である．

そこで，以下のように信号 x に $M-N$ 個のゼロを追加し，新たに周期 M の周期信号 x_c を作ってみる．$M=4$ とすると，1個のゼロを追加することになる．

$$x_c(k) = \{\cdots 1, 2, 3, 0, 1, 2, 3, 0, 1, 2, 3, 0, \cdots\}$$
$$\uparrow$$
$$時刻 k \qquad 0$$

この $x_c(k)$ を式(3.2.12)に基づいて再び $y_c(n)$ を計算すると，式(3.2.11)の直線たたみ込みの結果と同じになる．

ここで重要な点は M の選び方であり，これは直線たたみ込みの結果の長さ $P+L-1$ と等しくしなければならない．

ところで，上の例は有限長信号の場合であったが，信号が連続的に入力する場合はどのような処理を行えばよいのであろうか？

● **Overlap-Save法**

そこでまず，信号のブロック化を考える．**図3.19**(a)に，ブロックサイズ N で50%オーバラップさせながらブロック化する例を示す．この信号のブロック化を利用して，巡回たたみ込みにより直線たたみ込みを実現する**Overlap-Save法**と呼ばれるアルゴリズムがある．

Overlap-Save法の基本的なアイデアは，例題3.8で検討したように，巡回たたみ込みの結果でも直線たたみ込みに一致するサンプルがあり，これを利用しようというものである．

以下に，例題により具体的に説明しよう．

例題3.10 50% Overlap-Save法

信号 $x = \{x(0), x(1), x(2), x(3), x(4)\cdots\}$ とインパルス応答 $h = \{h(0), h(1)\}$ の直線たたみ込みを，巡回たたみ込みを用いて得る方法を検討してみよう．また，その方法をDFTにより実現する構成も考えてみよう．

【解】

いま，ブロックサイズ $N=4$ として信号 x を，図3.19(a)のように50%オーバラップさせる．すると，最初のブロック信号に対する巡回たたみ込みは，行列表現により以下のように表せる．

第1ブロック

$$\begin{bmatrix} x(0) & x(3) & x(2) & x(1) \\ x(1) & x(0) & x(3) & x(2) \\ x(2) & x(1) & x(0) & x(3) \\ x(3) & x(2) & x(1) & x(0) \end{bmatrix} \begin{bmatrix} h(0) \\ h(1) \\ 0 \\ 0 \end{bmatrix} = \begin{bmatrix} y(0) \\ y(1) \\ y(2) \\ y(3) \end{bmatrix} \text{捨てる}$$
$$(3.2.13)$$

上式の信号行列において波線より右側の信号は，信号の周期性のため存在しており，直線たたみ込みの場合はゼロである．さて，右辺のたたみ込み結果で，直線たたみ込みと一致するものは $y(1)$，$y(2)$，$y(3)$ である．そこで，一致しない $y(0)$ は廃棄して無効にする．

同様に，第2番目のブロックは，

[図3.19] Overlap-Save法($N=8$の例)

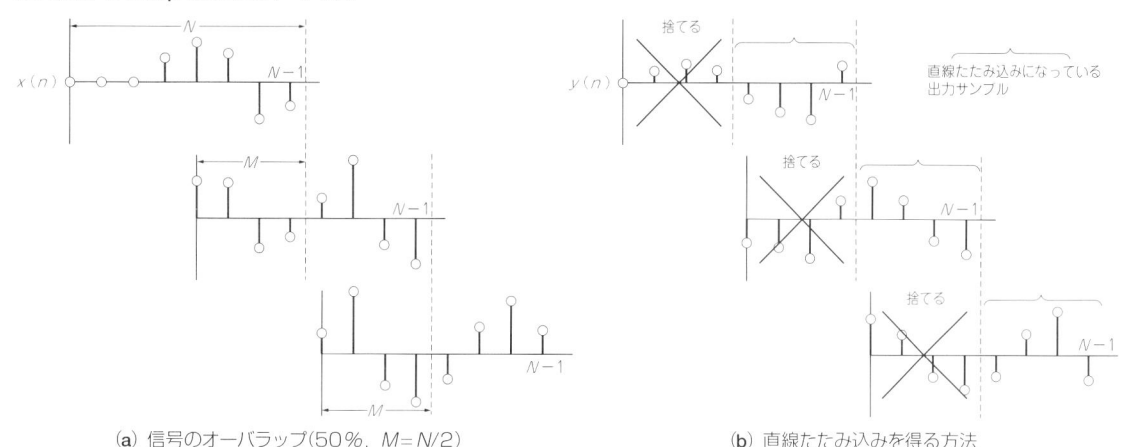

(a) 信号のオーバラップ(50%, $M=N/2$)

(b) 直線たたみ込みを得る方法

第2ブロック

$$\begin{bmatrix} x(2) & x(5) & x(4) & x(3) \\ x(3) & x(2) & x(5) & x(4) \\ x(4) & x(3) & x(2) & x(5) \\ x(5) & x(4) & x(3) & x(2) \end{bmatrix} \begin{bmatrix} h(0) \\ h(1) \\ 0 \\ 0 \end{bmatrix} = \begin{bmatrix} \cancel{y(2)} \\ \cancel{y(3)} \\ y(4) \\ y(5) \end{bmatrix} \text{捨てる}$$
(3.2.14)

となり,この場合も直線たたみ込みと一致する出力は$y(2)$以後の3サンプルである.しかし,$y(3)$は第一ブロックですでに求まっているので$y(2)$と$y(3)$を廃棄する.なお,この$y(2)$,$y(3)$は,第1ブロックの$y(2)$,$y(3)$と異なる.

以後のブロックでも同じように,巡回たたみ込みの結果の後ろ$N/2$サンプル(この例題では2サンプル)だけを保持(セーブ)していけば,直線たたみ込みと同じ結果が得られる.この手法をOverlap-Save法と呼んでおり,手順は図3.19(b)となる.

Overlap-Save法を図3.18(c)のハードウェアで実現するには,まず$x(n)$を図3.19(a)のようにオーバラップさせてブロック化してDFTする.ついで各ブロックごとに,IDFTの結果の後ろ$N/2$点を図3.19(b)のように取り出せばよい.なお,$h(n)$のDFTは一度だけ行えばよい.

Overlap-Save法以外に,**Overlap-Add法**と呼ばれる直線たたみ込みのアルゴリズムも提案されており,MATLABではコマンド`fftfilt`として提供されている.Overlap-Save法のMATLAB M-fileは,次の節で紹介する.

3.2.5 高速フーリエ変換(FFT)

本節では,DFTを少ない演算量で高速に求めるFFTと呼ばれるアルゴリズムについて,その応用とともに解説していく.

[1] DFTの演算量

ところで,DFTの演算量は,ある$X(k)$に対してN回の複素乗算および複素加算を必要とするので,すべてのkについて求めると乗算回数:N^2回,加算回数:N^2回である.たとえば$N=1024$の場合,実に約10^6回もの乗算と加算を必要とし実時間性に欠ける.

[2] FFTアルゴリズム

そこで,つぎに**高速フーリエ変換**(Fast Fourier Transform,FFT)と呼ばれるDFTを高速に演算するアルゴリズム(注2)について説明しよう.

● FFTアルゴリズムの導出

いま$N=2^\alpha$(α:正の整数)であると仮定し,定義3.5の$X(k)$を次のようにnの偶奇により分解する.

$$X(k) = \sum_{n=0}^{N/2-1} x(2n)W_N^{2nk} + \sum_{n=0}^{N/2-1} x(2n+1)W_N^{(2n+1)k}$$

ただし,$k=0, 1, 2, \cdots, N-1$

$$W_N = \exp(-j2\pi/N) \qquad (3.2.15)$$

ここで,

$$W_N^2 = e^{-j2\frac{2\pi}{N}} = e^{-j\frac{2\pi}{N/2}} = W_{N/2} \qquad (3.2.16)$$

であるので,

$$G(k) = \sum_{n=0}^{N/2-1} x(2n)W_{N/2}^{nk} \qquad (3.2.17)$$

$$H(k) = \sum_{n=0}^{N/2-1} x(2n+1)W_{N/2}^{nk} \qquad (3.2.18)$$

(注2) ここで説明するFFTは,基数2の時間間引き形と呼ばれるアルゴリズムである.ほかに周波数間引き形やデータ数Nが2の累乗でない場合のFFTアルゴリズムもある.解説は,参考文献1)などが詳しい.

[図 3.20] 時間間引き FFT アルゴリズム

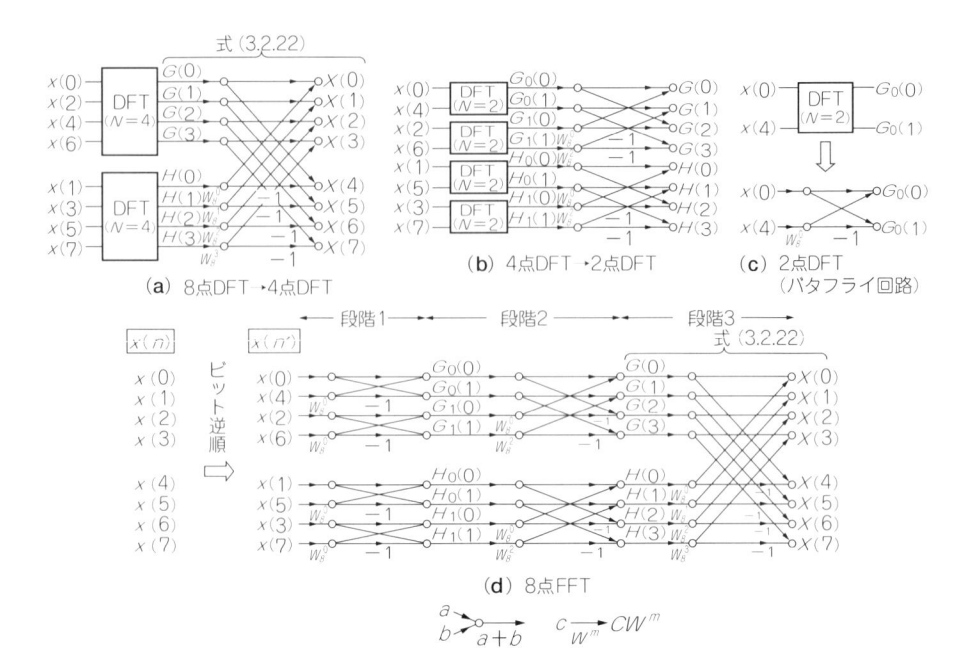

(a) 8点DFT→4点DFT
(b) 4点DFT→2点DFT
(c) 2点DFT（バタフライ回路）
(d) 8点FFT

と定義すると，式(3.2.15)は次のように書き換えられる．

$$X(k) = G(k) + W_N^k H(k)$$
$$\text{ただし，} k = 0, 1, 2, \cdots, N-1 \quad (3.2.19)$$

ところで$G(k)$，$H(k)$は$N/2$点DFTであるので，表3.1の性質(1)と同様に$N/2$を周期とする周期関数である．

$$G\left|\frac{N}{2}+k\right| = G(k), \quad H\left|\frac{N}{2}+k\right| = H(k) \quad (3.2.20)$$

さらに，
$$W_N^{k+\frac{N}{2}} = e^{-j\frac{2\pi}{N}\left(k+\frac{N}{2}\right)} = e^{-j\pi} e^{-j\frac{2\pi}{N}k} = -W_N^k \quad (3.2.21)$$

が成立するので，式(3.2.19)の$X(k)$は，次式のように$k=0, 1, \cdots, N/2-1$までの計算で済む．

$$\begin{cases} X(k) = G(k) + W_N^k H(k) \\ X\left(\dfrac{N}{2}+k\right) = G(k) - W_N^k H(k) \end{cases} \quad (3.2.22)$$
$$\text{ただし，} k = 0, 1, \cdots, \frac{N}{2}-1$$

この式(3.2.22)の重要な点は，定義3.5のN点DFTが$N/2$点DFTで表すことができたということであり，この時点でも計算量が減少していることが理解できよう．

$N=8$として式(3.2.22)をシグナルフロー図で表すと，図3.20(a)となる．

さらに，図3.20(a)の$G(k)$および$H(k)$の$N/2$点DFT部分について，その入力信号の偶奇に基づき同様な分解を行うと$N/4$点DFTに分解でき，図3.20(b)

が得られる．最終的に2点DFTに分解されるまで，この分解を続けていく．2点DFTは，**バタフライ回路（butterfly circuit）**と呼ばれる図3.20(c)のシグナルフロー図で表すことができる．

$N=8$の場合は，$N/4$点DFTが2点DFTであるので，図3.20(b)の$N/4$点DFTをバタフライ回路で表せば分解が終了する．結局，図3.20(a)の8点DFTは，図3.20(d)に示す8点FFTと呼ばれるシグナルフロー図となる．このようにFFTは，バタフライ回路の組合せで構成されていることがわかる．

分解の回数は，$\log_2 N = \alpha$回となり，FFTのシグナルフロー図の段数に相当する．

ところで，図3.20(d)における入力信号$x(n')$は，
$$x(n') = \{x(0), x(4), x(2), x(6), \cdots, x(7)\}$$
となっており，時刻順に並ぶ$x(n)$は，
$$x(n) = \{x(0), x(1), x(2), x(3), \cdots, x(7)\}$$
と異なっている．そこで，表3.3に示す**ビット逆順（bit reversal）**という方法により，$x(n)$を$x(n')$に並び換える必要がある．

なお，IDFTについても，W_Nの符号を逆にし計算結果$x(n)$をNで割る操作を加えるだけで，FFTアルゴリズムがそのまま使用できる（定義3.5，定義3.6の相違点を見よ）．

● FFTの演算量と計算時間

さて，FFTを用いるとDFTに比べ，どれだけ演算が高速化できるかを調べてみよう．

8点FFTを例にとると，図3.20(d)のシグナルフロ

[表3.3] ビット逆順

n	2進数 $b_2\ b_1\ b_0$	ビット逆順2進数 $b_0\ b_1\ b_2$	n'
0	0 0 0	0 0 0	0
1	0 0 1	1 0 0	4
2	0 1 0	0 1 0	2
3	0 1 1	1 1 0	6
4	1 0 0	0 0 1	1
5	1 0 1	1 0 1	5
6	1 1 0	0 1 1	3
7	1 1 1	1 1 1	7

[表3.4] DFTとFFTの乗算回数の比較

a	データ数 $N=2^a$	DFT N^2	FFT $\frac{N}{2}\alpha$	$\frac{N^2}{\frac{N}{2}\alpha}$
2	4	16	4	4
4	16	256	32	8
6	64	4096	192	21.3
8	256	65536	1024	64
10	1024	1048576	5120	204.8
12	4096	16777216	24576	682.6

一図の各段で必要な加算数は8回，乗算数は4回である（−1の乗算は数えない）．したがって，3段全部で加算数24回，乗算数12回となる．$N=8$のDFTが加算，乗算ともに$N^2=64$回必要であったので，FFTを用いると演算量が減り，それだけ演算が高速化されることが理解できよう．

一般に，$N=2^\alpha$の場合，シグナルフロー図の段数は$\log_2 N=\alpha$であるので，加算数は$N\alpha$回，乗算数は$(N/2)\alpha$回となる．

$N=2^{10}=1024$の場合，DFTであると乗算は約10^6回必要であったのに対し，FFTでは約5×10^3回に激減するので，実に約200倍も演算量が低減できる．Nの増加とともに，FFTによる演算スピードの高速化は著しく改善される．表3.4にDFTとFFTの乗算回数の比較を示しておく（1回の複素乗算を1と数えた）．

実習3.6　DFTとFFTの計算時間の比較

リスト3.3の関数dft2とMATLABコマンドのfftを用いて，128点DFTとFFTの計算時間を比較してみよう．任意の信号を使ってよい．

ヒント：コマンドcputimeを使う．

結果は，dft2：0.6500[sec]，fft：0.0167[sec]となり，fftを使用すると約40倍以上も計算時間が短縮されることがわかる．演算時間の比は，計算機の性能やプログラムの組み方にも左右されるので，一概に表3.4の演算量の比と同じにならないが，それでもfftがいかに早く計算できるか理解できるであろう．

[3] FFTを用いた直線たたみ込み

●FFTの応用

さて，FFTの応用例を一つ考えてみることにしよう．先に取り上げたOverlap-Save法は，図3.18(c)のようにDFTで実現されるので，FFTが利用できることがただちにわかる．

これにより，信号とインパルス応答との直線たたみ込みが少ない演算量で実現できるようになる．

具体的に演算量を計算してみよう．いま，Nポイントのインパルス応答を考える．式(2.2.9)で直接にたたみ込みを計算する場合は，Nポイントの出力を得るのにN^2回の積和演算が必要であるに対し，Overlap-Save法の場合はFFTの利用により$N\log_2 N$回のオーダーに激減する．このように，FFTを用いたOverlap-Save法は，非常に長いインパルス応答を有するFIRフィルタを実現する際，とくに有効となる．

実習3.7　FFTを使ったOverlap-Save法

長さMの信号（二つの正弦波の和）と低域通過フィルタ（LPF）のインパルス応答の直線たたみ込みを，FFTを使ったOverlap-Save法を用いて実現したい．MATLABで作ってみよう（M-file：ex3_7.m）．

図3.21に実行例を示しておく．図(a)は入力信号である．図(b)は，直接に式(2.2.9)を計算して直線たたみ込みを求めた結果であり，図(c)のFFTを用いたOverlap-Save法の結果と一致している．これより，実習のOverlap-Save法が，正確な直線たたみ込みを計算していることが確認できる．

[リスト3.3] 実習3.6 関数dft2

```
%%%%%%%%%%%%%%%%%%%%%%%%%%%%%%%%%%%%%%%%%%%%%%%%%%%%%
%   dft : フーリエ変換（DFT）を行う  matlab 関数    %
%      使用法                                       %
%   matlabコマンド・ライン上でコマンドを入力する．  %
%      （コマンド：dft2）                           %
%   >>y=dft2(signal,number)                         %
%                                                   %
%   ここでsignal：DFTされる信号ベクトル             %
%        number：信号のサンプル数                   %
%%%%%%%%%%%%%%%%%%%%%%%%%%%%%%%%%%%%%%%%%%%%%%%%%%%%%
function [ Y ] = dft2(signal, number)
Y = signal(1:number) * dftmtx(number);
```

3.3　2次元フーリエ変換

次に，画像すなわち2次元信号のフーリエ変換とその応用について考えていくことにしよう．

2次元信号処理の例として，解像度変換，輪郭強調，ボケ修復などがある．このような画像の信号処理において中心的役割を成す理論は，

・2次元直線たたみ込み
・2次元フーリエ変換

[図3.21] 実習3.7 FFTを用いた直線たたみ込み

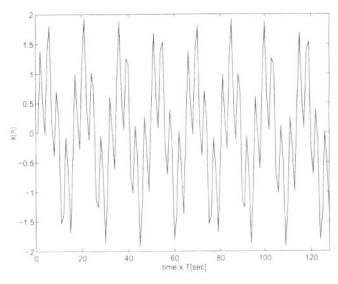

(a) 入力信号——二つの正弦波の和
(b) 直接計算による直線たたみ込み
(c) FFTによるOverlap-Save法を用いた直線たたみ込み

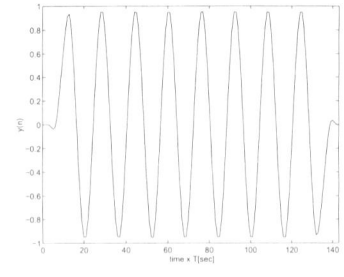

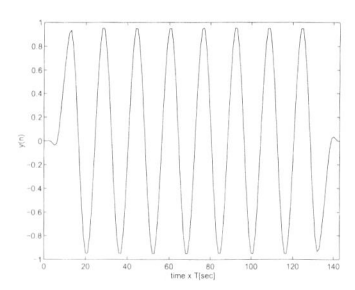

[表3.5] 2次元フーリエ変換の性質

$(x(n_1, n_2) \xleftrightarrow{\mathcal{F}} X(\omega_1, \omega_2),\ y(n_1, n_2) \xleftrightarrow{\mathcal{F}} Y(\omega_1, \omega_2))$

1. 線形性
   $a \cdot x(n_1, n_2) + b \cdot y(n_1, n_2) \leftrightarrow a \cdot X(\omega_1, \omega_2) + b \cdot Y(\omega_1, \omega_2)$
2. たたみ込み
   $x(n_1, n_2) * y(n_1, n_2) \leftrightarrow X(\omega_1, \omega_2) \cdot Y(\omega_1, \omega_2)$
3. 変調
   $x(n_1, n_2) y(n_1, n_2) \leftrightarrow X(\omega_1, \omega_2) \otimes Y(\omega_1, \omega_2)$
   $= \frac{1}{4\pi^2} \int_{\theta_1=-\pi}^{\pi} \int_{\theta_2=-\pi}^{\pi} X(\theta_1, \theta_2) \cdot Y(\omega_1-\theta_1, \omega_2-\theta_2)\, d\theta_1\, d\theta_2$
4. 分離型
   $x_1(n_1) x_2(n_2) \leftrightarrow X_1(\omega_1) X_2(\omega_2)$
5. シフト
   (a) $x(n_1-m_1, n_2-m_2) \leftrightarrow X_1(\omega_1, \omega_2) \cdot e^{-j\omega_1 m_1} \cdot e^{-j\omega_2 m_2}$
   (b) $e^{j v_1 n_1} \cdot e^{j v_2 n_2} x(n_1, n_2) \leftrightarrow X(\omega_1-v_1, \omega_2-v_2)$
6. Parseval's theorem
   $\sum_{n_1=-\infty}^{\infty} \sum_{n_2=-\infty}^{\infty} |x(n_1, n_2)|^2 = \frac{1}{(2\pi)^2} \int_{\omega_1=-\pi}^{\pi} \int_{\omega_2=-\pi}^{\pi} |X(\omega_1, \omega_2)|^2\, d\omega_1\, d\omega_2$
7. 対称性
   (a) $x(n_1, n_2)$: real $\leftrightarrow X(\omega_1, \omega_2) = X^*(-\omega_1, -\omega_2)$
   $X_R(\omega_1, \omega_2), |X(\omega_1, \omega_2)|$: even 偶関数
   $X_I(\omega_1, \omega_2), \theta_x(\omega_1, \omega_2)$: odd 奇関数

である.

本節では,まず2次元フーリエ変換と2次元離散フーリエ変換(以後,2次元DFTと呼ぶ)について検討する.ついで,2次元DFTを応用した2次元直線たたみ込みについて検討し,効率的な2次元線形推移不変システムの実現方法について述べる.

3.3.1　2次元フーリエ変換と空間周波数

●2次元フーリエ変換の定義

2次元フーリエ変換(Two-dimensional Fourier transform)は,以下のように定義されている.

◆定義3.7:2次元フーリエ変換◆

$$X(\omega_1, \omega_2) = \sum_{n_1=-\infty}^{\infty} \sum_{n_2=-\infty}^{\infty} x(n_1, n_2) e^{-j\omega_1 n_1} e^{-j\omega_2 n_2} \quad (3.3.1)$$

その逆変換は,

◆定義3.8:2次元逆フーリエ変換◆

$$x(n_1, n_2) = \frac{1}{(2\pi)^2} \int_{\omega_1=-\pi}^{\pi} \int_{\omega_2=-\pi}^{\pi} X(\omega_1, \omega_2) e^{j\omega_1 n_1} e^{j\omega_2 n_2}\, d\omega_1\, d\omega_2 \quad (3.3.2)$$

である.

ここで,ω_1, ω_2 はそれぞれ n_1, n_2 軸の**空間周波数**(spatial frequency)といい,2次元フーリエ変換により離散空間信号が連続周波数領域の周波数スペクトラムに変換される.

2次元フーリエ変換には,表3.5のような性質がある.

●2次元周波数応答

とくに,2次元インパルス応答 $h(n_1, n_2)$ をフーリエ変換して得られた結果を $H(\omega_1, \omega_2)$ とし,これを**2次元周波数応答**と呼ぶ.

| 実習3.8 | 2次元周波数応答 |

実習2.5で用いたインパルス応答の周波数応答を求めよ.

ヒント:Matlabコマンド freqz2(h)

●空間周波数

図3.22(a)の2次元離散信号 $f(n_1, n_2)$ に対して2次フーリエ変換を施すと空間周波数領域に変換され,周波数スペクトル $F(k_1, k_2)$ が得られる.図(b)に例を示す.

周波数スペクトルは,空間周波数の平面上の座標を示す二つの引き数 k_1, k_2 (k_1, k_2 は整数) によって,値 $F(k_1, k_2)$ をもつ.この空間周波数領域により,2次元離散信号の周波数スペクトル解析が可能となる.

3.3.2　2次元DFTとスペクトル解析

ここでは,2次元DFTを定義して2次元スペクトルの具体的な求め方について考えていく.

第3章 信号のスペクトル解析

[図3.22]
2次元信号

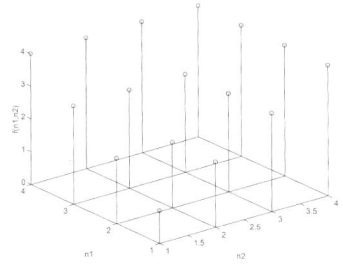

(a) 2次元離散空間信号の例

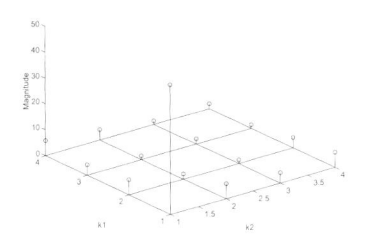

(b) 空間周波数スペクトルの例

● 2次元DFTの定義

図3.22(a)に示した2次元離散空間信号を，図(b)の周波数スペクトルに変換する計算手法として2次元のDFTがある．

2次元DFTの定義式は，以下のとおりである．

◆ 定義3.9：2次元DFT ◆

$$F(k_1, k_2) = \sum_{n_1=0}^{N_1-1} \sum_{n_2=0}^{N_2-1} f(n_1, n_2) W_{N_1}^{n_1 k_1} W_{N_2}^{n_2 k_2}$$

$$(0 \leq k_1 \leq N_1 - 1, 0 \leq k_2 \leq N_2 - 1) \quad (3.3.3)$$

◆ 定義3.10：2次元逆DFT ◆

$$f(n_1, n_2) = \frac{1}{N_1 N_2} \sum_{k_1=0}^{N_1-1} \sum_{k_2=0}^{N_2-1} F(k_1, k_2) W_{N_1}^{-n_1 k_1} W_{N_2}^{-n_2 k_2}$$

$$(0 \leq n_1 \leq N_1 - 1, 0 \leq n_2 \leq N_2 - 1)$$

ただし，
$$W_{N_1} = e^{-j\frac{2\pi}{N_1}} \quad W_{N_2} = e^{-j\frac{2\pi}{N_2}} \quad (3.3.4)$$

ただし，
$$f(n_1, n_2) = f(n_1 + a_1 N_1, n_2 + a_2 N_2)$$
a_1, a_2 は任意の整数
$$F(k_1, k_2) = F(k_1 + b_1 N_1, k_2 + b_2 N_2)$$
b_1, b_2 は任意の整数

ところで1次元と同様に，2次元DFTでは，$f(n_1, n_2)$ は周期 N_1, N_2 をもつ周期信号となる．また，$F(k_1, k_2)$ も同様に周期 N_1, N_2 をもつ関数となる．

● 2次元DFTと1次元DFTの関係について

式(3.3.3)を見てみると定義3.5の1次元DFTに類似していることがわかる．そこで，2次元DFTと1次元DFTとの関係について検討してみよう．

まず，式(3.3.3)の2次元DFTにおいて，k_1 もしくは k_2 方向について着目し，式(3.3.3)を式(3.3.5)のようにおく．

$$F(k_1, k_2) = \sum_{n_2=0}^{N_2-1} \left[\sum_{n_1=0}^{N_1-1} f(n_1, n_2) W_{N_1}^{n_1 k_1} \right] W_{N_2}^{n_2 k_2} \quad (3.3.5)$$

そして括弧内の式を，

[図3.23] 2次元DFTと1次元DFTの関係

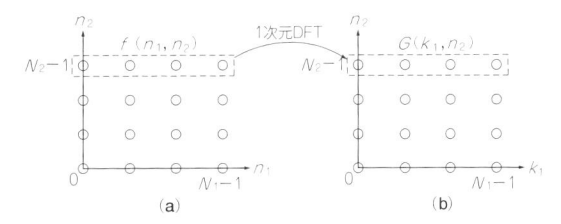

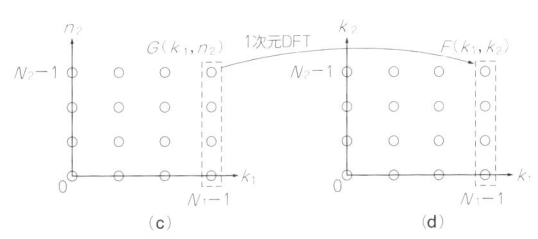

(a)　(b)

(c)　(d)

$$G(k_1, n_2) = \sum_{n_1=0}^{N_1-1} f(n_1, n_2) W_{N_1}^{n_1 k_1} \quad (3.3.6)$$

とおくと，それは1次元DFTとなっている〔図3.23(a)，(b)〕．

また，式(3.3.6)を式(3.3.5)に代入すると，

$$F(k_1, k_2) = \sum_{n_2=0}^{N_2-1} G(k_1, n_2) W_{N_2}^{n_2 k_2} \quad (3.3.7)$$

となる〔図3.23(c)，(d)〕．

以上のように，2次元DFTは1次元DFTに分割できる．

そこで，具体的に1次元DFTを使った2次元DFTの求め方を以下に示す．

まずそれぞれの行に対し N_1 点の1次元DFTを N_2 回行い，$G(k_1, n_2)$ を求める〔図3.23(a)，(b)〕．

続いて，$G(k_1, n_2)$ を用いて，それぞれの列に対し，N_2 点の1次元DFTを N_1 回行うことにより，$F(k_1, k_2)$ を求めていることがわかる〔図3.23(c)，(d)〕．

以上のことより2次元のDFTとは，1次元DFTを $N_1 \times N_2$ 回行っており，さらに1次元DFTを求めるときにFFT(高速フーリエ変換)が使用できる．

[図3.24]
実習3.9 スペクトル解析

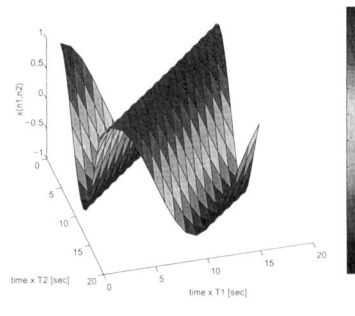

(a) 2次元余弦波

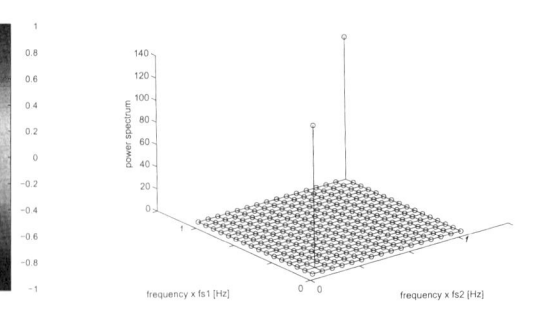

(b) 信号(a)のスペクトル

よって，2次元DFTは1次元FFTを利用して求められることがわかる．

実習3.9　2次元スペクトル解析

$\cos(\omega_1 t_1 + \omega_2 t_2)$，$\omega_1 = \omega_2 = 2\pi f$，$f = 1/16$，$t_1 = 0 \sim 15$，$t_2 = 0 \sim 1$ を条件とする余弦波を，16×16 点の2次元DFTより周波数スペクトルを観測してみよう（M-file：ex3_9.m）．

余弦波を観測した図を図3.24(a)に示し，2次元DFTを求めた結果を図(b)に示す．図(b)より余弦波の周波数スペクトルは，線スペクトルとなることがわかる．

MATLABには2次元DFTを2次元のFFTで求めるコマンドfft2がある．

3.3.3　2次元直線たたみ込み

画像の輪郭強調などの画像信号処理では，2次元デジタルフィルタがよく用いられる．こうしたフィルタは，直線たたみ込みにより実現されている．

直線たたみ込みは，1次元と同様に2次元DFTによる直線たたみ込みが可能となる．とくに2次元の場合は，直接に直線たたみ込みを行うと演算量が膨大になるので，2次元DFTによる直線たたみ込みの利用は技術的にたいへん重要となる．そこで，2次元DFTを使った直線たたみ込みを求めてみよう．

● 2次元直線たたみ込みの性質

式(3.3.8)は，2次元フーリエ変換の性質を示した式である．左辺は空間領域での直線たたみ込みの定義式であり，右辺は左辺の空間周波数領域での表現である．

$$y(n_1, n_2) = \sum_{l_1=0}^{\infty} \sum_{l_2=0}^{\infty} h(l_1, l_2) x(n_1 - l_1, n_2 - l_2) \overset{\mathcal{F}}{\leftrightarrow} Y(\omega_1, \omega_2)$$
$$= H(\omega_1, \omega_2) X(\omega_1, \omega_2) \quad (3.3.8)$$

ただし，ω_1，ω_2 は角周波数

また，↔はフーリエ変換，逆変換を意味する．$H(\omega_1, \omega_2)$ と $X(\omega_1, \omega_2)$ は，それぞれ $h(n_1, n_2)$ $x(n_1,$ $n_2)$ の2次元フーリエ変換した値を示している．

式(3.3.8)は，空間周波数スペクトル $H(\omega_1, \omega_2)$ と $X(\omega_1, \omega_2)$ を乗算し，その結果を2次元逆フーリエ変換によってもとの空間領域に戻した値が，直線たたみ込みの結果と一致することを示している．

以上のことは直線たたみ込みの演算量の低減が可能であることを示唆しており，演算量については後で詳しく述べる．

● 2次元DFTを用いた直線たたみ込み

ところで，フーリエ変換，逆変換を行う際に2次元DFT，2次元IDFTを用いた場合，2次元直線たたみ込みの結果ではなく2次元巡回たたみ込みとなり，求めたい結果と異なってしまう．

そこで，この問題点を解決するためには，1次元と同様に2次元でのOverlap-Save法を用いるとよい．

1次元のOverlap-Save法はすでに学習してきているので，ここでは2次元Overlap-Save法と1次元との関係を見ながら説明していく．

● 2次元Overlap-Save法

入力信号が $L \times M$ 点存在するとき，それ以外の空間では零の値の信号を仮定する．

その入力信号に対し，2次元インパルス応答のサイズが $N \times N$ 点とする．この場合の2次元Overlap-Save法を用いた2次元直線たたみ込みは，以下のようなアルゴリズムとなる．

［ステップ1］2次元インパルス応答の設定

2次元離散周波数領域で乗算を行うため，2次元インパルス応答には図3.25のように零値を与える．

［ステップ2］2次元入力信号のブロック化

2次元Overlap-Save法では，一度に2次元直線たたみ込みを求めるのではなく，2次元インパルス応答のサイズに合わせて入力信号 x のブロック化を行い，2次元直線たたみ込みを求めていく．

このブロック化が，2次元Overlap-Save法において

第3章 信号のスペクトル解析

[図3.25] インパルス応答

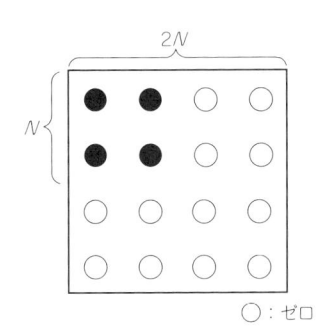

○：ゼロ

[図3.27] 無効信号のカット

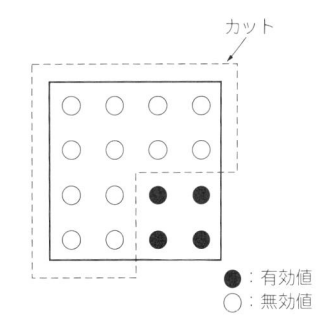

● : 有効値
○ : 無効値

[図3.26] ブロック化

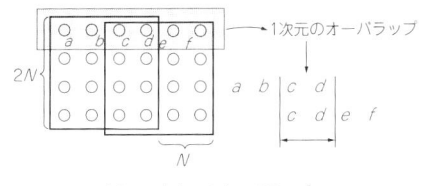

(a) n_1方向へのオーバーラップ

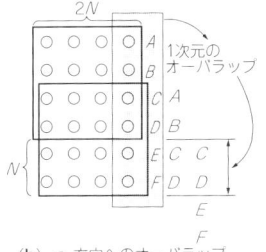

(b) n_2方向へのオーバーラップ

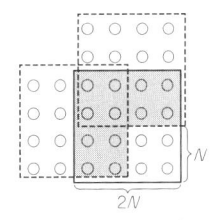

(c) n_1, n_2方向へのオーバーラップ

重要なポイントとなる．では，どのようにブロック化していくかを説明する．

まずブロックのサイズは，n_1方向n_2方向にそれぞれNずつオーバーラップさせるため，図3.26(c)に示したようにブロックサイズを$2N \times 2N$と定める．

図3.26(a)は，n_1方向に対してブロック化していく様子を示したものである．n_1方向にのみ注目して見ると，それぞれの行に対して1次元のオーバーラップを行っていることがわかる．

同様に，図3.26(b)はn_2方向に対してブロック化していくようすを示したものである．これも先と同様に，n_2方向にのみ注目すると，それぞれの列に対して1次元のオーバーラップを行っていることがわかる．

以上のことをふまえて，あるブロックに注目したとき，そのブロックはn_1方向，n_2方向両方からオーバーラップされていることがわかるので，図(c)のように，斜線部が2次元でのオーバーラップしている箇所となる．

[ステップ3] 2次元直線たたみ込み

ここで式(3.3.8)の性質を適用する．ブロック化された入力信号と，インパルス応答を$2N \times 2N$点の2次元DFTを行い乗算する．そして，その結果をIDFTにより空間領域に戻す．

[ステップ4] 1ブロックに対する結果

今，ステップ3で得られた結果すべてが有効な結果ではなく，1次元のときと同様に，無効となる信号を廃棄する必要がある．図3.27に無効となる信号，すなわち廃棄する箇所を示す．

残った有効な信号は，入力の一部(サイズ$N \times N$)に対する2次元直線たたみ込みの結果となる．

[ステップ5] 入力信号全体に対する2次元直線たたみ込み

ステップ2からステップ4までの手順をすべてのブロックに対して行う．

以上の手順で2次元DFT，IDFTを用いた2次元直線たたみ込みを，2次元Overlap-Save法を用いることにより求めることができる．

●演算量の比較

では，2次元DFTを用いた直線たたみ込みに必要な演算量と離散空間領域で直接直線たたみ込みを求める場合の演算量を比較してみる．ただし，実乗算数に関してのみの比較を行う．

今，インパルス応答のサイズが$N \times N$としたとき，$N \times N$点の出力を得るために必要な実乗算数は，表3.4となる．

比較の指標として，乗算回数の低減率を以下のように定める．

$$低減率 = \frac{\text{FFTを用いた直線たたみ込みの実乗算数}}{\text{直線たたみ込みの実乗算数}} \times 100 \ [\%]$$

表3.5より，$N=8$のとき，35.5[%]，$N=16$のとき9.99[%]，$N=32$のとき2.82[%]となり，明らかにNが

〔図3.28〕実習3.10 直線たたみ込み

（a）2次元画像
（b）空間領域での直線たたみ込みの結果 
（c）Overlap-Save法を用いた直線たたみ込みの結果 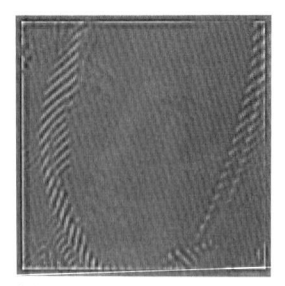
（d）Overlap-Save法を用いないDFTのみによるたたみ込みの結果 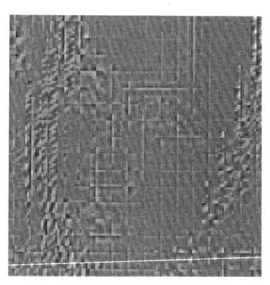

〔表3.5〕乗算回数の比較

N	たたみ込み $N^2(2N-1)^2$	Overlap-Save法 $4(2N)^2+4(4N^2\log_2(2N))$
$N=8$	14400	5120
$N=16$	246016	24576
$N=32$	4064256	114688

大きくなるにしたがって2次元DFTを用いた直線たたみ込みのほうが，直接計算する場合より実乗算数が少なくてすむことがわかる．

実習3.10　2次元直線たたみ込み

2次元画像〔図3.28(a)〕をLPFを用いて以下に示した三つのたたみ込みによりエッジ強調を行ってみる（M-file：ex3_10.m）．
(a) 空間領域による直線たたみ込み
(b) Overlap-Save法を用いた2次元DFTによる直線たたみ込み
(c) Overlap-Save法を用いない2次元DFTによるたたみ込み

ただし，LPFのインパルス応答はすでに与えられているものとする（M-file：ex2_14.m）．

ヒント：空間領域での直線たたみ込みは，MATLABのコマンドconv2により求めることができる．

コマンドconv2により得られた結果を図3.28(b)に，2次元FFTを利用したOverlap-Save法を用いて直線たたみ込みを求めた結果を図3.28(c)に，Overlap-Save法なしでFFTにより得られた結果を図3.28に示す．

このように，図(c)よりOverlap-Save法は直線たたみ込みが得られているが，図(d)の場合はOverlap-Save法を用いていないため巡回たたみ込みとなり，直線たたみ込みと異なる結果となっていることがわかる．

おわりに

本章では，まず3.1節で信号の周波数スペクトルを解析する数学的道具であるフーリエ変換について詳しく検討した．これにより，離散時間信号の周波数スペクトルは，サンプリング周波数毎に繰り返す重要な性質が理解できた．この「サンプリング定理」に基づいて，サンプリング周波数の設定や離散時間信号から連続時間信号を復元する手法など，連続時間信号と離散時間信号を関係付ける重要な事項についても検討した．

3.2節および3.3節では，1次元および2次元フーリエ変換を，計算機で求めるDFTおよびその高速演算アルゴリズムであるFFTについて学んだ．まず，DFTを使ってフーリエ変換すなわち周波数スペクトルを計算機で求める際の，注意点やテクニックについて理解した．また，FFTを用いると非常に長いインパルス応答の直線たたみ込みが少ない演算量で実行できることもわかった．

参考文献
(1) 佐川，貴家；高速フーリエ変換とその応用，昭晃堂．

章末問題

問題3.1 連続時間信号のフーリエ変換

次の信号の周波数スペクトルを求めなさい．

(1) 無限長余弦波　$x(t)=\cos\Omega_0 t,\ t=-\infty\sim\infty$

(2) 有限長余弦波　$x(t)=\begin{cases} \cos\Omega_0 t, & t=-\tau\sim\tau \\ 0, & その他のt \end{cases}$

(3) 正負対方形パルス　$x(t)=\begin{cases} 1, & t=0\sim T \\ -1, & t=-T\sim 0 \\ 0, & その他のt \end{cases}$

第3章 信号のスペクトル解析

問題3.2 離散時間信号のフーリエ変換

以下の信号の周波数スペクトルを求めなさい．

(1) 有限長sin波 $x(nT) = \begin{cases} \sin(\omega_0 nT), & n=0, 1, \cdots, N-1 \\ 0, & その他のn \end{cases}$

(2) (1)においてω_0を一定として，信号のサンプル数Nが大きくなると，周波数スペクトルの形状がどのように変化するかMATLABを用いて検討しなさい．

問題3.3 フーリエ変換の性質〔周波数シフト(振幅変調)〕

信号$x(nT)$の周波数スペクトルを$X(j\omega)$とする．$x(nT)\sin\omega_0 nT$の周波数スペクトルを求めよ．

問題3.4 フーリエ変換の性質（パーセバルの定理）

パーセバルの定理を証明せよ．

ヒント：まず定義3.4における逆フーリエ変換の両辺に，$x(nT)$の複素共役をかけ算する．その際，ここで$x(nT)$は複素数と考えている．

問題3.5 フーリエ変換の性質

図Q3.5(a)，(b)各回路において，出力信号$y(nT)$の周波数スペクトルを描け．ただし，$\omega_1 = 2\omega_2$とする．

問題3.6 フーリエ変換の性質

実数信号$x(nT)$のフーリエ変換を$X(j\omega)$とする．次の性質(1)，(2)を証明せよ．ただし，Ev$|x|$，Od$|x|$は，それぞれxの偶関数成分，奇関数成分を表す．

$$\mathrm{Ev}[x(nT)] = \frac{1}{2}[x(nT)+x(-nT)]$$

$$\mathrm{Od}[x(nT)] = \frac{1}{2}[x(nT)-x(-nT)]$$

(1) $\mathrm{Ev}[x(nT)] \xleftrightarrow{\mathcal{F}} \mathrm{Re}|X(j\omega)|$

(2) $\mathrm{Od}[x(nT)] \xleftrightarrow{\mathcal{F}} j\mathrm{Im}|X(j\omega)|$，ただし，$j=\sqrt{-1}$

問題3.7 Matlab実習——フーリエ変換の周期性

〔図Q3.5〕

信号として次の標本化(sinc)関数を使い，フーリエ変換の性質(2)を確認してみよう．解析する周波数範囲は，f_sをサンプリング周波数として，$0 \sim 3f_s$[Hz]とする．

```
% sinc関数
  for n=1:21
    h(n)=sin(0.2*(n-11)*pi)/((n-11)*pi);
  end
```

ヒント：フーリエ変換のコマンド$\mathtt{fft}$は，サンプリング周波数f_sまでしかスペクトル解析を行わないので，つぎのfunctionで書かれた$\mathtt{dft}$を使用する．

```
%%%%%%%%%%%%%%%%%%%%%%%%%%%%%%%%%%%%%%
% dft:フーリエ変換(DFT)を行うmatlab関数  %
%    使用法                          %
% matlabコマンドライン上でコマンドを入力する．%
%    (コマンド:dft)                   %
% >>y=dft(signal,number,M)           %
%                                    %
% ここでsignal:DFTされる信号ベクトル     %
%       number:信号のサンプル数        %
%            M:Mfs[Hz]まで解析.整数に限る．%
%       (例:3fsまで解析する場合は，M=3) %
%%%%%%%%%%%%%%%%%%%%%%%%%%%%%%%%%%%%%%

function [ Y ] = dft(signal, number, M)

siz=size(signal);
siz=siz(1,2);
signal=[signal zeros(1,number-siz)];

for k=1 : M*number
  x=0;
  for n=1 : number
    xx=signal(n)*exp((-1*2j*pi*(n-1)*(k-1))/number);
    x=x+xx;
  end
  Y(k)=x;
end
```

問題3.8 サンプリング定理

図Q3.8(a)に示す離散時間信号$x(nT)$の周波数スペクトルが図Q3.8(b)であるとする．

(1) $x(nT)$を間引いた図(c)の信号$x_d(nT)$の周波数スペクトルを描きなさい．

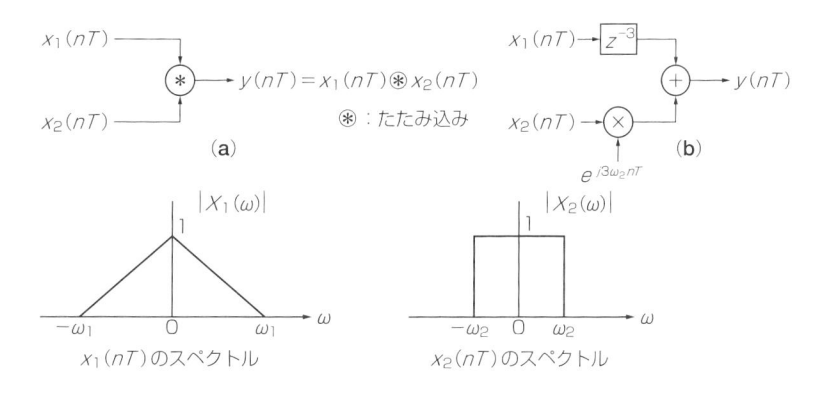

〔図Q3.5〕(a) $x_1(nT)$と$x_2(nT)$を入力とし，$y(nT) = x_1(nT) \circledast x_2(nT)$を出力．$\circledast$：たたみ込み

(b) $x_1(nT) \to z^{-3}$，$x_2(nT) \times e^{j3\omega_2 nT}$，加算して$y(nT)$

$|X_1(\omega)|$：$-\omega_1$からω_1までの三角形スペクトル（ピーク1）

$x_1(nT)$のスペクトル

$|X_2(\omega)|$：$-\omega_2$からω_2までの矩形スペクトル（高さ1）

$x_2(nT)$のスペクトル

第1部 ディジタル信号処理の基礎

〔図 Q3.8〕

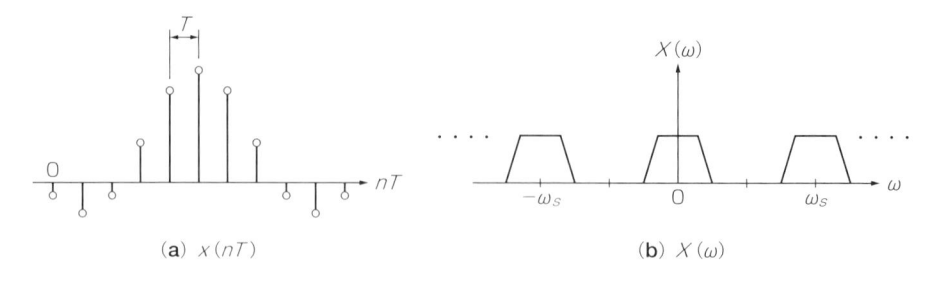

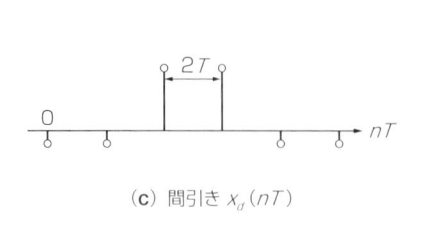

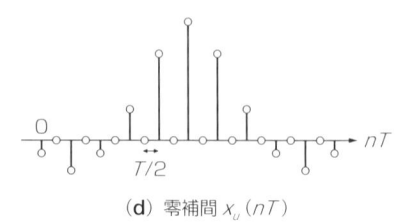

(a) $x(nT)$

(b) $X(\omega)$

(c) 間引き $x_d(nT)$

(d) 零補間 $x_u(nT)$

(2) $x(nT)$ を零補間した図 (d) の $x_u(nT)$ の周波数スペクトルを描きなさい．

問題 3.9 DFT の性質

表 3.1 における (1) IDFT の周期性と，(4) 時間シフトについて証明しなさい．

問題 3.10 MATLAB 演習——DFT を用いたスペクトル解析

以下の窓関数について，もっとも周波数分解能が高い窓関数はどれか？ また，もっともサイドローブが低くなる窓関数はどれか？ MATLAB により確認しなさい．

(1) 方形窓　(2) ハミング窓　(3) ブラックマン窓

問題 3.11 MATLAB 演習——DFT を用いたスペクトル解析

実習 3.4 において，$N=1024$ としてのスペクトル解析を行い，実習 3.4 の結果と比較しなさい．

問題 3.12 Overlap-Save 法

25% および 75% Overlap-Save 法を用いた巡回たたみ込みにより，直線たたみ込みを得る手順を説明しなさい．

また，50% の場合と演算量の比較も行ってみよう．

問題 3.13 FFT を使った IFFT の実現

FFT を直接使用して，高速逆離散フーリエ変換 IFFT を実現する手法を述べなさい．

ヒント：入出力の複素共役をとる．

問題 3.14 2次元フーリエ変換

以下の2次元信号の周波数スペクトルを求めよ．
$$x(n_1, n_2) = \cos(\omega_1 t_1, \omega_2 t_2) + \cos(\omega_3 t_1, \omega_4 t_2)$$

ただし，$\omega_1 = \omega_2 = 2\pi f_1$，$f_1 = 1/16$，$\omega_3 = \omega_4 = 2\pi f_2$，$f_2 = 4/16$，$t_1 = 0, \cdots, 16$，$t_2 = 0, \cdots, 16$ とする．

問題 3.15 MATLAB 演習——2次元システムの周波数応答

以下の2次元システムの周波数応答を描け．

(a)
$$\begin{aligned}h(n_1, n_2) =\ & +0.02\delta(n_1+1, n_2+2) + 0.04\delta(n_1, n_2+2)\\&+0.02\delta(n_1-1, n_2+2) + 0.02\delta(n_1+2, n_2+1)\\&+0.21\delta(n_1+1, n_2+1) + 0.46\delta(n_1, n_2+1)\\&+0.21\delta(n_1-1, n_2+1) + 0.02\delta(n_1-2, n_2+1)\\&+0.04\delta(n_1+2, n_2) + 0.46\delta(n_1+1, n_2)\\&+\delta(n_1, n_2) + 0.46\delta(n_1-1, n_2)\\&+0.04\delta(n_1-2, n_2) + 0.02\delta(n_1+2, n_2-1)\\&+0.21\delta(n_1+1, n_2-1) + 0.46\delta(n_1, n_2-1)\\&+0.21\delta(n_1-1, n_2-1) + 0.02\delta(n_1-2, n_2-1)\\&+0.02\delta(n_1+1, n_2-1) + 0.04\delta(n_1, n_2-2)\\&+0.02\delta(n_1-1, n_2-2)\end{aligned}$$

(b)
$$\begin{aligned}h(n_1, n_2) =\ & -0.02\delta(n_1, n_2+2) + 0.04\delta(n_1+1, n_2+1)\\&-0.20\delta(n_1, n_2+1) + 0.04\delta(n_1-1, n_2+1)\\&-0.02\delta(n_1+2, n_2) - 0.20\delta(n_1+1, n_2)\\&+\delta(n_1, n_2) - 0.20\delta(n_1-1, n_2)\\&-0.02\delta(n_1-2, n_2) + 0.04\delta(n_1+1, n_2-1)\\&+0.20\delta(n_1, n_2-1) + 0.04\delta(n_1-1, n_2-1)\\&+0.02\delta(n_1-2, n_2-1) + -0.04\delta(n_1, n_2-2)\end{aligned}$$

第4章

第1部 ディジタル信号処理の基礎

z変換

　これまで，離散時間信号の周波数スペクトル解析の手法であるフーリエ変換について解説してきた．本章では，フーリエ変換とは別の変換であるz変換について調べていくことにする．z変換も離散時間信号に対する変換であるが，フーリエ変換では困難な線形時不変システムの伝達関数や安定性の解析に威力を発揮する．z変換は理解が難しいとよく言われるが，ここではMATLABの数式処理機能などを使ってわかりやすく説明していく．

4.0 とりあえず試してみよう

　まずは次の導入演習をMATLABで実行してみよう．

実習4.0	システムが発振する?!
	M-file：ex4_0.m

　図4.0(a)の線形時不変システムに単位インパルスを入力して，応答を見てみよう．これは，リスト4.0のMATLABのMファイルで実行できる．

　さて，結果はいかがであろうか？ 係数ベクトルaの値によっては，図4.0(b)のように出力信号が発振してしまう場合がある．単位インパルスを入力すなわち時刻$n=0$以外では入力の値がゼロであるにも関わらず，出力は発振する場合があるのである．

　なぜであろうか？ この理由を知るためには，z変換と呼ばれるシステムの安定性の解析に有効な数学的手法を理解しなければならない．以下に，理解が難しいとされているz変換をわかりやすく説明していく．

4.1 z変換とその性質

4.1.1 z変換と逆z変換

●z変換の定義

　z変換は，離散時間信号$x(nT)$に対し次のように定

〔図4.0〕
演習4.0 システムの安定性

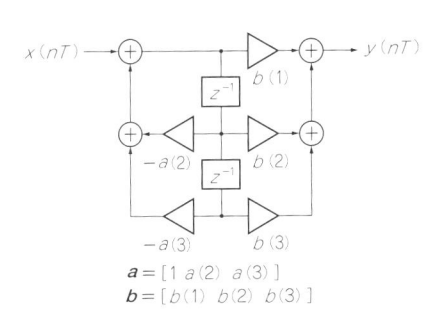

(a) 線形時不変システム(2次IIRフィルタ)

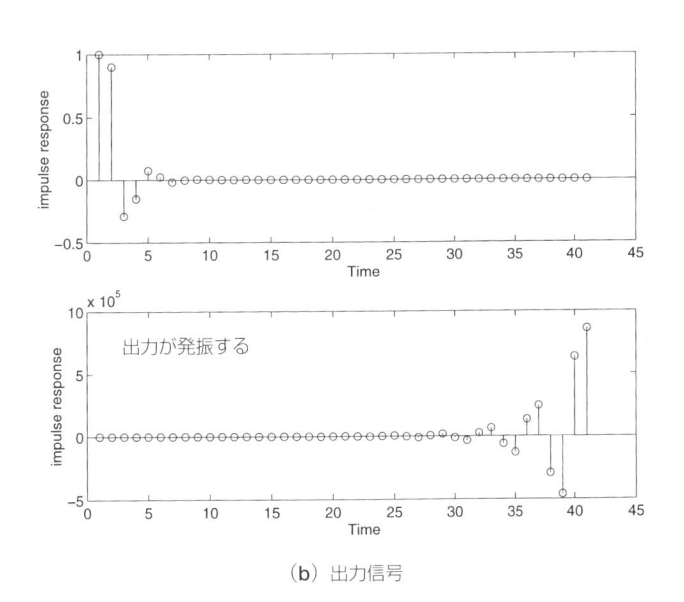

$a = [1\ a(2)\ a(3)]$
$b = [b(1)\ b(2)\ b(3)]$

(b) 出力信号

第1部 ディジタル信号処理の基礎

[リスト4.0] 導入演習

```
%%%%%%%%%%%%%%%%%%%%%%%%%%%%%%%
%       ex4_0.m               %
%   導入演習：システムの安定性  %
%%%%%%%%%%%%%%%%%%%%%%%%%%%%%%%

% 安定なシステム %
b1=[1 1];
a1=[1 .1 .2];
% インパルスを入力する %
[h1,t1]=filter(b1,a1,[1 zeros(1,40)]);
figure(1)
stem(h1)

% 不安定なシステム %
b2=[1 1];
a2=[1 0.1 2];
%インパルスを入力する%
[h2,t2]=filter(b2,a2,[1 zeros(1,40)]);
figure(2)
stem(h2)
```

[図4.1] z平面

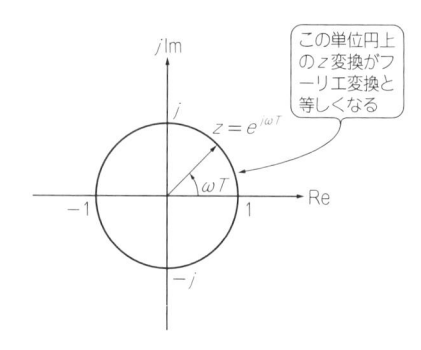

[図4.2] 離散時間とそのz変換

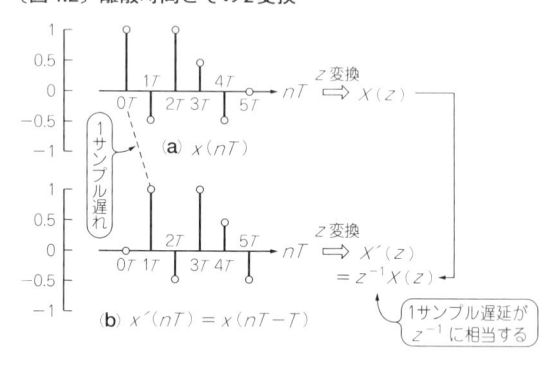

義されている．

◆定義4.1：z変換◆

$$X(z) = \sum_{n=-\infty}^{\infty} x(nT)z^{-n} \quad (4.1.1)$$

定義4.1のように $n=-\infty \sim \infty$ で定義したz変換を**両側z変換**と呼ぶ．一方，総和範囲を $n=0 \sim \infty$ で定義したz変換を**片側z変換**と区別して呼ぶ場合がある．因果的な信号，すなわち正の時間のみ値を有する信号のz変換は，片側z変換となる．

変数 z を複素数と考え $z=re^{j\omega T}$ と置くと，z の取り得る範囲は z 平面と呼ばれる複素平面となる．ただし，r と ω は実数とする．

ところで，定義3.5（第3章）と定義4.1の比較より，$z=e^{j\omega T}$ と置くことにより，因果的な離散時間信号に対するz変換とフーリエ変換とが等しくなる．言い換えれば，**図4.1**に示すように，z平面上で $r=1$ となる単位円上で評価したz変換がフーリエ変換になるということである．

形式的に，z変換対を以下のように表すものとする．

$$\mathcal{Z}\{x(nT)\} = X(z) \quad \text{あるいは} \quad x(nT) \xleftrightarrow{z} X(z)$$

● 逆z変換の定義

一方，$X(z)$ から $x(nT)$ を求める**逆z変換**は，次のように定義される．

◆定義4.2：逆z変換◆

$$x(nT) = \frac{1}{2\pi j} \oint_c X(z)z^{n-1}dz \quad (4.1.2)$$

積分路 c は，収束領域内で原点を囲む閉路である．ここでは，次の例題におけるz変換対が理解できれば十分なので，逆z変換は紹介だけにとどめておく．

4.1.2 z変換の物理的意味と具体例

● z^{-1} のもつ意味

さて，実際にz変換の計算を行ってみることにしよう．

例題4.1 z変換の計算例…その1

図4.2に示す離散時間信号のz変換を求めよ．

(1) $x(nT) = \{x(0T)=1, x(1T)=-0.5, x(2T)=1, x(3T)=0.5, x(4T)=-0.5\}$

(2) $x'(nT) = \{x(0T)=0, x(1T)=1, x(2T)=-0.5, x(3T)=1, x(4T)=0.5, x(5T)=-0.5\}$

【解】

(1)

$x(nT)$ は，$n=0 \sim 4$ でのみ値が存在し，その他の n に対してはゼロなので，定義3.1より明らかにそのz変換は，

$$X(z) = 1 - 0.5z^{-1} + 1z^{-2} + 0.5z^{-3} - 0.5z^{-4} \quad (4.1.3)$$

(2)

同様に，$x'(nT)$ のz変換は次式となる．

$$X'(z) = 1z^{-1} - 0.5z^{-2} + 1z^{-3} + 0.5z^{-4} - 0.5z^{-5} \quad (4.1.4a)$$

一方，式(4.1.3)と式(4.1.4a)の関係より，

$$X'(z) = z^{-1}X(z) \quad (4.1.4b)$$

ここで，**図4.2**より，$x'(nT)$ は $x(nT)$ が1サンプル時間遅れた信号，すなわち，

$$x'(nT) = x(nT - T)$$

[図4.3]
z変換の性質
(1サンプル時間遅れのとき)

[表4.1] 主な時間関数とそのz変換

時間関数 $x(nT)$	$\xleftrightarrow{z}$	z変換 $X(z)$
インパルス $\delta(nT)$		1
単位ステップ $u(nT)$		$\dfrac{z}{z-1}$
指数関数 $u(nT)a^n$		$\dfrac{z}{z-a}$
正弦波 $u(nT)\sin(\omega T)$		$\dfrac{z\sin(\omega T)}{z^2-2z\cos(\omega T)+1}$
余弦波 $u(nT)\cos(\omega T)$		$\dfrac{z\{z-\cos(\omega T)\}}{z^2-2z\cos(\omega T)+1}$

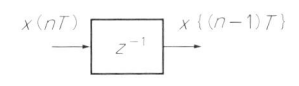

[図4.4] z変換の収束領域(斜線の部分)

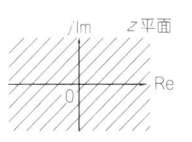

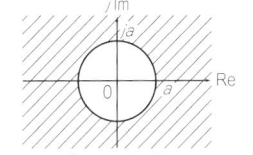

(a) $x(nT)=\delta(nT) \xleftrightarrow{z} X(z)=1$ (b) $x(nT)=\begin{cases}a^n, & n\geq 0 \\ 0, & n<0\end{cases} \xleftrightarrow{z} X(z)=\dfrac{z}{z-a}$

[表4.2]
z変換のもつ性質

(1) 線形性	$ax(nT)+by(nT) \xleftrightarrow{z} aX(z)+bY(z)$
(2) 時間シフト	$x((n-k)T) \xleftrightarrow{z} X(z)z^{-k}$
(3) 時間たたみ込み	$x(nT)*y(nT)=\sum_{k=-\infty}^{\infty}[x(kT)y(nT-kT)] \xleftrightarrow{z} X(z)Y(z)$

である.したがって,z変換において1サンプル時間遅れはz^{-1}に相当することがわかる.

上の例題より,z変換は次の重要な性質をもつことがわかる(図4.3).

───<公式4.1:z変換の性質>───
z変換において,mサンプル時間遅れはz^{-m}に相当する.

● z変換の計算例と収束領域

次は,離散時間信号が関数で表される場合のz変換の求め方と,その収束領域について調べてみることにする.

z変換が存在するには,zを複素変数とする定義4.1のべき級数が収束しなければならない.べき級数が収束する領域,すなわちz変換が存在する領域は,離散時間信号の形により異なる.次の例題で実際に確認してみよう.

例題4.2 z変換の計算例…その2

次に示す離散時間信号のz変換を求めよ.また,その収束領域を図示せよ.
(1) $x(nT)=\delta(nT-n_0T)$:単位インパルス
(2) $x(nT)=\begin{cases}a^n, & n\geq 0 \\ 0, & n<0\end{cases}$

【解】
(1)
$$X(z)=\sum_{n=-\infty}^{\infty}\delta(nT-n_0T)z^{-n}=z^{-n_0} \quad (4.1.5)$$

この場合,すべてのzの値で収束する.すなわち,収束領域は,図4.4(a)に示すようにz平面の全体である.

特に,$n_0=0$である場合,$X(z)=1$である.

(2)
$$X(z)=\sum_{n=0}^{\infty}a^n z^{-n}=\sum_{n=0}^{\infty}(az^{-1})^n \quad (4.1.6)$$

となる.上式のべき級数が収束するためには,明らかに,

$$|az^{-1}|<1 \quad |z|>|a| \quad (4.1.7)$$

でなければならない.すなわち,収束領域は,図4.4(b)に示す斜線の範囲である.

式(4.1.6)は,初項が1,公比がaz^{-1}の無限等比級数であるので,式(4.1.7)の条件の下で,

$$X(z)=\frac{1}{1-az^{-1}}=\frac{z}{z-a} \quad (4.1.8)$$

に収束する.

上の例題より,離散時間信号$x(nT)$によって,z変換の収束領域はそれぞれ異なることがわかる.その他の主な時間信号に対するz変換を表4.1に示しておく.

実習4.1	z変換の数式処理
	M-file:ex4_1.m

表4.1のz変換をMATLABの数式処理機能(Symbolic Math TOOLBOX)を使って証明しなさい.

実行結果は,あたかもキーボードからタイプしたように錯覚されるかもしれないが,これはあくまでも数式処理で得られた答である.

[図4.5] 離散時間システムの表現と伝達関数

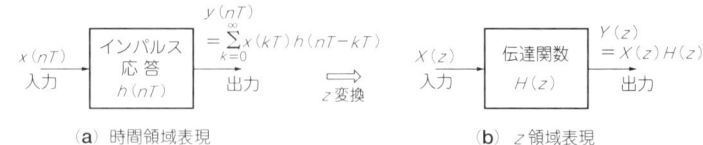

(a) 時間領域表現

(b) z領域表現

4.1.3　z変換の性質

ここで，z変換のもつ重要な性質を表4.2にいくつか示しておく．

おのおのの性質のもつ物理的な意味は，3.1.3節の「フーリエ変換の性質」と同じであるので読者自身で確かめていただきたい．z変換とフーリエ変換が，$z=e^{j\omega T}$の関係で結ばれていることを思い出せば，理解が容易であろう．

4.2　システムの伝達関数と周波数特性

つぎに，z変換の対象を単なる時間信号ではなく，線形時不変システムにおける入出力信号に向けてみることにする．z変換を用いると，離散時間系の線形時不変システム（以下，システムと略記）の周波数領域における情報や安定性に関する情報を得ることができ，大変便利になる．

4.2.1　伝達関数と極・零点

●システムの伝達関数

まず図4.5(a)に，時間領域におけるシステムの入出力関係を示す．式(2.2.9)で示したように，線形時不変システムにおける出力信号$y(nT)$は，システムのインパルス応答$h(nT)$と入力信号$x(nT)$とのたたみ込みで表される．

$$y(nT) = \sum_{k=0}^{\infty} x(kT)\, h(nT-kT) \tag{4.2.1}$$

上式を表4.2の性質(3)を用いてz変換すると，z領域におけるシステムの入出力関係が得られる〔図4.5(b)〕．

$$Y(z) = X(z)H(z) \tag{4.2.2}$$

ただし，$y(nT) \xrightarrow{Z} Y(z), x(nT) \xrightarrow{Z} X(z),$
$h(nT) \xrightarrow{Z} H(z)$

$H(z)$はシステムの**伝達関数**（Transfer Function）と呼ばれ，入出力信号のz変換の比，あるいはインパルス応答$h(nT)$のz変換として次式のように与えられる．

◆定義4.3：伝達関数◆

$$H(z) = \frac{Y(z)}{X(z)} \tag{4.2.3a}$$

または，$H(z) = Z(h(nT))$ (4.2.3b)

●伝達関数の極と零点

いま，$H(z)$がたとえば2次の有理式（分母，分子ともに多項式である分数式のこと）である場合，次のように因数分解できる．

$$H(z) = \frac{b_2 z^2 + b_1 z + b_0}{a_2 z^2 + a_1 z + a_0} = \frac{b_2(z-z_1)(z-z_1^*)}{a_2(z-p_1)(z-p_1^*)}$$

ただし，*は共役複素数

$$z_1, z_1^* = \frac{-(b_1/b_2) \pm \sqrt{(b_1/b_2)^2 - 4b_0/b_2}}{2}$$

$$p_1, p_1^* = \frac{-(a_1/a_2)^2 \pm \sqrt{(a_1/a_2)^2 - 4a_0/a_2}}{2} \tag{4.2.4}$$

$z=z_i$で$H(z)$はゼロになるのでz_iを**零点**（zero），また$z=p_i$で$H(z)$は無限大になるのでp_iを**極**（pole）と呼んでおり，システムの特性を左右する重要なパラメータである．$H(z)$が2次以上の場合でも，因数分解することにより極と零点を求めることができる．なお，$z=0$または$z=\infty$も極になる場合がある．

4.2.2　システムの周波数特性解析

●伝達関数と周波数特性

いま，$z=e^{j\omega T}$なる変数変換によりz変換をフーリエ変換に置き換えると，伝達関数$H(z)$は，

$$H(e^{j\omega T}) = \sum_{n=0}^{\infty} h(nT)\, e^{-j\omega nT} \tag{4.2.5}$$

となる．上式は2.3節で説明した式(2.3.4)の"周波数応答"そのものであるので，そのシステムの周波数領域における情報を与える．したがって，上式よりシステムの振幅特性，位相特性，群遅延特性などが求まる（公式2.3参照）．

フーリエ変換は時間信号の周波数スペクトルを求める手段であったので，式(4.2.3)がシステムの周波数領域の情報を与えるのは当然であるとも言える．

[図4.6] 離散時間システムの例

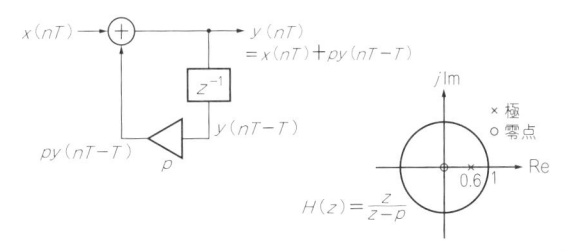

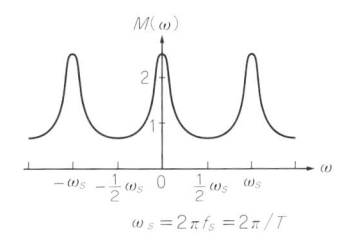

(a) 回路　　(b) 極・零点配置（$p=0.6$の場合）　　(c) 振幅特性（$p=0.6$の場合）

例題4.3　離散時間システムの伝達関数と周波数特性（1次IIRフィルタの場合）

図4.6(a)に示すシステムの伝達関数と周波数特性を求めよ．このシステムは1次IIRフィルタと呼ばれる．

【解】

(1) 伝達関数

(i) 差分方程式を用いる方法：

図よりシステムの時間領域における入出力関係である差分方程式は，

$$y(nT) = x(nT) + py(nT-T) \qquad (4.2.6)$$

となり，上式をz変換すると次式が得られる．

$$Y(z) = X(z) + pY(z)z^{-1} \qquad (4.2.7)$$

したがって，式(4.2.3a)より伝達関数は，次式となる．

$$H(z) = \frac{Y(z)}{X(z)} = \frac{1}{1-pz^{-1}} = \frac{z}{z-p} \qquad (4.2.8)$$

(ii) インパルス応答を用いる方法：

図において，単位インパルス信号$\delta(nT)$を入力し，出力すなわちインパルス応答$h(nT)$を式(4.2.6)に従って計算すると，以下のようになる．ただし，初期条件として，$n=0$で$y(nT)=y(nT-T)=0$であるものとする．

n	0	1	2	3	4	⋯
$h(nT)$	1	p^1	p^2	p^3	p^4	⋯

したがって，インパルス応答$h(nT)$は，

$$h(nT) = p^n \qquad (4.2.9)$$

となる．伝達関数$H(z)$は，式(4.2.3b)よりインパルス応答$h(nT)$のz変換で与えられる．そこで，上式の$h(nT)$に対しz変換を行うと，例題4.2(2)の結果より，

$$H(z) = \frac{z}{z-p} \qquad (4.2.10)$$

となる．この結果は，式(4.2.8)と同じである．

極，零点の配置例を図4.6(b)に示しておく．

(2) 周波数特性

(1)で求めた$H(z)$において，$z=e^{j\omega T}$と置換すれば，

周波数応答　　$H(e^{j\omega T}) = \dfrac{e^{j\omega T}}{e^{j\omega T} - p} \qquad (4.2.11a)$

したがって，

振幅特性：

$$M(\omega) = \frac{|e^{j\omega T}|}{|e^{j\omega T}-p|} = \frac{1}{\sqrt{1-2p\cos\omega T+p^2}} \qquad (4.2.11b)$$

位相特性：$\theta(\omega) = \angle e^{j\omega T} - \angle (e^{j\omega T}-p)$

$$= \omega T - \tan^{-1}\frac{\sin\omega T}{\cos\omega T - p} \qquad (4.2.11c)$$

また，$p=0.6$とした場合の振幅特性を，図4.6(c)に示しておく．

実習4.2	システムの周波数特性
	M-file：`ex4_2.m`

例題4.3の1次IIRフィルタの周波数特性をMATLABを用いて求めなさい．ただし，$p=0.6$とする．

結果は，図4.6(c)と同じになったであろうか？ Mファイルでは[dB]表示されていることに注意すること．

● システムの極・零点と周波数応答の関係

つぎに，システムの極・零点と周波数応答の関係について検討してみよう．

今，伝達関数をN次/N次と仮定し，以下のように因数分解する．

$$H(z) = H_0 \frac{b_N z^N + b_{N-1}z^{N-1} + \cdots + b_1 z^1 + b_0}{a_N z^N + a_{N-1}z^{N-1} + \cdots + a_1 z^1 + a_0} \qquad (4.2.12a)$$

$$= G\frac{(z-z_1)(z-z_2)\cdots(z-z_N)}{(z-p_1)(z-p_2)\cdots(z-p_N)} \qquad (4.2.12b)$$

ここで，z_iは零点，p_iは極，Gは直流ゲインである．2次伝達関数の場合について例を図4.7に示す．この因数分解した状態で，周波数特性を調べるため，上式で$z=e^{j\omega T}$と置換すると，

$$H(e^{j\omega T}) = G\frac{\displaystyle\prod_{i=1}^{N}(e^{j\omega T}-z_i)}{\displaystyle\prod_{i=1}^{N}(e^{j\omega T}-p_i)} \qquad (4.2.13)$$

[図4.7] 極・零点と周波数特性の関係

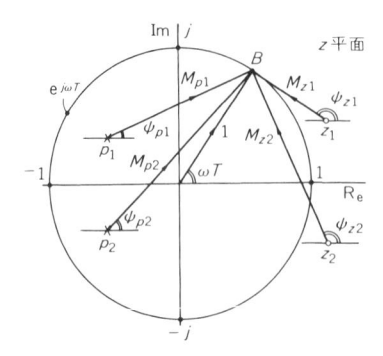

[図4.8] 極・零点と周波数特性

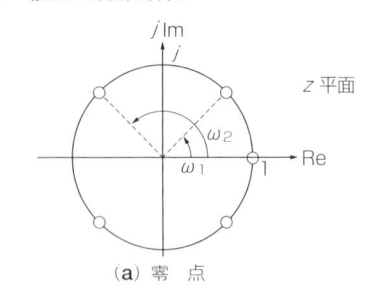

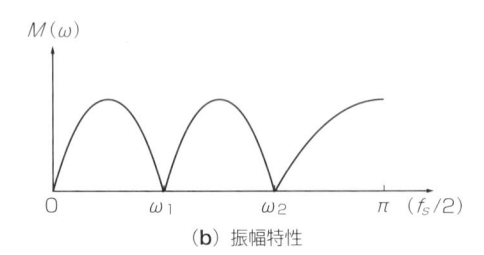

(a) 零点

(b) 振幅特性

となる．分母，分子の各項は複素数なので振幅Mと位相ψの積で次のように表現できる．

$$e^{j\omega T} - z_i = Mz_i e^{j\psi_{z_i}} \quad (4.2.14a)$$

$$e^{j\omega T} - p_i = Mp_i e^{j\psi_{p_i}} \quad (4.2.14b)$$

したがって，$H(e^{j\omega T})$の振幅特性$M(\omega)$と位相特性$\theta(\omega)$は以下の式となる．

$$M(\omega) = H_0 \frac{\prod_{i=1}^{N} Mz_i}{\prod_{i=1}^{N} Mp_i} \quad (4.2.15)$$

$$\theta(\omega) = \sum_{i=1}^{N} \psi_{z_i} - \sum_{i=1}^{N} \psi_{p_i} \quad (4.2.16)$$

ここで，式(4.2.14a)，式(4.2.14b)は，それぞれ周波数がωのときの，零点β_iおよび極α_iから偏角をωとしたz平面の単位円上の点までのベクトルであると考えてもよい．したがって，$M(\omega)$は各極・零点と単位円上の点までの距離の積の比，$\theta(\omega)$はそれらの偏角の総和と考えられる．

例題4.4 極・零点と周波数応答

図4.8(a)の零点配置を有するシステムの振幅特性の概略を描け．

【解】
周波数ωすなわち単位円の偏角ωが単位円上零点の位置に一致すると，式(4.2.15)よりその周波数ωでは$M(\omega)=0$となる．したがって，振幅特性$M(\omega)$の概略は図4.8(b)のとおり．

● システムのインパルス応答解析

システムの伝達関数がわかれば，その逆z変換によりインパルス応答も求まる．

逆z変換は，基本的には定義4.2の複素積分をコーシーの留数定理などを用いて解く必要があり，一見複雑に見える．しかしながら，伝達関数が表4.1で示された形で表されていれば，直ちにその逆z変換すなわちインパルス応答を求めることができる．

例題4.5 離散時間システムのインパルス応答
（1次IIRフィルタの場合）

図4.6(a)に示すシステムのインパルス応答を伝達関数の逆z変換より求めよ．

【解】
伝達関数は式(4.2.8)である．その逆z変換すなわちインパルス応答は，表4.1より直ちに式(4.2.9)となることがわかる．

4.2.3 縦続および並列システムの伝達関数と周波数特性

つぎに，複数のシステムが縦続あるいは並列に接続された場合の伝達関数と周波数特性の求め方について考える．

(1) 縦続システム

図4.9(a)に伝達関数$H_1(z)$，$H_2(z)$，$\cdots$，$H_M(z)$が縦続に接続されたシステムを示す．この縦続システムの出力$Y(z)$は，

$$Y(z) = X(z) H_1(z) H_2(z) \cdots H_N(z) \quad (4.2.17)$$

となり，システム全体の伝達関数は次式で与えられることがわかる．

$$縦続システムの伝達関数：H(z) = \prod_{i=1}^{N} H_i(z) \quad (4.2.18)$$

いま，$H_i(e^{j\omega T}) = M_i(\omega)e^{j\theta_i(\omega)}$，$i=1, 2, \cdots, M$とおくと，$H(z)$の周波数応答は，

[図4.9]
縦続/並列システムの伝達関数

(a) 縦続システム

$M(\omega) = \prod_{i=1}^{N} M_i(\omega)$：振幅特性は個々のかけ算

$\theta(\omega) = \sum_{i=1}^{N} \theta_i(\omega)$：位相特性は個々のたし算

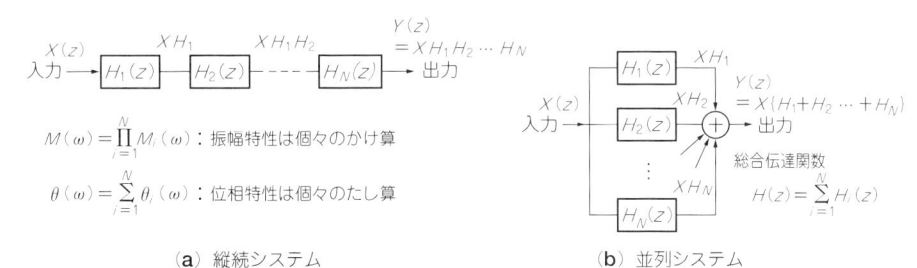

(b) 並列システム

[図4.10] 実習4.3 縦続システムの周波数特性

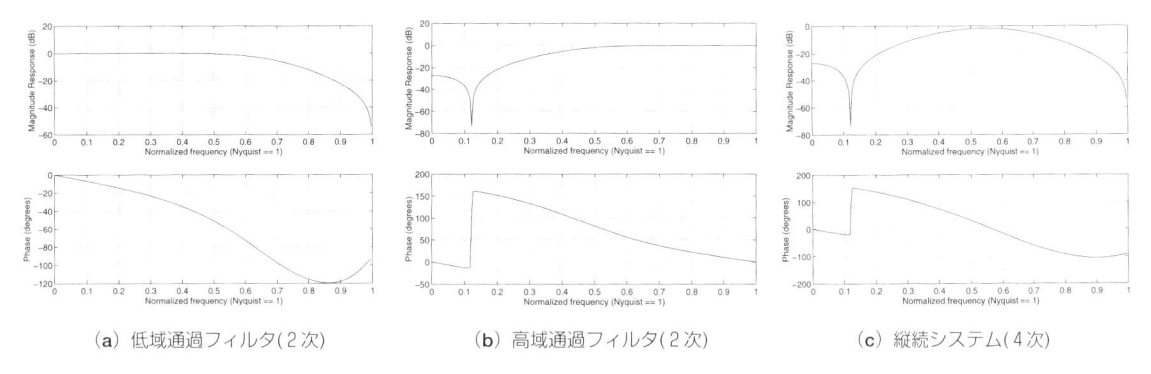

(a) 低域通過フィルタ(2次)　(b) 高域通過フィルタ(2次)　(c) 縦続システム(4次)

―― <公式4.2：縦続システムの周波数特性> ――

周波数応答：$H(e^{j\omega T}) = \prod_{i=1}^{N} M_i(\omega) e^{j\theta_i(\omega)}$
$= M_1(\omega) M_2(\omega) \cdots M_N(\omega) e^{j\{\theta_1(\omega) + \theta_2(\omega) + \cdots + \theta_N(\omega)\}}$ (4.2.19a)

振幅特性：$M(\omega) = \prod_{i=1}^{N} M_i(\omega)$ (4.2.19b)

位相特性：$\theta(\omega) = \sum_{i=1}^{N} \theta_i(\omega)$ (4.2.19c)

群遅延特性：$\tau_g(\omega) = -\sum_{i=1}^{N} \frac{d\theta_i(\omega)}{d\omega}$ (4.2.19d)

(2) 並列システム

図4.9(b)に，並列のシステムを示す．出力$Y(z)$は，

$Y(z) = X(z)\{H_1(z) + H_2(z) + \cdots + H_N(z)\}$ (4.2.20)

となり，システム全体の伝達関数は次式で与えられることがわかる．

並列システムの伝達関数：$H(z) = \sum_{i=1}^{N} H_i(z)$ (4.2.21)

したがって，周波数特性は，

―― <公式4.3：並列システムの周波数特性> ――

周波数応答：$H(e^{j\omega T}) = \sum_{i=1}^{N} H_i(e^{j\omega T})$
$= \underbrace{\sum_{i=1}^{N} \text{Re}\{H_i(e^{j\omega T})\}}_{H_R(\omega)} + j\underbrace{\sum_{i=1}^{N} \text{Im}\{H_i(e^{j\omega T})\}}_{H_I(\omega)}$
(4.2.22a)

振幅特性：$M(\omega) = \sqrt{H_R^2(\omega) + H_I^2(\omega)}$ (4.2.22b)

位相特性：$\theta(\omega) = \tan^{-1}\frac{H_I(\omega)}{H_R(\omega)}$ (4.2.22c)

公式4.2，公式4.3の計算においては複素数の計算を必要とするので，Fortranなど複素演算を組み込み関数にもつプログラム言語を用いると計算が容易になる．もちろんMATLABでも複素演算は可能である．

なお，並列システムの場合は一般に位相特性の解析的な微分が困難なので，群遅延特性は式(4.2.22c)の位相特性を数値的に微分して求める必要がある．

実習4.3	縦続システムの周波数特性
	M-file：ex4_3.m

以下に示された条件の低域通過フィルタと高域通過フィルタを縦続に接続し，その伝達関数と周波数特性をMATLABにより求めなさい．

[設計条件]

各フィルタの通過域を低域通過フィルタの通過域（信号を通過させる周波数帯域）を$0 \sim 0.6f_N$，高域通過フィルタの通過域を$0.4f_N \sim f_N$とする．f_Nはナイキスト周波数を表し，サンプリング周波数の1/2である．フィルタの設計は，本実習ではフィルタ設計コマンドcheby2を使用する．

結果を図4.10に示す．このように，各フィルタの通過域が重なった帯域が，縦続システムの通過域とな

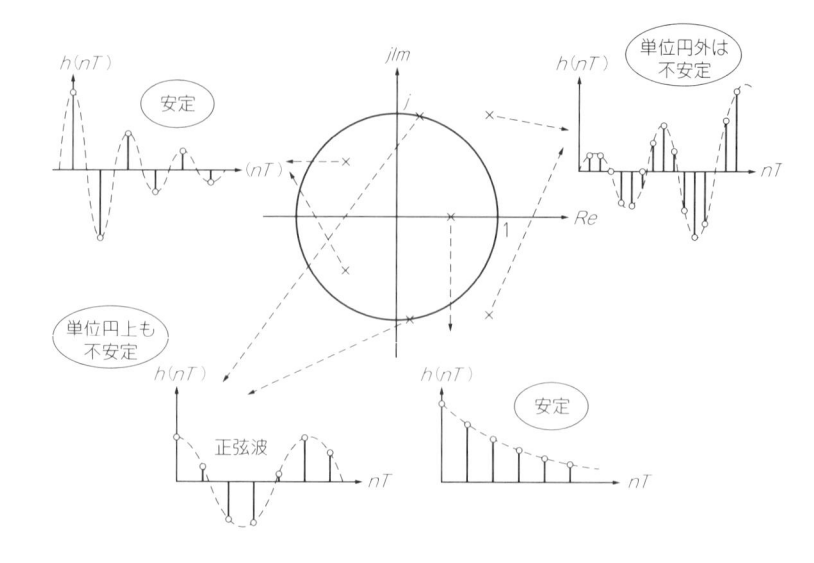

〔図4.11〕
極の位置とインパルス応答

っていることがわかる．

4.3 システムの安定性

ところで，いかなる伝達関数でも出力信号が安定になる保証はない．伝達関数の形によっては出力信号が発散してしまい，不安定なシステムとなるかも知れない．そこで，つぎに伝達関数$H(z)$の安定性について調べることにしよう．

4.3.1 出力信号と極の関係

● 1次システムの安定性

まず，簡単な例として伝達関数が1次の場合について，その出力信号と極の関係を考えてみよう．

図4.6の1次IIRフィルタのインパルス応答は，式(4.2.9)で与えられた．このインパルス応答$h(n)$の絶対値和が有限な値をもつ場合，すなわち

$$\sum_{n=-\infty}^{\infty} |h(n)| < \infty \tag{4.3.1}$$

が成立する場合は，応答も有限な値を持ちシステムは安定となる〔式(2.2.12)参照〕．したがって，式(4.2.9)において，$|p|<1$ならば式(4.3.1)が成立するので，図4.6の1次IIRフィルタシステムは安定であると結論できる．

すなわち，1次IIRシステムの場合，極pの絶対値が1以下ならシステムは安定となるのである．

● 高次システムの安定性

つぎに，$H(z)$が高次の伝達関数である場合について，その安定性について考えてみよう．

$H(z)$が一般的にN次の実係数の有理式で表される場合，代数学の基本定理より次のように必ず一次因数の積に因数分解できる．ここでp_iは極，z_iは零点である．

$$H(z) = G \frac{z^N + b_{N-1}z^{N-1} + \cdots + b_0}{z^N + a_{N-1}z^{N-1} + \cdots + a_0}$$
$$= G \frac{(z-z_1)(z-z_1^*)(z-z_2)\cdots(z-z_N^*)}{(z-p_1)(z-p_1^*)(z-p_2)\cdots(z-p_N^*)}$$
$$\tag{4.3.2}$$

したがって，システム$H(z)$の出力信号$Y(z)$およびその逆z変換$y(nT)$は，つぎのように部分分数の形で入力信号に関与する項と伝達関数$H(z)$に関与する項に分離できる．

$$Y(z) = X(z)H(z)$$
$$= \underbrace{K_1 \frac{z}{z-q_1} + K_2 \frac{z}{z-q_1^*} + \cdots}_{\text{入力に関与する項}} + \underbrace{L_1 \frac{z}{z-p_1} + L_2 \frac{z}{z-p_1^*} + L_3 \frac{z}{z-p_2} + \cdots}_{H(z)\text{に関与する項}}$$

ただし，$K_1, K_2, \cdots, L_1, L_2, \cdots$：定数 (4.3.3)

$\updownarrow z$

$$y(nT) = \underbrace{K_1 q_1^n + K_2 q_1^{*n} + \cdots}_{\text{入力に関与する項}} + \underbrace{L_1 p_1^n + L_2 p_1^{*n} + L_3 p_2^n + \cdots}_{H(z)\text{に関与する項}}$$

つねに安定　　極p_iの位置によっては発散　(4.3.4)

よって，1次システムと同様の議論より，高次のシステムにおいても，$H(z)$のすべての極p_iがz平面の単位円内に存在すればシステムは安定になると結論できる．極p_iの位置が単位円内か外かは，式(4.3.4)よりただちに判断可能である．

図4.11に，z平面上の極の位置の違いによる$H(z)$の

時間波形，すなわちインパルス応答の概略を示しておく（問題4.12）．このように，一つでも単位円外の極を有するシステムのインパルス応答は，発散して不安定となる．

以上説明してきたシステムの安定性と極の位置との関係は，非常に重要であるので定理の形で示しておく．

定理4.1　システムが安定であるための必要十分条件
システムが安定であるためには，その伝達関数 $H(z)$ におけるすべての極が z 平面の単位円内に存在しなければならない（図4.11）．

ところで，式(4.3.4)より明らかなように，出力信号 $y(nT)$ の安定性は極 p_i の位置のみに関係し，伝達関数の零点 z_i の位置は何ら関与していないことも覚えておいていただきたい．

4.3.2　伝達関数の係数値と安定性の関係

システムの安定性を調べるには，上述のように極の位置を求めるために伝達関数の分母を因数分解しなければならず，計算量が膨大となる．

しかしながら，特に伝達関数の次数が1次の場合と2次の場合は，伝達関数の係数すなわち回路の乗算器係数値より直ちにシステムの安定性が判別できる．

＜公式4.4：伝達関数の係数値と安定性の関係＞
(1) 1次伝達関数の場合：
$$H(z) = G\frac{z-b}{z-a} \rightarrow |a| \leq 1 \text{ ならば安定}$$
ただし，G, a, b：実数
(2) 2次伝達関数の場合：
$$H(z) = G\frac{z^2+b_1z+b_2}{z^2+a_1z+a_2} \rightarrow \text{係数 } a_2, a_1 \text{ が図4.12の範囲ならば安定}$$
ただし，G, a_1, a_2, b_1, b_2：実数

1次伝達関数に対する証明は，明らかであろう．2次伝達関数については，章末問題で証明する．

実習4.4　極の位置とシステムの応答
M-file：ex4_4.m

いま，2次の伝達関数を有するシステムを考える．極の位置を以下の3通りに設定し，インパルス応答を計算してシステムの安定性を検討しなさい．

単位円内：$p, p^* = 0.5 \pm j0.5$
単位円上：$p, p^* = \sqrt{2}/2 \pm j\sqrt{2}/2$
単位円外：$p, p^* = 1 \pm j2$
結果を図4.13に示しておく．

〔図4.12〕2次伝達関数の安定領域

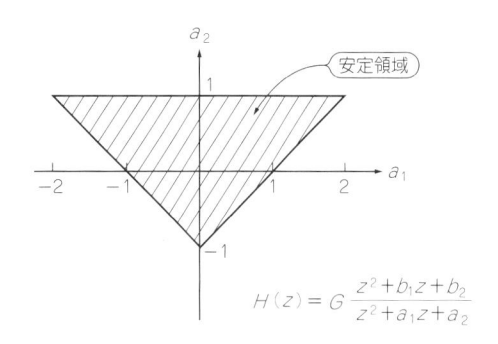

$$H(z) = G\frac{z^2+b_1z+b_2}{z^2+a_1z+a_2}$$

4.4　状態変数解析

近年，現代制御理論において用いられてきた**状態空間解析，状態変数解析**（state-space analysis）と呼ばれる手法が，ディジタルフィルタなどの信号処理システムの解析にも広く使用されるようになってきた．

状態変数とは，各遅延子 z^{-1} の出力信号である．状態変数解析によると，回路構造が複雑で伝達関数を見い出すことが困難であったシステムも，比較的簡単に行列演算により求められるようになる．また，システムの発生する雑音や発振を最小にするフィルタ構造を見い出すこともでき，大変有効な回路設計の手法ともなる．

まず4.4.1節でシステムの状態空間表現の方法について説明する．4.4.2節では，その伝達関数の求め方と，伝達関数が同一で回路構造の異なるディジタルフィルタを得る等価変換について具体的に説明する．

なお，本節の内容は8章の「固定小数点ディジタル信号処理システムの最適化」で必要になるだけなので，特に必要がなければ読み飛ばしていただいても結構である．

4.4.1　システムの状態空間表現

IIRフィルタを例にとり，離散時間システムの状態空間表現を説明しよう．

●状態空間表現の基礎

図4.14は，"1Dタイプ"と呼ばれる2次IIRフィルタである．図において，遅延子の後の信号 x（状態変数と呼ぶ）と入力信号 $u(nT)$ について，次の差分方程式が成立する．

$$\begin{aligned}x_1(nT+T) &= x_2(nT) \\ x_2(nT+T) &= -b_2x_1(nT) - b_1x_1(nT+T) + u(nT)\end{aligned} \quad (4.4.1\text{a})$$

〔図4.13〕実習4.4　極の位置とシステムの応答

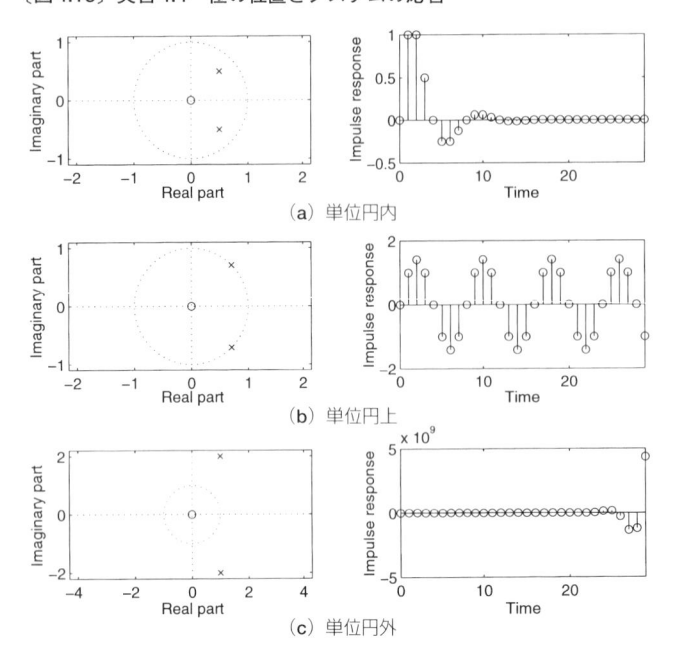

(a) 単位円内

(b) 単位円上

(c) 単位円外

〔図4.14〕1Dタイプ2次IIRフィルタ

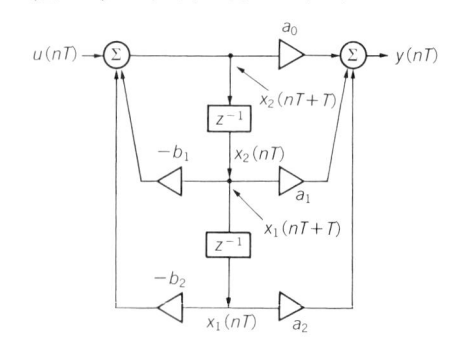

〔図4.15〕2Dタイプ2次IIRフィルタ

上式の関係を行列表現すると、次式となる.

$$\begin{bmatrix} x_1(nT+T) \\ x_2(nT+T) \end{bmatrix} = \begin{bmatrix} 0 & 1 \\ -b_2 & -b_1 \end{bmatrix} \begin{bmatrix} x_1(nT) \\ x_2(nT) \end{bmatrix} + \begin{bmatrix} 0 \\ 1 \end{bmatrix} u(nT) \quad (4.4.1b)$$

この式は，状態変数の関係を表すことより**状態方程式**と呼ばれている.

一方，出力 $y(nT)$ についても，各状態変数 x との間に次式の関係が成立する.

$$y(nT) = a_2 x_1(nT) - b_2 a_0 x_1(nT) + a_1 x_2(nT) \\ - b_1 a_0 x_2(nT) + a_0 u(nT) \quad (4.4.2a)$$

上式の関係を行列表現すると，

$$y(nT) = [a_2 - a_0 b_2 \;\; a_1 - a_0 b_1] \begin{bmatrix} x_1(nT) \\ x_2(nT) \end{bmatrix} + [a_0] u(nT) \quad (4.4.2b)$$

となり，出力 $y(nT)$ を表すので**出力方程式**と呼ばれている．

以上の**状態方程式**と**出力方程式**によりシステムを表現する方法を，状態空間表現と呼ぶ．状態空間表現によると，システムの内部構造が記述できる．

一般に，N 次伝達関数のシステムの状態空間表現は，次のようになる．ここで，$(N \times M)$ は N 行 M 列の行列であることを示し，$x(nT)$ は状態変数を要素とする状態ベクトルである．

――<公式4.5：システムの状態空間表現>――

$$\begin{array}{cccc} (N \times 1) & (N \times N)(N \times 1) & (N \times 1)(1 \times 1) \\ x(nT+T) = & Ax(nT) & + Bu(nT) \end{array} \quad (4.4.3a)$$

$$\begin{array}{cccc} (1 \times 1) & (1 \times N)(N \times 1) & (1 \times 1)(1 \times 1) \\ y(nT+T) = & Cx(nT) & + Du(nT) \end{array} \quad (4.4.3b)$$

ただし，$x(nT) = \begin{bmatrix} x_1(nT) \\ x_2(nT) \\ \vdots \\ x_N(nT) \end{bmatrix}$

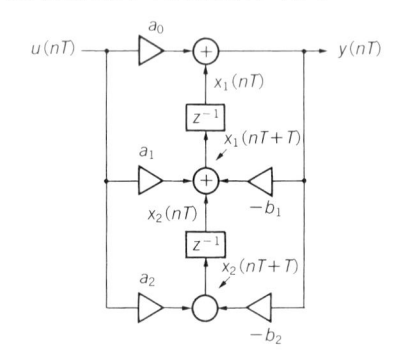

状態空間表現において，行列 A, B, C, D は**係数行列**と呼ばれ，フィルタ構造により固有なものである．係数行列が A, B, C, D であるディジタルフィルタを $DF(A, B, C, D)$ で表すものとする．上に述べた1Dタイプ2次IIRフィルタの場合は，

$$A = \begin{bmatrix} 0 & 1 \\ -b_2 & -b_1 \end{bmatrix}, B = \begin{bmatrix} 0 \\ 1 \end{bmatrix}, C = [a_2 - a_0 b_2 \;\; a_1 - a_0 b_1], D = [a_0] \quad (4.4.4)$$

である．

例題4.6　2DタイプIIRフィルタの状態空間表現

図4.15は，2Dタイプと呼ばれる2次IIRフィルタである．状態方程式および出力方程式を求めよ．

【解】

状態方程式：

$$\begin{bmatrix} x_1(nT+T) \\ x_2(nT+T) \end{bmatrix} = \begin{bmatrix} -b_1 & 1 \\ -b_2 & 0 \end{bmatrix} \begin{bmatrix} x_1(nT) \\ x_2(nT) \end{bmatrix} + \begin{bmatrix} a_1 - a_0 b_1 \\ a_2 - a_0 b_2 \end{bmatrix} u(nT)$$

(4.4.5)

出力方程式：
$$y(nT) = [1\ 0]\begin{bmatrix} x_1(nT) \\ x_2(nT) \end{bmatrix} + [a_0]u(nT) \quad (4.4.6)$$

●状態変数型ディジタルフィルタ

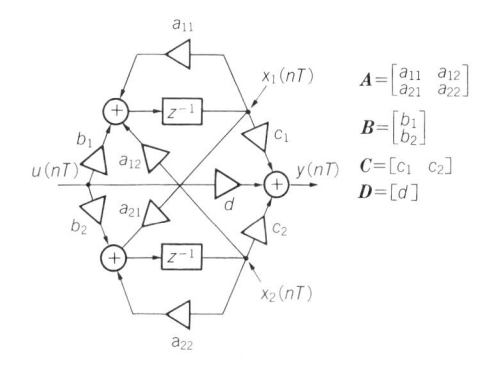

さて，$N=2$における係数行列を一般化し，次のように表す．

$$\boldsymbol{A} = \begin{bmatrix} a_{11} & a_{12} \\ a_{21} & a_{22} \end{bmatrix},\ \boldsymbol{B} = \begin{bmatrix} b_1 \\ b_2 \end{bmatrix},\ \boldsymbol{C} = [c_1\ c_2],\ \boldsymbol{D} = [d]$$

(4.4.7)

このような係数行列を有するディジタルフィルタの構造は図4.16となり，状態変数型ディジタルフィルタと呼ばれる．

状態変数型ディジタルフィルタを用いると，発振の防止や発生雑音の最小化などが可能となる．これについては，8章で詳しく述べる．

4.4.2 伝達関数と等価変換

●伝達関数と状態空間表現の関係

状態空間表現されたディジタルフィルタの伝達関数の求め方について考えてみよう．

式(4.4.3a)の状態方程式をz変換し，状態変数$X(z)$について整理すると，

$$z\boldsymbol{X}(x) = \boldsymbol{A}\boldsymbol{X}(x) + \boldsymbol{B}U(x)$$
$$\boldsymbol{X}(x) = (z\boldsymbol{I}-\boldsymbol{A})^{-1}\boldsymbol{B}U(x) \quad (4.4.8)$$

となる．ここで，$\boldsymbol{I}$はN行N列の単位行列であり，-1は逆行列を表す．

また，式(4.4.3b)の出力方程式をz変換すると，

$$Y(z) = \boldsymbol{C}\boldsymbol{X}(z) + \boldsymbol{D}U(z) \quad (4.4.9)$$

となる．式(4.4.8)を上式に代入すると，伝達関数$H(z)$が求まる．

＜公式4.6：係数行列を用いた伝達関数の求め方＞
$$h(z) = \frac{Y(z)}{U(z)} = \boldsymbol{C}(z\boldsymbol{I}-\boldsymbol{A})^{-1}\boldsymbol{B} + \boldsymbol{D} \quad (4.4.10)$$

周波数特性は，上式により得られた伝達関数に対し，$z = e^{j\omega T}$と置くことにより求まる．

一方，システムのインパルス応答も以下のように係数行列から求まる．

＜公式4.7：係数行列を用いたインパルス応答の求め方＞
$$h(nT) = \begin{cases} 0, & n<0 \\ \boldsymbol{D}, & n=0 \\ \boldsymbol{C}\boldsymbol{A}^{n-1}\boldsymbol{B}, & n>0 \end{cases} \quad (4.4.11)$$

[図4.16] 状態変数型ディジタルフィルタ

例題4.7 1Dタイプと2Dタイプ2次IIRフィルタの伝達関数

1Dタイプおよび2Dタイプの各2次IIRフィルタの伝達関数を求めよ．

【解】
1Dタイプ：

係数行列は，式(4.4.4)で与えられた．したがって，以下

$$z\boldsymbol{I} - \boldsymbol{A} = \begin{bmatrix} z & 0 \\ 0 & z \end{bmatrix} - \begin{bmatrix} 0 & 1 \\ -b_2 & -b_1 \end{bmatrix} = \begin{bmatrix} z & -1 \\ b_2 & z+b_1 \end{bmatrix} \quad (4.4.12a)$$

$$(z\boldsymbol{I} - \boldsymbol{A})^{-1} = \frac{1}{z^2 + b_1 z + b_2}\begin{bmatrix} z+b_1 & 1 \\ -b_2 & z \end{bmatrix} \quad (4.4.12b)$$

$$\boldsymbol{C}(z\boldsymbol{I}-\boldsymbol{A})^{-1}\boldsymbol{B} = \frac{1}{z^2+b_1z+b_2}[a_2-a_0b_2\ a_1-a_0b_1]\begin{bmatrix} z+b_1 & 1 \\ -b_2 & z \end{bmatrix}\begin{bmatrix} 0 \\ 1 \end{bmatrix}$$
$$= \frac{a_2-a_0b_2+z(a_1-a_0b_1)}{z^2+b_1z+b_2} \quad (4.4.12c)$$

式(4.4.10)において，$\boldsymbol{D}=a_0$に注意して通分すると$H(z)$は次式となる．

$$H(z) = \frac{a_0z^2+a_1z+a_2}{z^2+b_1z+b_2} \quad (4.4.13)$$

2Dタイプ：

例題4.6において求めた係数行列を同様に式(4.4.10)に代入すると，$H(z)$は次式となる．

$$H(z) = \frac{a_0z^2+a_1z+a_2}{z^2+b_1z+b_2} \quad (4.4.14)$$

□

上の例題より，伝達関数が同一であっても，係数行列すなわち回路構造が異なるディジタルフィルタが存在することがわかる．以下では，一定の伝達関数から構造の異なるディジタルフィルタを導き出す等価変換について説明しよう．

[図4.17]
回路の等価変換

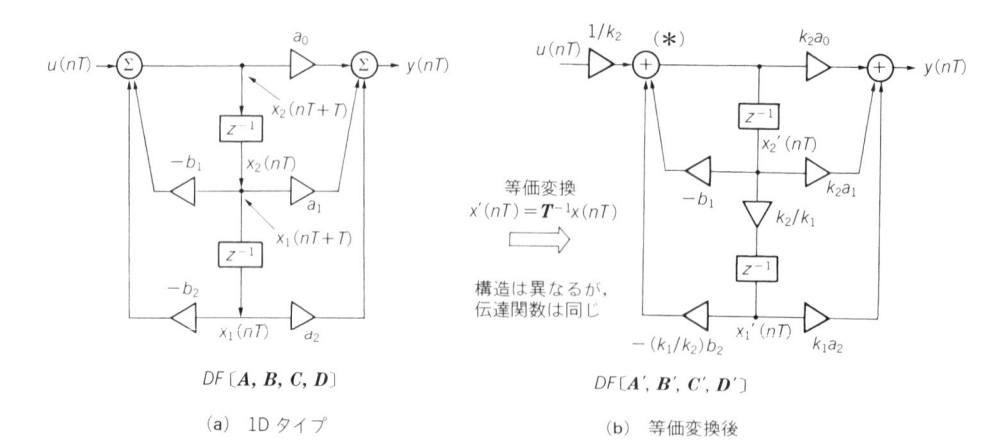

(a) 1Dタイプ　　　　　　　　　(b) 等価変換後

等価変換
$x'(nT) = T^{-1}x(nT)$

構造は異なるが，伝達関数は同じ

● 等価変換

いま，$DF(A, B, C, D)$における状態ベクトル $x(nT)$ を，次式のようにある行列 T^{-1} により新しい状態ベクトル $x'(nT)$ に変換することを考える．

$$x'(nT) = T^{-1}x(nT) \quad (4.4.15)$$

ここで，T は等価変換行列と呼ばれ，$N \times N$ の正則行列[注1]とする．

式(4.4.15)より $Tx'(nT) = x(nT)$ となるので，この関係を式(4.4.3)の状態方程式，出力方程式に代入すると，

$$Tx'(nT + T) = ATx'(nT) + Bu(nT)$$
$$y(nT) = CTx'(nT) + Du(nT) \quad (4.4.16)$$

となる．上式を変形すると，

$$x'(nT + T) = (T^{-1}AT)x'(nT) + (T^{-1}B)u(nT)$$
$$y(nT) = (CT)x'(nT) + Du(nT) \quad (4.4.17)$$

となり，変換前の $DF(A, B, C, D)$ に対して，状態ベクトルが $x'(nT)$ である構造の異なるディジタルフィルタ $DF(T^{-1}AT, T^{-1}B, CT, D)$ が新たに得られたことになる．

さて，$DF(A, B, C, D)$ の伝達関数 $H(z)$ と $DF(T^{-1}AT, T^{-1}B, CT, D)$ の伝達関数 $x'(z)$ はどのような関係になっているのであろうか．

式(4.4.10)の $H(z)$ において，係数行列 $DF(A, B, C, D)$ をそれぞれ $DF(T^{-1}AT, T^{-1}B, CT, D)$ で置換すると，$H'(z)$ は次式となる．導出においては，$TT^{-1} = I$ および $(UV)^{-1} = V^{-1}U^{-1}$ (UV ともに正則行列の場合) なる関係を利用する．

$$\begin{aligned} H'(z) &= CT(zI - T^{-1}AT)^{-1}B + D \\ &= CT\{T^{-1}(zI - A)T\}^{-1}T^{-1}B + D \quad (\because I = T^{-1}IT) \\ &= CTT^{-1}(zI - A)^{-1}TT^{-1}B + D \\ &= C(zI - A)^{-1}B + D \\ &= H(z) \quad (4.4.18) \end{aligned}$$

上式より，$H'(z)$ は $H(z)$ と同じであることがわかる．

このように，式(4.4.15)により状態ベクトルを正則行列 T で変換しても，伝達関数は変換前と変わらない．こうした意味から，T は等価変換行列と呼ばれているのである．行列 T は，正則である限り任意なので，等価変換によりさまざまなフィルタ構造が得られることがわかる．

例題4.8 1Dタイプ2次IIRフィルタの等価変換

図4.17(a)に示す1Dタイプ2次IIRフィルタに対し，次の対角行列 T により等価変換を行い，得られる回路構造を図示せよ．

$$T = \begin{bmatrix} k_1 & 0 \\ 0 & k_2 \end{bmatrix}$$

【解】
式(4.4.4)で得られた係数行列 $DF(A, B, C, D)$ より，

$$\begin{aligned} A' &= T^{-1}AT = \frac{1}{k_1 k_2} \begin{bmatrix} k_2 & 0 \\ 0 & k_1 \end{bmatrix} \begin{bmatrix} 0 & 0 \\ -b_2 & -b_1 \end{bmatrix} \begin{bmatrix} k_1 & 0 \\ 0 & k_2 \end{bmatrix} \\ &= \begin{bmatrix} 0 & \dfrac{k_2}{k_1} \\ -\dfrac{k_2}{k_1}b_2 & -b_1 \end{bmatrix} \end{aligned}$$

$$B' = T^{-1}B = \frac{1}{k_1 k_2} \begin{bmatrix} k_2 & 0 \\ 0 & k_1 \end{bmatrix} \begin{bmatrix} 0 \\ 1 \end{bmatrix} = \begin{bmatrix} 0 \\ 1/k_2 \end{bmatrix}$$

$$\begin{aligned} C' &= CT = [a_2 - a_0 b_2 \ \ a_1 - a_0 b_1] \begin{bmatrix} k_1 & 0 \\ 0 & k_2 \end{bmatrix} \\ &= [k_1(a_2 - a_0 b_2) \ \ k_2(a_1 - a_0 b_1)] \end{aligned}$$

$$D' = D = a_0 \quad (4.4.19)$$

この係数行列をもつ回路を図4.17(b)に示す．図より明らかなように，等価変換を施すことにより乗算器数が増加している．

[注1] 行列式 $|T| \neq 0$ である行列．$TT^{-1} = I$: 単位行列となる．

式(4.4.15)の等価変換により得られた新しい状態ベクトル $x'(n\boldsymbol{T})$ は，

$$\begin{bmatrix} x'_1(nT) \\ x'_2(nT) \end{bmatrix} = \frac{1}{k_1 k_2} \begin{bmatrix} k_2 & 0 \\ 0 & k_1 \end{bmatrix} \begin{bmatrix} x_1(nT) \\ x_2(nT) \end{bmatrix} = \begin{bmatrix} \dfrac{1}{k_1} x_1(nT) \\ \dfrac{1}{k_2} x_2(nT) \end{bmatrix}$$

(4.4.20)

なる関係で，変換前の状態変数 $x(nT)$ の値を変換している．

ここで，状態変数 $x'_1(n\boldsymbol{T})$ と $x'_2(n\boldsymbol{T})$ は，1サンプルおよび2サンプル遅れた加算器（図の＊印）の出力信号である．したがって，等価変換により状態変数の値を変えることは，加算器におけるオーバフローを防止できる可能性があるということに注目していただきたい．例題において，値が変化した乗算器および新しく増えた乗算器は，加算器入力のダイナミックレンジを制限してオーバフローを防止する役目をしていると考えられる．

以上の等価変換は，第8章で重要な振舞いをすることになる．

4.5 2次元 z 変換

本節では，2次元信号に対する z 変換，およびその応用として線形シフト不変(LSI)システムの伝達関数について検討することにする．

4.5.1 2次元信号の z 変換

2次元信号 $x(n_1, n_2)$ の z 変換 $X(z_1, z_2)$ ならびに逆 z 変換の定義式は以下で与えられる．

$$X(z_1, z_2) = \sum_{n_1=-\infty}^{\infty} \sum_{n_2=-\infty}^{\infty} x(n_1, n_2) \quad (4.5.1)$$

$$x(n_1, n_2) = \frac{1}{(2\pi j)^2} \oint_{c_1} \oint_{c_2} X(z_1, z_2) z_1^{n_1-1} z_2^{n_2-1} dz_1 dz_2 \quad (4.5.2)$$

例題 4.9

次式を z 変換せよ．
$$f(n_1, n_2) = 2\delta(n_1, n_2) + 4\delta(n_1-1, n_2) + \delta(n_1, n_2-1) + 3\delta(n_1-1, n_2-1)$$

【解】
z 変換の定義式より，

$$F(z_1, z_2) = \sum_{n_1=0}^{1} \sum_{n_2=0}^{1} f(n_1, n_2) z_1^{-n_1} z_2^{-n_2}$$

$$= f(0,0)z_1^0 z_2^0 + f(0,1)z_1^0 z_2^{-1} + f(1,0)z_1^{-1} z_2^0 + f(1,1)z_1^{-1} z_2^{-1}$$

$$= \begin{pmatrix} f(0,0) = 2, & f(0,1) = 4, \\ f(1,0) = 1, & f(1,1) = 3 \end{pmatrix} \text{なので}$$

$$= 2 + 4z_2^{-1} + z_1^{-1} + 3z_1^{-1} z_2^{-1}$$

となる．

例題 4.10

(1) 次式で与えられた $h(n_1, n_2)$ を z 変換せよ．
(2) $h(n_1, n_2)$ は分離型で表現できる．分離型で表した式を z 変換し，(1)の結果と一致することを示せ．

$$h(n_1, n_2) = \frac{1}{16}\delta(n_1, n_2) + \frac{1}{16}\delta(n_1-1, n_2) + \frac{1}{16}\delta(n_1-2, n_2)$$
$$+ \frac{1}{16}\delta(n_1-3, n_2) + \frac{1}{16}\delta(n_1, n_2-1)$$
$$+ \frac{1}{16}\delta(n_1-1, n_2-1) + \frac{1}{16}\delta(n_1-2, n_2-1)$$
$$+ \frac{1}{16}\delta(n_1-3, n_2-1) + \frac{1}{16}\delta(n_1, n_2-2)$$
$$+ \frac{1}{16}\delta(n_1-1, n_2-2) + \frac{1}{16}\delta(n_1-2, n_2-2)$$
$$+ \frac{1}{16}\delta(n_1-3, n_2-2) + \frac{1}{16}\delta(n_1, n_2-3)$$
$$+ \frac{1}{16}\delta(n_1-1, n_2-3) + \frac{1}{16}\delta(n_1-2, n_2-3)$$
$$+ \frac{1}{16}\delta(n_1-3, n_2-3) \quad (4.5.3)$$

【解】
(1)
$$H(z_1, z_2) = \sum_{n_1=0}^{3} \sum_{n_2=0}^{3} h(n_1, n_2) z_1^{-n_1} z_2^{-n_2}$$

$$= h(0,0)z_1^0 z_2^0 + h(0,1)z_1^0 z_2^{-1} + h(0,2)z_1^0 z_2^{-2}$$
$$+ h(0,3)z_1^0 z_2^{-3} + h(1,0)z_1^{-1} z_2^0 + h(1,1)z_1^{-1} z_2^{-1}$$
$$+ h(1,2)z_1^{-1} z_2^{-2} + h(1,3)z_1^{-1} z_2^{-3} + h(2,0)z_1^{-2} z_2^0$$
$$+ h(2,1)z_1^{-2} z_2^{-1} + h(2,2)z_1^{-2} z_2^{-2} + h(2,3)z_1^{-2} z_2^{-3}$$
$$+ h(3,0)z_1^{-3} z_2^0 + h(3,1)z_1^{-3} z_2^{-1} + h(3,2)z_1^{-3} z_2^{-2}$$
$$+ h(3,3)z_1^{-3} z_2^{-3}$$

$$= \frac{1}{16} + \frac{1}{16}z_2^{-1} + \frac{1}{16}z_2^{-2} + \frac{1}{16}z_2^{-3} + \frac{1}{16}z_1^{-1}$$
$$+ \frac{1}{16}z_1^{-1}z_2^{-1} + \frac{1}{16}z_1^{-1}z_2^{-2} + \frac{1}{16}z_1^{-1}z_2^{-3} + \frac{1}{16}z_1^{-2}$$
$$+ \frac{1}{16}z_1^{-2}z_2^{-1} + \frac{1}{16}z_1^{-2}z_2^{-2} + \frac{1}{16}z_1^{-2}z_2^{-3} + \frac{1}{16}z_1^{-3}$$
$$+ \frac{1}{16}z_1^{-3}z_2^{-1} + \frac{1}{16}z_1^{-3}z_2^{-2} + \frac{1}{16}z_1^{-3}z_2^{-3}$$

となる．

(2) 次に分離型で表し，z 変換を行う

$$H(z_1, z_2) = \sum_{n_1=0}^{3} \sum_{n_2=0}^{3} h(n_1, n_2) z_1^{-n_1} z_2^{-n_2}$$

$$= \sum_{n_1=0}^{3} \sum_{n_2=0}^{3} h_1(n_1) z_1^{-n_1} h_2(n_2) z_2^{-n_2}$$

[図4.18] z変換

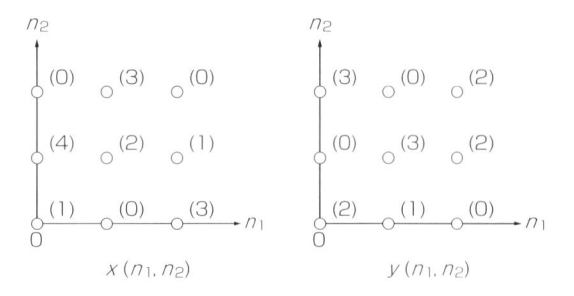

$x(n_1, n_2)$ と $y(n_1, n_2)$

ただし，

$$h_1(n_1) = \frac{1}{4}\delta(n_1) + \frac{1}{4}\delta(n_1-1) + \frac{1}{4}\delta(n_1-2) + \frac{1}{4}\delta(n_1-3)$$

$$h_2(n_2) = \frac{1}{4}\delta(n_2) + \frac{1}{4}\delta(n_2-1) + \frac{1}{4}\delta(n_2-2) + \frac{1}{4}\delta(n_2-3)$$

また，$h(n_1, n_2) = h_1(n_1) \cdot h_2(n_2)$ とする．

$h_1(n_1)$ を z 変換すると，

$$\begin{aligned} h_1(z_1) &= \sum_{n_1=0}^{3} h_1(n_1) z_1^{-n_1} \\ &= h_1(0) z_1^0 + h_1(1) z_1^{-1} + h_1(2) z_1^{-2} + h_1(3) z_1^{-3} \\ &= \frac{1}{4} + \frac{1}{4} z_1^{-1} + \frac{1}{4} z_1^{-2} + \frac{1}{4} z_1^{-3} \end{aligned}$$

同様に $h_2(n_2)$ を z 変換すると，

$$\begin{aligned} h_2(z_2) &= \sum_{n_2=0}^{3} h_2(n_2) z_2^{-n_2} \\ &= \frac{1}{4} + \frac{1}{4} z_2^{-1} + \frac{1}{4} z_2^{-2} + \frac{1}{4} z_2^{-3} \end{aligned}$$

よって

$$\begin{aligned} H(z_1, z_2) &= H_1(z_1) \cdot H_2(z_2) \\ &= \frac{1}{4}(1 + z_1^{-1} + z_1^{-2} + z_1^{-3}) \frac{1}{4}(1 + z_2^{-1} + z_2^{-2} + z_2^{-3}) \\ &= \frac{1}{16}(1 + z_2^{-1} + z_2^{-2} + z_2^{-3} + z_1^{-1} + z_1^{-1}z_2^{-1} + z_1^{-1}z_2^{-2} \\ &\quad + z_1^{-1}z_2^{-3} + z_1^{-2} + z_1^{-2}z_2^{-1} + z_1^{-2}z_2^{-2} + z_1^{-2}z_2^{-3} \\ &\quad + z_1^{-3} + z_1^{-3}z_2^{-1} + z_1^{-3}z_2^{-2} + z_1^{-3}z_2^{-3}) \end{aligned}$$

(4.5.4)

となり，(1)の結果と一致する．

4.5.2 2次元システムの伝達関数と周波数応答

1次元システムと同様に，2次元LSIシステムの伝達関数は，インパルス応答 $h(n_1, n_2)$ の z 変換であり，$H(z_1, z_2)$ として表記する．

$$h(n_1, n_2) \stackrel{z}{\Longleftrightarrow} H(z_1, z_2) \tag{4.5.5}$$

ただし，$\Longleftrightarrow$ は，z 変換の関係を表す．

また，表4.2より空間領域でのたたみ込みの z 変換は乗算となる．よって，式(2.4.11)を z 変換することにより，伝達関数を以下のように求めることができる．

$$Y(z_1, z_2) = H(z_1, z_2) X(z_1, z_2)$$

$$H(z_1, z_2) = \frac{Y(z_1, z_2)}{X(z_1, z_2)} \tag{4.5.6}$$

例題4.11 2次元システムの伝達関数

ある2次元LSIシステムの入力信号および出力信号が図4.18に示されるとき，入力及び出力それぞれの z 変換を求めよ．また，そのシステムの伝達関数を求めよ．

【解】

入力 $x(n_1, n_2)$，出力 $y(n_1, n_2)$ をそれぞれ z 変換すると，

$$X(z_1, z_2) = 1 + 3z_1^{-2} + 4z_2^{-1} + 2z_1^{-1}z_2^{-1} + z_1^{-2}z_2^{-1} + 3z_1^{-1}z_2^{-2}$$

$$Y(z_1, z_2) = 2 + z_1^{-1} + 3z_1^{-1}z_2^{-1} + 2z_1^{-2}z_2^{-1} + 3z_2^{-2} + 2z_1^{-2}z_2^{-2}$$

となる．よって伝達関数 $H(z)$ は，$H(z) = \dfrac{Y(z)}{X(z)}$ なので

$$\therefore H(z_1, z_2) = \frac{2 + z_1^{-1} + 3z_1^{-1}z_2^{-1} + 2z_1^{-2}z_2^{-1} + 3z_2^{-2} + 2z_1^{-2}z_2^{-2}}{1 + 3z_1^{-2} + 4z_2^{-1} + 2z_1^{-1}z_2^{-1} + z_1^{-2}z_2^{-1} + 3z_1^{-1}z_2^{-2}}$$

●2次元システムの周波数応答

2次元システムの周波数応答 $H(\omega_1, \omega_2)$ は，1次元と同様に伝達関数において，

$$z_1 = e^{j\omega_1 n_1 T}, \; z_2 = e^{j\omega_2 n_2 T} \tag{4.5.7}$$

と置換することにより求まる．

実習4.5 2次元システムの周波数応答

$$\begin{aligned} h(n_1, n_2) &= \frac{1}{16}\delta(n_1, n_2) + \frac{1}{16}\delta(n_1-1, n_2) + \frac{1}{16}\delta(n_1-2, n_2) \\ &\quad + \frac{1}{16}\delta(n_1-3, n_2) + \frac{1}{16}\delta(n_1, n_2-1) \\ &\quad + \frac{1}{16}\delta(n_1-1, n_2-1) + \frac{1}{16}\delta(n_1-2, n_2-1) \\ &\quad + \frac{1}{16}\delta(n_1-3, n_2-1) + \frac{1}{16}\delta(n_1, n_2-2) \\ &\quad + \frac{1}{16}\delta(n_1-1, n_2-2) + \frac{1}{16}\delta(n_1-2, n_2-2) \\ &\quad + \frac{1}{16}\delta(n_1-3, n_2-2) + \frac{1}{16}\delta(n_1, n_2-3) \\ &\quad + \frac{1}{16}\delta(n_1-1, n_2-3) + \frac{1}{16}\delta(n_1-2, n_2-3) \\ &\quad + \frac{1}{16}\delta(n_1-3, n_2-3) \end{aligned} \tag{4.5.8}$$

の2次元の周波数応答を，MATLABの `freqz2` コマンドにて求めてみよう．

コラムF

全域通過回路と最小位相回路

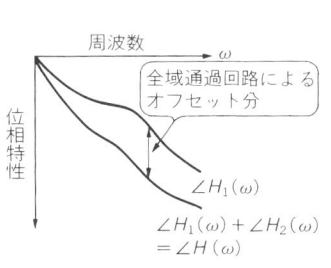

IIRフィルタの分類の中で，**最小位相回路**(minimum phase)と**全域通過回路**(all-path)なる二つの重要な回路があるので説明しておこう．

まず，**図F.1**に示す零点がz平面の単位円外に存在する1次IIRフィルタ$H(z)$を考える．

$$H(z) = \frac{z+z_0}{z-p_0} \quad (\text{F.1})$$

ただし，$z_0 = 1.25$, $p_0 = 0.6$

ここで，$H(z)$を次式のように変形すると，その実現回路は**図F.1**(a)となる．

$$H(z) = \underbrace{\frac{z_0 z + 1}{z - p_0}}_{H_1(z)} \underbrace{\frac{z + z_0}{z_0 z + 1}}_{H_2(z)} \quad (\text{F.2})$$

上式における$H_2(z)$は，

振幅特性：

$$\left| H_2(e^{j\omega T}) \right| = \left| \frac{e^{j\omega T} + z_0}{z_0 e^{j\omega T} + 1} \right| = \left| \frac{1}{e^{j\omega T}} \right| \times \left| \frac{e^{j\omega T} + z_0}{e^{-j\omega T} + z_0} \right| = 1 \quad (\text{F.3})$$

位相特性：

$$\angle H_2(e^{j\omega T}) = -\omega T + 2\tan^{-1}\frac{z_0 \sin \omega T}{1 + z_0 \cos \omega T} \quad (\text{F.4})$$

なる特性を有する回路である．このように$H_2(z)$は振幅特性が全周波数帯域で1であるので，全域通過回路と呼ばれている．$H_2(z)$の零点は$-z_0$であり，極は$-1/z_0$となっている．このように全域通過回路の極零点は，互いに鏡像関係にある．

全域通過回路は振幅特性に影響を与えず位相だけを変化させることが可能であるので，位相補正回路としてよく使用されている．

一般に，N次の全域通過関数の伝達関数$H_{ap}(z)$は次式で与えられる．

全域通過回路：

$$H_{ap}(z) = \frac{z^N + a_1 z^{N-1} + \cdots + a_N}{1 + a_1 z + a_2 z^2 + \cdots + a_N z^N} \quad (\text{F.5})$$

ところで式(F.3)より，$H(z)$と$H_1(z)$は振幅特性が同一であり，さらに$H_1(z)$は$H(z)$に比べ位相特性が式(F.4)に示される全域通過回路の分だけ少ない回路となっていることがわかる〔**図F.1**(b)〕．$H(z)$から$H_2(z)$以外の全域通過関数を引き抜くことはできないので，$H_1(z)$は$H(z)$と同じ振幅特性を実現する伝達関数の中で最も位相推移が最小，すなわち入力に対する応答の遅延時間が最小となる回路である．こうした意味から$H_1(z)$は最小位相回路と呼ばれる．最小位相回路の零点はすべて単位円内に存在する．

たとえば，最小位相回路は，全域通過回路が付加された回路と比べインパルス応答の立ち上がりが最も速くなる〔**図F.1**(c)〕．

〔図F.1〕
全域通過回路と最小位相回路

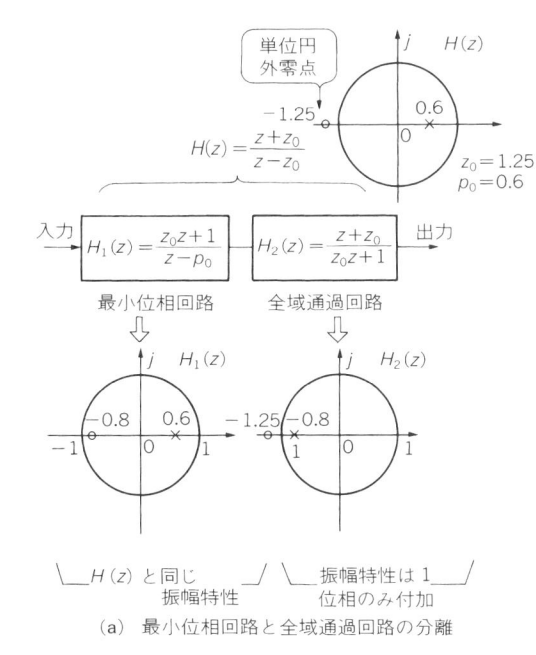

(a) 最小位相回路と全域通過回路の分離

(b) $H(z)$の位相特性

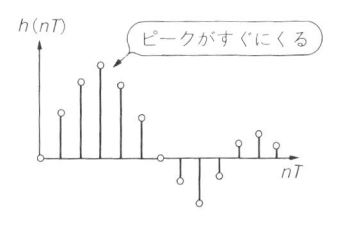

(c) 最小位相回路のインパルス応答

第1部 ディジタル信号処理の基礎

＊

本章では，z変換について学んだ．まず，z変換におけるz^{-1}は，信号の1サンプル遅延を表すオペレータであることが理解できた．つぎに，z変換を介してシステムの伝達関数が与えられ，それによりシステムの周波数特性を求めたり，安定性の判別が容易になることも理解できた．また，回路の状態変数解析により，ある伝達関数からいくつかの異なる回路が得られることも考察した．

このように，z変換は信号処理システムの解析や設計における重要な数学的道具となっている．

次章では，z変換を駆使したディジタルフィルタの設計を行うことにする．

参考文献
(1) 樋口 I；ディジタル信号処理の基礎，昭晃堂．
(2) R.Roberts, C.Mullis, "Digital Signal Processing", ADDISON WESLEY, 1987.

章末問題

問題 4.1 z変換

以下の信号のz変換を数式を使って求めなさい．ただし，$n \geq 0$とする．
(1) $x(nT) = \sin(\omega nT)$
(2) $x(nT) = \cos(\omega nT)$

問題 4.2 MATLAB演習——z変換

問題4.1の各信号のz変換をMATLABのSymbolic Math TOOLBOXを使って数式処理により求めなさい．

問題 4.3 z変換

以下の$X(z)$について逆z変換を求めよ．

(1) $X(z) = 1 - 0.5z^{-1} + 1.5z^{-3} - 2z^{-4}$
(2) $X(z) = 3/(3 - z^{-1})$

問題 4.4 システムの伝達関数と安定性

図Q4.4に示す各システムの伝達関数を求めなさい．また，求めた伝達関数よりシステムの安定性を議論しなさい．

問題 4.5 システムのインパルス応答

図Q4.4に示す各システムのインパルス応答を，伝達関数の逆z変換により求めなさい．

問題 4.6 伝達関数と回路

次に示す伝達関数の回路を示しなさい．
(1)
$$H(z) = \sum_{k=0}^{3} h_k \{z^{-k} + z^{-(3-k)}\}$$
(2)
$$H(z) = \frac{c + dz^{-2}}{1 + bz^{-3}}$$

問題 4.7 システムの周波数特性

あるインパルス応答$h(n)$において，すべての偶数番目の値がゼロであるとする．この場合，$h(n)$の周波数特性$H(\omega)$が以下の性質を有することを示せ（このような周波数特性を有するシステムをハーフバンドフィルタと呼ぶ）．

$$H(\omega) = -H(\omega + \pi)$$

問題 4.8 システムの周波数特性

以下の伝達関数$H_{ap}(z)$の振幅特性が全周波数帯域で1となることを示せ．このような回路を，全域通過回路と呼ぶ．

$$H_{ap}(z) = \frac{z^N + a_1 z^{N-1} + \cdots + a_N}{1 + a_1 z + a_2 z^2 + \cdots + a_N z^N}$$

［図Q4.4］

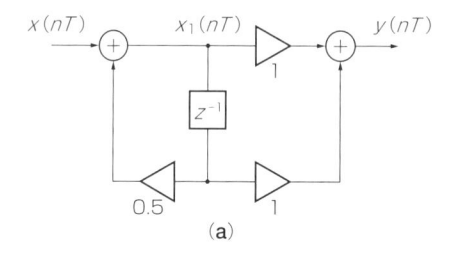

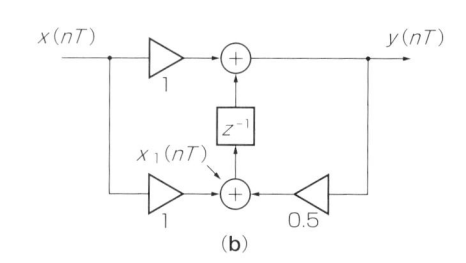

(a) (b)

〔図Q4.9〕

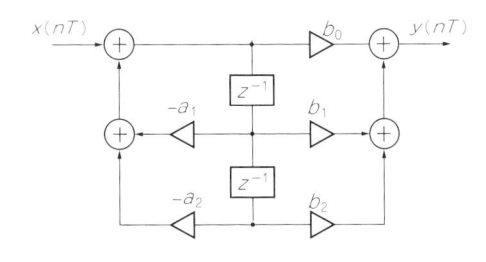

問題 4.9　MATLAB演習――システムの周波数特性

図Q4.9のシステムについて，周波数特性をMATLABにより求めなさい．ただし，$b(1)=0.06746$，$b(2)=0.13492$，$b(3)=0.06746$，$a(2)=-1.14298$，$a(3)=0.412802$とする．

問題 4.10　MATLAB演習――並列システムの周波数特性

実習4.3で設計した低域通過フィルタと高域通過フィルタを並列接続し，その伝達関数と周波数特性をMATLABにより求めなさい．

問題 4.11　MATLAB演習――FFTを用いた周波数特性解析

インパルス応答$h(n)$，$n=0,\cdots,N-1$を有するFIRフィルタの周波数特性解析をFFTを用いて行うMATLABのMファイルをリストQ4.11に示す．このリストを参考にして，式(4.2.12a)で示されるIIRフィルタ$H(z)$の周波数特性を解析するMファイルを作成せよ．

問題 4.12　システムの安定性

図4.11に，z平面上の極の位置の違いによるインパルス応答が示されている．

〔図Q4.16〕

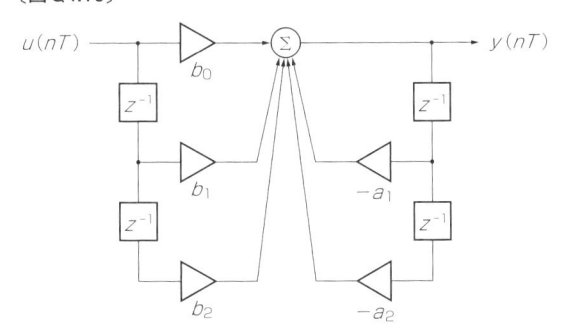

〔リストQ4.11〕FIRフィルタの周波数特性解析

```
h=[0.1 0.2 0.3];
H=fft(h,1024);
figure(1);
plot(abs(H))
figure(2);
plot(angle(H))
```

なぜ図のようなインパルス応答の形状になるか，四つの異なる位置に存在する極それぞれについて論ぜよ．

問題 4.13　2次システムの安定性と係数範囲

公式4.4の(2)を証明しなさい．

問題 4.14　状態空間表現とインパルス応答

公式4.7を証明しなさい．

問題 4.15　状態空間表現とインパルス応答

1Dタイプと2Dタイプ2次IIRフィルタのインパルス応答を係数行列を用いて求めよ．

問題 4.16　状態空間表現と伝達関数

図Q4.16に示す2次IIRフィルタ(3Dタイプと呼ぶ)の伝達関数とインパルス応答を係数行列を用いて求めよ．

〔図Q4.20〕

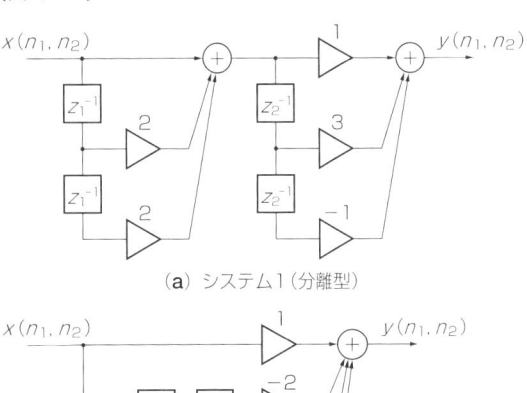

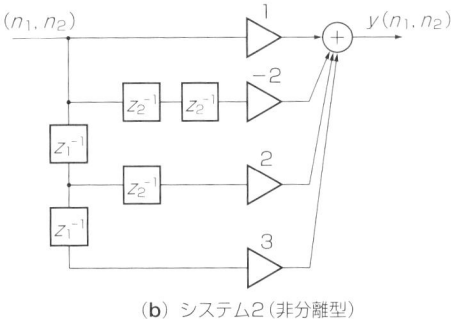

(a) システム1(分離型)

(b) システム2(非分離型)

第1部 ディジタル信号処理の基礎

問題4.17 状態変数と等価変換

2Dタイプ2次IIRフィルタに対し,次の対角行列Tにより等価変換を行い,得られる回路構造を図示せよ.

$$T = \begin{bmatrix} k_1 & 0 \\ 0 & k_2 \end{bmatrix}$$

問題4.18 状態変数と等価変換

3Dタイプ2次IIRフィルタに対し,問題4.17を解きなさい(問題4.16参照).

問題4.19 z変換

問題2.11(1)(2)で与えられた2次元信号のz変換を数式を使って求めなさい.

問題4.20 2次元システムの伝達関数

図Q4.20に示す各2次元システムの伝達関数を求めなさい.

第5章 FIRフィルタの設計

第2部 ディジタルフィルタの設計・実現・最適化

本章は,ディジタル信号処理システムで最もよく使われる回路の一つであるFIRフィルタの設計法を解説する.ここでは一般的な設計法はもちろん,従来の教科書では具体的に示されていない,最小位相フィルタや任意振幅特性の設計法もMATLABファイルと共に示す.設計例として,ディジタル通信システムで必要不可欠なコサインロールオフフィルタなどを取り上げ,実用性を意識した解説を進めていく.

5.0 導入演習

とりあえず,MATLABで以下の演習を実行してみよう.

演習5.0 いかにしてフィルタ係数を求めるか?
M-file:ex5_0.m

図5.0(a)は直接型構成と呼ばれるFIRフィルタの回路構造である.フィルタ係数すなわちインパルス応答$h(n)$の数がNであるので,その伝達関数は

$$H(z) = \sum_{n=0}^{N-1} h(n) z^{-n} \tag{5.1}$$

である.いま,インパルス応答を図5.0(b)のように選ぶと,周波数特性は同図(b)となり,直線位相の低域通過フィルタとなっていることがわかる.ここで,図(c)のように係数$h(7)$と$h(15)$に0.2を加えて,もう一度周波数特性を眺めると図(c)となり,振幅特性は変化しているが,位相特性は直線位相を維持している.

〔図5.0〕導入演習

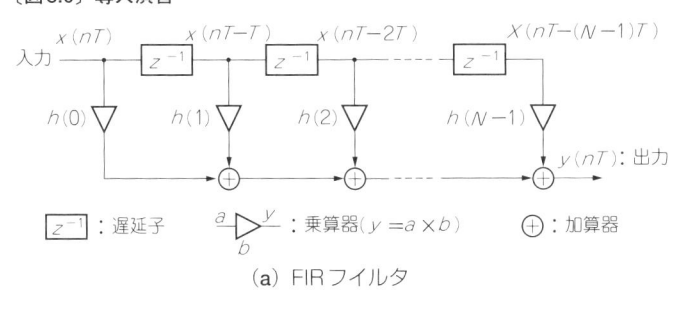

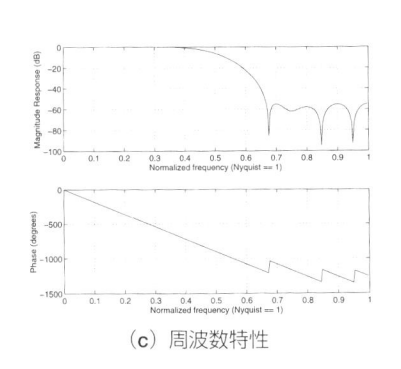

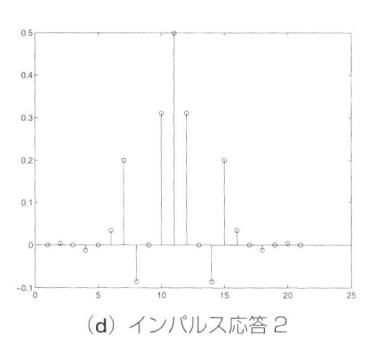

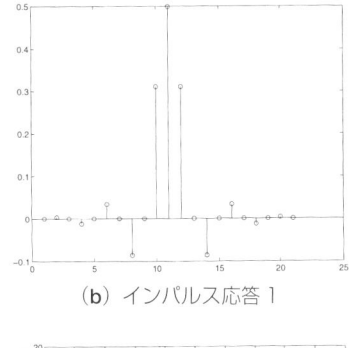

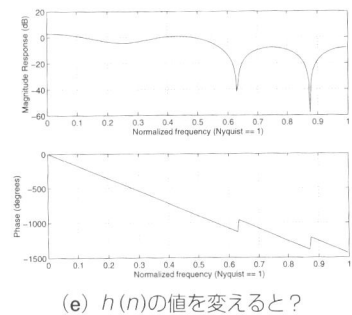

(a) FIRフィルタ

(b) インパルス応答1

(c) 周波数特性

(d) インパルス応答2

(e) $h(n)$の値を変えると?

[図5.1]
直線位相フィルタの
カットオフ周波数

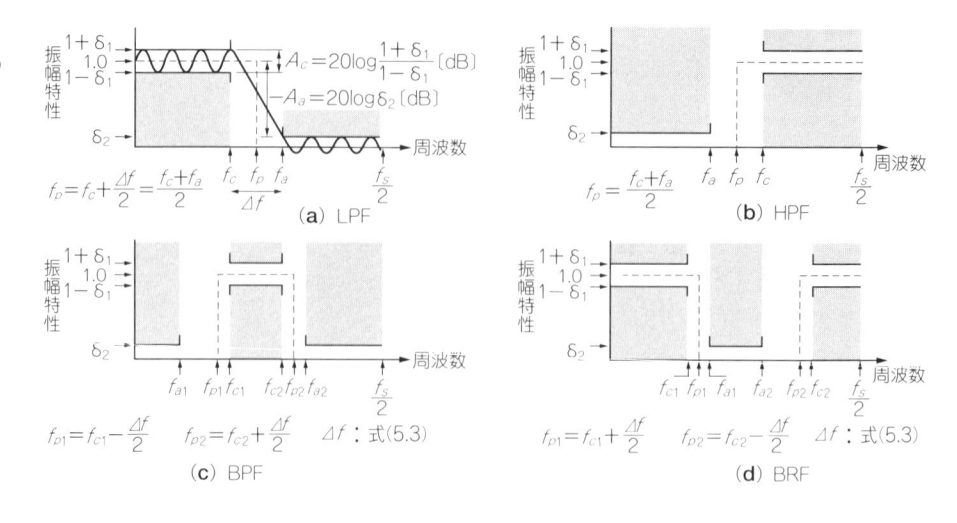

(a) LPF

$f_p = f_c + \dfrac{\Delta f}{2} = \dfrac{f_c + f_a}{2}$

$A_c = 20\log\dfrac{1+\delta_1}{1-\delta_1}$ [dB]

$-A_a = 20\log\delta_2$ [dB]

(b) HPF

$f_p = \dfrac{f_c + f_a}{2}$

(c) BPF

$f_{p1} = f_{c1} - \dfrac{\Delta f}{2}$　$f_{p2} = f_{c2} + \dfrac{\Delta f}{2}$　Δf：式(5.3)

(d) BRF

$f_{p1} = f_{c1} + \dfrac{\Delta f}{2}$　$f_{p2} = f_{c2} - \dfrac{\Delta f}{2}$　Δf：式(5.3)

なぜであろうか？

このようにフィルタ係数$h(n)$が周波数特性を決定している．それでは，どのように係数を決定すれば，所望の設計仕様を満足するFIRフィルタが設計できるのであろうか？

5.1 設計仕様と次数の推定

設計を行う前に，設計者は与えられる設計仕様から，まず伝達関数の次数を推定しなければならない．

5.1.1 設計仕様

●振幅の仕様

周波数選択型のフィルタの場合，一般に通過域（信号が減衰せず通過する周波数帯域）により，

(a) 低域通過フィルタ(LPF)
(b) 高域通過フィルタ(HPF)
(c) 帯域通過フィルタ(BPF)
(d) 帯域阻止フィルタ(BRF)

の四つに分類される．それぞれの振幅特性を**図5.1**に示す．

設計仕様は，**カットオフ周波数f_c，阻止域エッジ周波数f_a，通過域エッジ周波数f_p，通過域リプルA_c[dB]，阻止域減衰量A_a[dB]**などのパラメータとして与えられ，それらを満足するように設計が施される．

なお，通過域エッジ周波数f_pは，遷移帯域の中心周波数として定義され，カットオフ周波数f_cと阻止域エッジ周波数f_aで表される．FIRフィルタ設計では，周波数f_pまでを通過域として設計することに注意しておく．

●位相（群遅延）の仕様

一般にFIRフィルタは，データ伝送に使われることが多いので，直線位相特性とする場合が多い（コラムD参照）．直線位相フィルタの場合は，群遅延τ_gは次式で与えられるので(5.5節)，設計仕様で許容される遅延時間を満足しているかどうかフィルタ長Nを検討する必要がある．

$$\tau_g = (N-1)T/2 \quad \text{[sec]} \tag{5.2}$$

ただし，Tはサンプリング周期

しかしながら，音声や音響処理などで，フィルタの遅延時間を少なくしたい場合は，最小位相特性が望まれる場合もある．同じフィルタ長Nで直線位相と最小位相FIRフィルタを比較すると，最小位相のほうは通過域の遅延が大幅に減少する．

5.1.2 次数（フィルタ長）の推定

ここでは，最もよく使われる直線位相フィルタの場合について述べる．

伝達関数の次数とは，式(5.1)の多項式の最高次数のことであり$N-1$である．一方，インパルス応答$h(n)$の数Nは，**タップ数**あるいは**フィルタ長**と呼ぶ．

振幅仕様を満足するフィルタ長Nを正確に求めることはできないが，**図5.1**のパラメータから，以下に示す式を用いてNの推定値を求めることはできる．

――――＜公式5.1：フィルタ長Nの推定＞――――
(1) 窓関数設計法（カイザー窓）を用いる場合
① $\delta = \min(\delta_1, \delta_2)$
② $A_a = -20\log\delta$

③ $D = \begin{cases} 0.9222 & , A_a \leq 21 \\ \dfrac{A_a - 7.95}{14.36} & , A_a > 21 \end{cases}$

④ $N = \left[\left[\dfrac{f_s}{\Delta f} D + 1\right]\right]$ (5.3a)

ただし，$[[x]]$ は x より大きい最小の奇数を表す．
$[[3.1]] = 5$

(2) 等リプル近似設計法を用いた場合

$N = \left[\left[\dfrac{D}{B} - FB + 1\right]\right]$

ただし，

$\delta_1 = \dfrac{10^{A_c/20} - 1}{10^{A_c/20} + 1}$ ：通過域リプル

$\delta_2 = 10^{-A_a/20}$ ：阻止域リプル

f_s ：サンプリング周波数

$\Delta f = \begin{cases} |f_a - f_c| & : \text{LPF, HPF} \\ \min(|f_{c1} - f_{a1}|, |f_{a2} - f_{c2}|) & : \text{BPF, BRF} \end{cases}$

$B = \Delta f / f_s$

$D = [0.005309 (\log \delta_1)^2 + 0.07114 \log \delta_1 - 0.4761]$
　　$\log \delta_2 - [0.00266 (\log \delta_1)^2 + 0.5941 \log \delta_1 + 0.4278]$

$F = 0.51244 (\log \delta_1 - \log \delta_2) + 11.012$

(5.3b)

例題5.1　BPFのフィルタ長 N を求める

以下の仕様を満足する直線位相FIRフィルタのフィルタ長 N を求めてみよう．

サンプリング周波数：$f_s = 15$[kHz]
阻止域エッジ周波数：$f_{a1} = 3.0$[kHz]，$f_{a2} = 6.0$[kHz]
カットオフ周波数　：$f_{c1} = 3.3$[kHz]，$f_{c2} = 5.7$[kHz]
通過域リプル　　　：$A_c = 3$[dB]
阻止域減衰量　　　：$A_a = 26$[dB]

【解】
1. **窓関数法（カイザー窓）**

各パラメータは，仕様値より

$\delta_1 = \dfrac{10^{6/20} - 1}{10^{6/20} + 1} = 0.1710$

$\delta_2 = 10^{-26/20} = 0.05012$

$\delta = \min(\delta_1, \delta_2) = 0.05012$

$A_a = -20 \log \delta = 26$

$D = \dfrac{26 - 7.95}{14.36} = 1.257$

$\Delta f = \min(|3.3 - 3.0|, |6.0 - 5.7|) = 0.3$ [kHz]

したがって，

$N = \left[\left[\dfrac{15}{0.3} \times 1.257 + 1\right]\right] = 65$

2. **等リプル法**

式(5.3b)は，MATLABで remezord として提供されている．本コマンドを使用すると，$N = 54$ と求まる（実習5.3参照）．

このように，窓関数法に比べて等リプル設計法の方が，一般にフィルタ長が少なくなる．

なお，ここで求めたフィルタ長 N は，あくまでも推定値であるので仕様を満足しない可能性がある．このような場合は，仕様を満足するように N を増減させる必要がある．

5.2　窓関数法

さて，いよいよFIRフィルタの設計を始めることにしよう．まず，窓関数法と呼ばれる簡便で計算時間が短い設計法について検討してみよう．

5.2.1　理想フィルタのインパルス応答

●フィルタの周波数特性とインパルス応答

いま設計したいフィルタの振幅特性を $M(\omega)$，位相特性を $\theta(\omega)$ とすると周波数特性は，それらの極座標表示により次式で表される．

$H(e^{j\omega T}) = M(\omega) e^{j\theta(\omega)}$ (5.4)

定義2.2より，あるシステム（ここではフィルタ）の周波数特性 $H(e^{j\omega T})$ は，そのシステムのインパルス応答のフーリエ変換で与えられた．したがって，周波数応答からインパルス応答は，定義2.5の逆フーリエ変換で与えられる．

――― <公式5.2：インパルス応答> ―――

$h(n) = \dfrac{1}{\omega_s} \displaystyle\int_{-\omega_s/2}^{\omega_s/2} H(e^{j\omega T}) e^{j\omega nT} d\omega$ (5.5)

ただし $\omega_s = 2\pi / T$，T：サンプリング周期

●直線位相理想LPFのインパルス応答とその特徴

例題5.2　直線位相理想LPFのインパルス応答

図5.2(a)で示す周波数特性は，直線位相特性でかつ振幅特性が理想的に ω_p 以下で1，ω_p 以上でゼロに

[図 5.2] FIRフィルタ

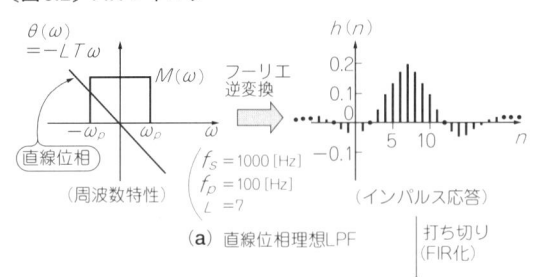

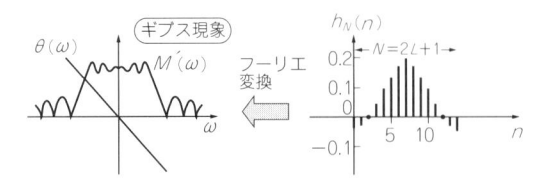

(a) 直線位相理想LPF

(b) インパルス応答打ち切りの影響

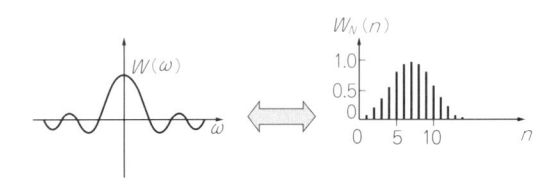

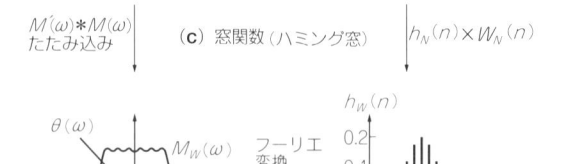

(c) 窓関数（ハミング窓）

(d) 窓関数法によるFIRフィルタ

なる理想LPFである．このシステムのインパルス応答を求めてみよう．

【解】

図より振幅特性 $M(\omega)$ が ω_p 以下で1，それ以外の周波数では0なので，周波数特性 $H(e^{j\omega T})$ は次式で表される．

$$H(e^{j\omega T}) = \begin{cases} 1 \cdot e^{-j\omega LT}, & |\omega| \leq \omega_p \\ 0, & |\omega| > \omega_p \end{cases} \quad (5.6)$$

式(5.5)より $H(e^{j\omega T})$ のインパルス応答は，

$$\begin{aligned} h(n) &= \frac{1}{\omega_s} \int_{-\omega_p}^{\omega_p} e^{-jL\omega T} \cdot e^{j\omega n T} d\omega \\ &= \frac{\omega_p T}{\pi} \cdot \frac{\sin(n-L)\omega_p T}{(n-L)\omega_p T} \\ &= 2f_p T S_a((n-L)\omega_p T) \end{aligned} \quad (5.7)$$

ただし，$S_a(x) = \dfrac{\sin x}{x}$ ；標本化関数

例題 5.3 インパルス応答の計算例

以下の仕様の直線位相理想LPFのインパルス応答 $h(n)$ を計算してみよう．

サンプリング周波数：$f_s = 1000 [\text{Hz}]$
通過域エッジ周波数：$f_p = 100 [\text{Hz}]$
規格化群遅延　　　：$L = 7$

【解】

仕様値より

$$\omega_p T = 2\pi f_p / f_s = 0.2\pi$$

であるので，$h(n)$ は，

$$h(n) = 0.2 \times \frac{\sin\{0.2 \times (n-7)\pi\}}{0.2 \times (n-7)\pi} \quad (5.8)$$

このインパルス応答 $h(n)$ を n に対してプロットすると図 5.2(a)となる．このように直線位相LPFのインパルス応答は，以下の特徴を有することがわかる．

・L（群遅延の値）を中心とする対称な数列
・時間 n が $-\infty \leq n \leq \infty$ となる無限数列

この特徴は，以下のHPF，BPF，BRFのインパルス応答も同様に有している．

●理想HPF，BPF，BRFのインパルス応答

例題5.2ではLPFについて考察したが，他の周波数選択形フィルタについても同様に式(5.7)に相当するインパルス応答が求められる．図5.1の振幅仕様における通過域エッジ周波数 f_p を式(5.5)に代入して積分を実行すれば，公式5.3のように求まる．

＜公式5.3：直線位相理想フィルタのインパルス応答＞

フィルタ種類	インパルス応答 $h(n), n = 0, 1, \cdots$
LPF	$2f_p T S_a((n-L)\omega_p T)$
HPF	$S_a((n-L)\pi) - 2f_p T S_a((n-L)\omega_p T)$
BPF	$2f_{p2} T S_a((n-L)\omega_{p2} T) - 2f_{p1} T S_a((n-L)\omega_{p1} T)$
BRF	$S_a((n-L)\pi) + 2f_{p1} T S_a((n-L)\omega_{p1} T) - 2f_{p2} T S_a((n-L)\omega_{p2} T)$

（ただし，$S_a(x) = \dfrac{\sin x}{x}$，$\omega = 2\pi f$，$L$：規格化群遅延）

(5.9)

公式5.3において，$(n-L) = 0$ の場合に $S_a(x)$ は計算不能になるので，$\lim_{x \to 0} |\sin(x)/x| = 1$ なる関係を利用する．$\sin(x)/x$ は標本化関数と呼ばれ，MATLABで関数 sinc としてサポートされている．

5.2.2 インパルス応答の有限化と窓関数

●インパルス応答の有限化とギブスの現象

例題5.2，例題5.3で図 5.2(a)の周波数特性を実現す

第5章 FIRフィルタの設計

〔図5.3〕実習5.1，実習5.2，実習5.3

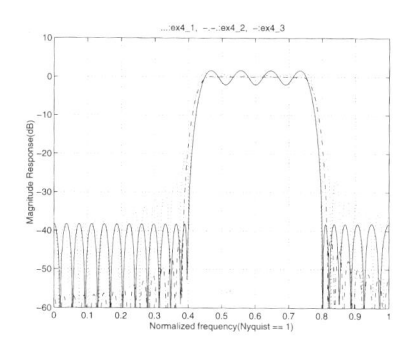

〔表5.1〕窓関数の種類と特徴

窓関数名	関数 $W_N(nT)$	特　徴
ハミング	$0.54 - 0.46\cos\left(\dfrac{2\pi n}{N-1}\right)$	阻止域減衰量は多くとれないが，遷移域幅を狭くでき，シャープにできる．
ブラックマン	$0.42 - 0.5\cos\left(\dfrac{2\pi n}{N-1}\right)$ $+ 0.08\left(\dfrac{4\pi n}{N-1}\right)$	阻止域減衰量は多くとれるが，遷移域幅が広がり，シャープさが失われる．
カイザー	$\dfrac{I_0\left[\alpha\sqrt{1-\left(\dfrac{2n}{N-1}\right)^2}\right]}{I_0[\alpha]}$	α により阻止域減衰量を連続的に変えられる．もっともよく使われている．

$0 \leq n \leq (N-1)/2$
$W(nT) = W((N-1-n)T),$
$\quad (N-1)/2 < n < N-1$

$\alpha = \begin{cases} 0, & A_a \leq 21 \\ 0.5842(A_a - 21)^{0.4} + 0.07886(A_a - 21), & 21 \leq A_a \leq 50 \\ 0.1102(A_a - 8.7), & A_a \geq 50 \end{cases}$

$I_0[x] \cong 1 + \displaystyle\sum_{m=1}^{M}\left(\dfrac{(X/2)^m}{m!}\right)^2$

M：15程度

るインパルス応答$h(n)$が式(5.8)であることがわかった．

しかしながら，図5.2(a)の周波数特性を完全に実現するためには$h(n)$は負の時間nにも存在しなければならず，物理的に実現不可能である．そこで，正の時間の$0 \leq n \leq N-1$だけに$h(n)$が存在すると仮定する．すなわち因果的なFIR (Finite Impulse Response) システムとするのである〔図5.2(b)〕．この場合，システムの伝達関数は式(5.1)で表されるようになる．

いま，時間L（規格化群遅延量）を中心とする対称性を維持して，$h(n)$を$n \geq 0$で有限長にすると，フィルタ長Nは次式となる．

　　直線位相フィルタのフィルタ長：$N = 2L + 1$　(5.10)

ところで，たんにFIR化すると図5.2(b)に示すようにカットオフ周波数付近の振幅特性にリプルが生じ，仕様を満足しなくなる．この劣化は，フーリエ級数のギブスの現象に相当する．

実習5.1	BPFのインパルス応答を求める
	M-file：`ex5_1.m`

例題5.1のBPFの仕様を直線位相FIRフィルタで設計したい．$N = 65$としてインパルス応答を求めてみよう．また，その周波数特性もプロットしてみよう．

インパルス応答は公式5.3で求められるが，これはMATLABでコマンド`fir1`または`fir2`として提供されている．インパルス応答の打ち切りは，`boxcar`により行う．また，`fir1`の引き数は次数$N-1$であり，`boxcar`の引き数はフィルタ長Nであることに注意．

　　　　　　　　　　＊

結果を図5.3の波線で示す．阻止域エッジ周波数$f_{a1} = 3.0$[kHz]，$f_{a2} = 6.0$[kHz]（$f_s = 2$とした規格化周波数で$f_{a1} = 0.44$，$f_{a2} = 0.76$）で26[dB]の減衰量となっていないはずである．Nを増やしてもう一度設計してみよう．減衰量が増えることを確認してほしい．

● 窓関数をインパルス応答にかける

インパルス応答の有限化による振幅特性の劣化を抑えるために，有限インパルス応答$h_N(n)$に，図5.2(c)に示したハミング窓と呼ばれる同じ長さNの窓関数$W_N(n)$を乗ずる操作を行い，新たなインパルス応答$h_W(n)$を求める．

――― ＜公式5.4＞ ―――

$h_W(n) = h_N(n) W_N(n)$ 　(5.11)

ただし，$N = 2L + 1$
$n = 0, 1, \cdots, N-1$

$h_N(n)$は$n = 0$と$N-1$でインパルス応答が比較的大きな値を有しているのに比べ，$h_W(n)$は小さな値であり不連続性の少ない全体的にスムーズな関数になるので，振幅特性のリプルが抑えられるのである．

実際，図5.2(b)のインパルス応答にハミング窓をかけて周波数特性を調べると図5.2(d)となり，通過域および阻止域のリプルが減少していることがわかる．

ハミング窓以外にも多くの窓関数が提案されており，代表的なものを表5.1に示しておく．

実習5.2	カイザー窓によるBPFの設計
	M-file：`ex5_2.m`

例題5.1の仕様のBPFを，カイザー窓を使った直線位相FIRフィルタで設計してみよう．フィルタ長は，実習5.1と同様に$N = 65$とする．

結果を図5.3の1点鎖線で示す．このように，イン

パルス応答を単純に打ち切った実習5.1の場合より阻止域減衰量が改善され、かつ仕様を満足していることがわかる．

　　　　　　　　　　＊

窓関数をかけてもリプルが大きくて仕様を満足していない場合は、他の窓関数を使用するか、フィルタ長を増減させる必要がある．

5.3 等リプル近似法

これまでの直線位相FIRフィルタの設計において、同じフィルタ長でも設計によっては阻止域減衰量や通過域リプルの値が異なることがわかった．そこで次のような疑問をもたれるであろう．リプルが最小になる設計法は？　また、仕様を満足する最小のフィルタ長は？

この疑問に答えるために、本節では、直線位相フィルタの振幅特性を所望特性に等リプル近似する手法について述べる．この設計法は、最大誤差が最小になる最適チェビシェフ近似を行っており、伝達関数の次数（フィルタ長）が最小になる．

設計法の開発者の名前を取り**Parks&McClellan法**、あるいは使用する近似アルゴリズムの名前を取り**Remez法**ともしばしば呼ばれている．MATLABでもコマンド remez として提供されている．

●直線位相FIRフィルタの振幅特性

等リプル近似法は、振幅特性の近似であるので、振幅項のみに着目する．

直線位相フィルタの伝達関数 $H(z)$ は、式(5.1)で表される．いま、$N-1$ を偶数として $h(n)$ の対称性を利用すると振幅特性は、5.5節で明らかになるように

$$M(\omega) = \sum_{n=0}^{(N-1)/2} \alpha(n) \cos \omega nT \quad (5.12)$$

ただし、

$$\alpha(n) = \begin{cases} h((N-1)/2), & n=0 \\ 2h((N-1)/2-n), & n \neq 0 \end{cases}$$

$(N-1)$ が奇数の場合の振幅特性も、式(5.12)と同様に $\cos \omega n$ の多項式で表現できる．

●等リプル近似と誤差関数

さて、設計仕様を図5.1のLPFとして、その所望特性 $D(\omega)$ を振幅特性 $M(\omega)$ で等リプル近似する方法を考える．この場合、重み付き誤差関数は、

$$E(\omega) = W(\omega)[D(\omega) - M(\omega)] \quad (5.13)$$

と表される．ここで、$W(\omega)$ は重み関数と呼ばれ正の定数であり、周波数 ω における近似度を左右するパラメータになっている．

図5.1のLPFの設計仕様の場合、通過域では $D(\omega)=1$、阻止域では $D(\omega)=0$ であるので、等リプル近似とするためには

通過域：$-\delta_1 \leq E(\omega) \leq \delta_1$

阻止域：$-\delta_2 \leq E(\omega) \leq \delta_2$

となるように設計しなければならない．ここではフィルタ長 N を指定して、δ_1, δ_2 の値そのものは指定せずに $\delta = \delta_1 = K\delta_2$ とリプル比率 K を指定し、δ を最小にする．すなわち等価的に δ_1, δ_2 を最小にするように設計する．そのため、式(5.13)において通過域では $W(\omega)=1$、阻止域では $W(\omega)=K(=\delta_2/\delta_1)$ と設定する．

●MiniMax近似

いま、指定された周波数区間 Ω で、式(5.13)で示した誤差 $|E(\omega)|$ の最大値

$$\varepsilon = \max |E(\omega)| \quad (5.14)$$

が最小となるように（**MiniMax近似**と呼ぶ）インパルス応答 $h(n)$ を設計する方法を考えることにする．

MinMax近似は**最適チェビシェフ近似**とも呼ばれ、以下で示すように等リプル近似となる．

●極値の数

ところで、等リプル近似を行う際に重要になるパラメータは、設計を行う周波数区間 $[0, \omega_s/2]$ に存在するリプルの**極値(extrema)** の数である．たとえば、図5.4(a)のような $M(\omega)$ の場合、極値の数は9である．

それでは、式(5.12)で表される次数が $(N-1)/2$ のフィルタの場合は、極値の数はどのようになるのであろうか？

そこで、$M(\omega)$ の微分値が極値でゼロになる（傾きがゼロなので）性質を利用して求めてみよう．まず、$\cos n\omega T$ が n 次の $\cos \omega T$ の多項式で表されることが知られているので、$M(\omega)$ を以下のように $(N-1)/2$ 次の多項式で書き換えてみる．

$$M(\omega) = \sum_{n=0}^{(N-1)/2} \alpha(n)(\cos \omega T)^n \quad (5.15)$$

この微分を取ると、次式となる．

$$\frac{dM(\omega)}{d\omega} = -T(\sin \omega T) \sum_{n=1}^{(N-1)/2} n\alpha(n)(\cos \omega T)^{n-1} \quad (5.16)$$

ここで、$dM(\omega)/d\omega = 0$ となる ω の解は、まず $\sin \omega T$ の項で $\omega = 0$ と $\omega_s/2$ の二つが存在する．さらに、$\cos$ の多項式においては、その最高次数が $(N-1)/2-1$ であるので最大で $(N-1)/2-1$ 個の異なった解が存在す

る．また，カットオフ周波数ω_cと阻止域エッジ周波数ω_pでも極値を取るので，最大で$(N-1)/2+3$個の極値を$M(\omega)$は有することになる．

●交番定理

さて，$(N-1)/2$次の余弦級数である$M(\omega)$が区間$\Omega=[0, \omega_s/2]$で所望関数$D(\omega)$に対して，式(5.14)のMinMax近似すなわち最適チェビシェフ近似となるための必要十分条件は，次の交番定理として知られている[1]．

――― 交番定理 ―――

(1) $M(\omega)$が区間$[0, \omega_s/2]$で少なくとも$(N-1)/2+2$回の極値を取ること．
極値の周波数を$\omega_0<\omega_1<\omega_2\cdots<\omega_{(N-1)/2+1}$とする．
(2) 隣り合う極値の符号が異なり（交番），かつすべての極値の絶対値は等しいこと．

したがって，交番定理を満足するように設計されると等リプルとなる．

図5.4に交番定理を満足するLPFの例を示す．図(a)，(b)の例は極値の数が$(N-1)/2+2$回の場合で，図(c)の場合は$\omega=0$，$\omega_s/2$どちらにも極値が存在し，極値の数が$(N-1)/2+3$と過剰リプルとなっている例である．いずれの場合も，先に検討したように極値の数は，最大個数の$(N-1)/2+3$以下となっている．

例題5.4　極値の数とフィルタ長

図5.4(a)～(c)は，交番定理を満足するように設計されたLPFである．フィルタ長を求めてみよう．

【解】

(a)，(b)：極値の数は9個で，過剰リプルを有していない．したがって，$(N-1)/2+2=9$，すなわち$N=15$である．

(c)：極値の数は10個であり，この場合は過剰リプルを有している．したがって，$(N-1)/2+3=10$となり，この場合も$N=15$である．

●Remezアルゴリズムと最適インパルス応答の求め方

さて，それでは交番定理を満足させるにはどのようにすればよいのであろうか？　この問題の強力な反復解法の一つとして，Remezアルゴリズムが知られている．

iを反復の回数として，以下のようになる．

[ステップ1]

$(N-1)/2+2$個の適当な周波数$\omega_k^{(i)}$を区間$\Omega[0, \omega_s/2]$

[図5.4] LPFの極値

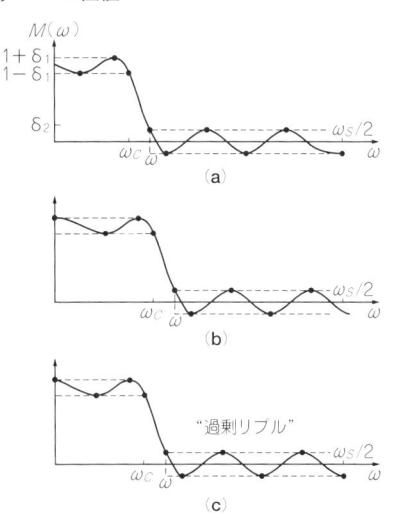

で設定し，交番定理(2)を満足するように式(5.13)の誤差$E[\omega_k^{(i)}]$の値を$\delta^{(i)}$として符号が交番するように設定する．

ついで設定した$(N-1)/2+2$個の誤差$E[\omega_k^{(i)}]$の連立方程式を，リプル$\delta^{(i)}$について解く．この$\delta^{(i)}$を用いて振幅特性の近似値$M^{(i)}(\omega)$をラグランジェ内挿公式により求める．

[ステップ2]

近似値$M^{(i)}(\omega)$において$E[\omega]>\delta^{(i)}$なる点があるならば$\omega_k^{(i)}$が極値点となっていないので，$E[\omega]$の極値点を求める．それらを新しい極値周波数$\omega_k^{(i+1)}$として，ステップ1に戻る．この反復を繰り返して極値点が動かなくなれば最適近似が得られたことになるので，ステップ3に進む．

[ステップ3]

最適近似特性$M^{(i)}(\omega)$を区間$[0, \omega_s]$で$(N-1)+1$個の等間隔周波数でサンプルしてIDFTを行う．得られたインパルス応答$\alpha(n)$を式(5.12)のただし文に基づいて式変形すると，最適インパルス応答$h(n)$が最終的に求まる．

ステップ1で連立方程式をインパルス応答$\alpha(n)$について直接解いて$M^{(i)}(\omega)$を求めることもできるが，多くの計算時間がかかるので$\delta^{(i)}$を用いてラグランジェ内挿公式により近似値を求めている[1]．

以上のステップにより，誤差$E[\omega]$と$\omega_k^{(i)}$がどのように変化するか図5.5に例を示しておく．

●プログラムリスト

ラグランジェ内挿公式の詳細や等リプル近似法のプ

〔図5.5〕Remezアルゴリズムによる$E(\omega)$の変化

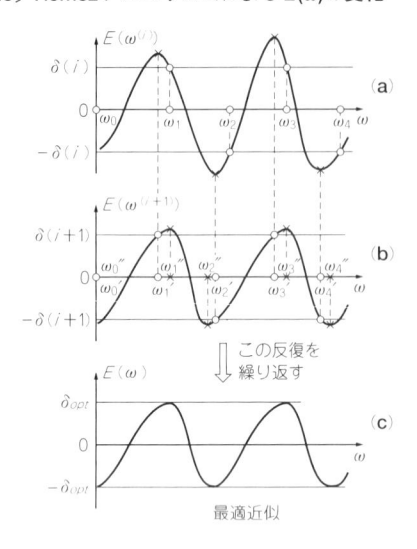

ログラムについては，参考文献(1)～(3)などを参照していただきたい．とくに参考文献(3)には，参考文献(1)を改良したプログラムが掲載されており，$N=1024$までの設計が可能であるので，Hi-fi Audio用など高い次数と精度のフィルタが必要とされる場合に有効である．

実習5.3	等リプル近似法によるBPFの設計
	M-file：ex5_3.m

例題5.1の仕様のBPFを，等リプル近似法を使った直線位相FIRフィルタで設計してみよう．

ヒント：フィルタ長は，公式5.1あるいはremezordにより決定する．$N=54$となる．

結果を図5.3の実線で示す．このように，実習5.1や実習5.2の窓関数法の場合より少ない次数にもかかわらず仕様を満足していることがわかる．

5.4 任意振幅特性の設計（MiniMax近似）

一般の周波数選択型のフィルタは，5.2節，5.3節で述べた手法で設計できる．しかしながら，ディジタル変調システムによく使用されるCosine Roll-Offフィルタなど任意の振幅特性は，どのように設計すればよいのであろうか？

そこで，任意の振幅特性を実現する線形計画法を用いた設計手法について検討してみよう．

● MiniMax近似

再び，式(5.13)で示した所望振幅特性$D(\omega)$と直線位相FIRフィルタ$M(\omega)$との誤差$E(\omega)$に対して，指定された周波数区間ΩにおけるMinMax近似〔式(5.14)〕を考える．

ここでは，$D(\omega)$は任意の振幅特性でよい．

● 線形計画法とは？

ここで，式(5.14)を実行するために線形計画法を用いることにする．

線形計画法とは，以下の線形な目的関数を線形制約条件のもとで最小化する変数xを求める問題の解法である．ただし，f_i，a_{ij}，b_iを定数とする．

目的関数；

$$\operatorname*{minimize}_{x_i \in x} \varepsilon = \sum_{j=1}^{N} f_j x_j \tag{5.17}$$

制約条件；

$$\sum_{j=1}^{N} a_{ij} x_j \leq b_i, \quad i=1, 2, \cdots, M (M \leq N) \tag{5.18}$$

MATLABでこの線形計画問題を解く場合は，$x = \mathrm{lp}(\boldsymbol{f}, \boldsymbol{A}, \boldsymbol{b})$とする．ただし，

$$\boldsymbol{x} = (x_1\ x_2\ \cdots\ x_N)^T \tag{5.19a}$$

$$\boldsymbol{f} = (f_1\ f_2\ \cdots\ f_N)^T \tag{5.19b}$$

$$\boldsymbol{A} = \begin{pmatrix} a_{11} & a_{12} & \cdots & a_{1N} \\ a_{21} & a_{22} & \cdots & a_{2N} \\ \vdots & \vdots & a_{ij} & \vdots \\ a_{M1} & a_{M2} & \cdots & a_{MN} \end{pmatrix} \tag{5.19c}$$

$$\boldsymbol{b} = (b_1\ b_2\ \cdots\ b_M)^T \tag{5.19d}$$

である．

● 線形計画法の適用

では，この線形計画法を式(5.14)に適用してみよう．

まず制約条件は，$|E(\omega)|$の最大値をQとおいて式(5.14)を書き換えると，

$$-Q < D(\omega) - M(\omega) < Q \tag{5.20}$$

となる．ここで，式(5.12)のただし文より，$M(\omega)$は次のように変形できる．$N-1$の値は，偶数である．

$$M(\omega) = \sum_{n=0}^{M-1} 2h(n)\cos[\omega(n-M)] + h(M) \tag{5.21}$$

これを式(5.20)に代入し，周波数ω_iで評価すると，

$$-\sum_{n=0}^{M-1} 2h(n)\cos[\omega_i(n-M)] - h(M) - Q < -D(\omega_i)$$

$$\sum_{n=0}^{M-1} 2h(n)\cos[\omega_i(n-M)] + h(M) - Q < D(\omega_i) \tag{5.22}$$

となる．ここで，上式を周波数区間Ωの範囲でω_iを

第5章 FIRフィルタの設計

十分細かく分割して，$2P$個の制約条件とする．これを行列表現すると，

$$\overbrace{\begin{pmatrix} -2\cos[\omega_0(-M)] & \cdots & -2\cos[\omega_0(-1)] & -1 & -1 \\ -2\cos[\omega_1(-M)] & \cdots & -2\cos[\omega_1(-1)] & -1 & -1 \\ \vdots & & \vdots & \vdots & \vdots \\ -2\cos[\omega_{P-1}(-M)] & \cdots & -2\cos[\omega_{P-1}(-1)] & -1 & -1 \end{pmatrix}}^{-A} \overbrace{\begin{pmatrix} h(0) \\ \vdots \\ h(M) \\ Q \end{pmatrix}}^{del} < \overbrace{\begin{pmatrix} -D(\omega_0) \\ -D(\omega_1) \\ \vdots \\ -D(\omega_{P-1}) \end{pmatrix}}^{-y}$$

$$\overbrace{\begin{pmatrix} 2\cos[\omega_0(-M)] & \cdots & 2\cos[\omega_0(-1)] & 1 & -1 \\ 2\cos[\omega_1(-M)] & \cdots & 2\cos[\omega_1(-1)] & 1 & -1 \\ \vdots & & \vdots & \vdots & \vdots \\ 2\cos[\omega_{P-1}(-M)] & \cdots & 2\cos[\omega_{P-1}(-1)] & 1 & -1 \end{pmatrix}}^{A} \overbrace{\begin{pmatrix} h(0) \\ \vdots \\ h(M) \\ Q \end{pmatrix}}^{del} < \overbrace{\begin{pmatrix} D(\omega_0) \\ D(\omega_1) \\ \vdots \\ D(\omega_{P-1}) \end{pmatrix}}^{y}$$

(5.23)

で，次に目的関数 ε は，以下のように行列表現できる．

$$\varepsilon = \overbrace{(0\ 0\ \cdots\cdots\ 0\ 1)}^{f} \begin{pmatrix} h(0) \\ h(1) \\ \vdots \\ h(M) \\ Q \end{pmatrix} \quad (5.24)$$

● 時間領域の制約（インパルス応答，ステップ応答の制約）

線形計画法の不等式制約条件を使うと，フィルタの時間応答の制約が可能となる．

たとえば，ステップ応答 $g(n)$ について，

$$-\delta \leq g(n) = \sum_{m=0}^{n} h(m) \leq \delta \quad (5.25)$$

とすると，$g(n)$ のリンギングを δ 以下に制約できる．

一方，線形計画法では等式条件の制約式も扱うことができるので，あるインパルス応答の値を任意の定数と制約することも可能である．

たとえば式（5.14）の最小化において $h(0)$ と $h(M-1)$ をゼロに固定化する場合，

$$\overbrace{\begin{pmatrix} 1 & 0 & \cdots & 0 & 0 & 0 \\ 0 & 0 & \cdots & 1 & 0 & 0 \end{pmatrix}}^{S_1} \begin{pmatrix} h(0) \\ \vdots \\ h(M\pm 1) \\ h(M) \\ Q \end{pmatrix} = \overbrace{\begin{pmatrix} 0 \\ 0 \end{pmatrix}}^{y-1} \quad (5.26)$$

と行列表現できる．

● MATLABによる解法

MATLABでこの等式制約条件付きの線形計画問題を解く場合は，

`x=lp(f,Apr,Ypr,[],[],[],neqcstr)`

とする．ただし，Aprは式（5.19）の行列 A の第1行に，Yprはベクトル b の第一要素に，それぞれ上の等式制約条件を追加したものである．また，引き数の中の三つの[]は，それぞれxの上限，下限，初期値を記述する．最後のneqcstrは，等式制約条件の数である．

式（5.14）の最小化問題の場合，式（5.23），式（5.24）および式（5.26）より，各行列とパラメータは以下のように設定する．

$$\text{Apr} = \begin{pmatrix} S1 & \text{del} \\ A & \text{del} \\ -A & \text{del} \end{pmatrix}, \quad \text{Ypr} = \begin{pmatrix} y-1 \\ y \\ -y \end{pmatrix}$$

$$\text{f} = \underbrace{(0\ 0\ \cdots\ 0\ 1)}_{M+2\text{個}}, \quad \text{neqcstr} = 2$$

(5.27)

実習5.4	Cosine Roll-Off Filterの設計
	M-file：ex5_4.m

Cosine Roll-Off Filter は，ディジタル変調に使われる帯域制限LPFであり，ナイキストの第一基準からその振幅特性とインパルス応答は，以下のように厳しく定められている．

振幅特性：

$$D(\omega) = \begin{cases} 1, & 0 \leq \omega \leq \omega_c(1-\alpha) \\ 0.5\{1 - \sin\frac{\pi}{2\alpha\omega_c}(\omega - \omega_c)\}, & \omega_c(1-\alpha) < \omega \leq \omega_c(1+\alpha) \\ 0 & \omega_c(1+\alpha) < \omega \leq \pi \end{cases}$$

(5.28)

インパルス応答：

$$h(n) = 0 \text{ for } n = \frac{N-1}{2} - T_b i$$
$$i : \pm 1, \pm 2 \cdots \quad (5.29)$$

本フィルタのインパルス応答を，線形計画法により求めてみよう．ただし，$N=19$，ロールオフ率 $\alpha=0.5$，シンボルレート $T_b=4$ とする．

*

設計された線形位相フィルタのインパルス応答 $h(n)$ を図5.6(a)に示す．また，同図(b)に所望特性 $D(\omega)$ を実線で，得られた $h(n)$ の振幅特性を波線で示す．このように T_b ごとに $h(n)$ がゼロに制約され，かつ周波数特性も良好に近似が行われている．

● 線形計画法を用いた設計法の利点

任意の振幅特性は，最小自乗近似（firls）や等リプル近似法（remez）でも原理的には設計可能であるが，どちらも時間領域の制約ができない．また，特に前者は近似精度が良好でない．

これらに比べて，線形計画法を用いた設計法は，時間領域の制約条件付きの任意振幅特性を精度良く設計できる利点を有している．さらに，線形計画法を用いると，振幅特性ばかりでなく振幅と位相の同時近似も可能である［参考文献(4)］．

［図5.6］実習5.4　Cosine Roll-Off Filter

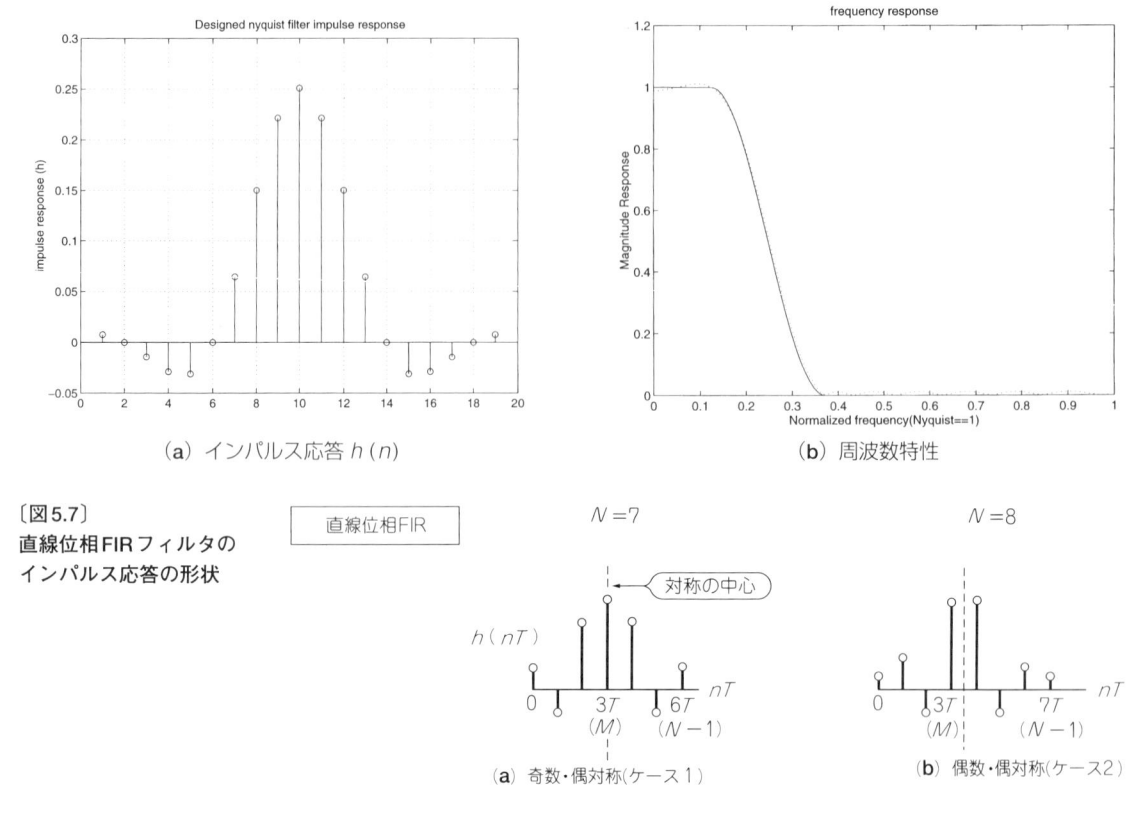

（a）インパルス応答 $h(n)$

（b）周波数特性

［図5.7］
直線位相FIRフィルタの
インパルス応答の形状

（a）奇数・偶対称（ケース1）

（b）偶数・偶対称（ケース2）

（c）奇数・奇対称（ケース3）

（d）偶数・奇対称（ケース4）

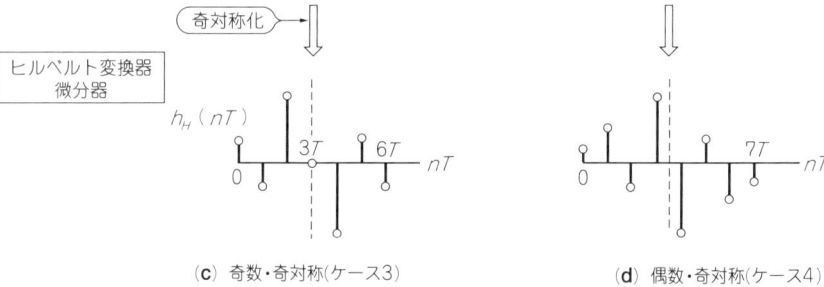

5.5　直線位相FIRフィルタの性質とその応用

これまで直線位相FIRフィルタの設計を行ってきたが，ここでは直線位相FIRフィルタの性質について調べることにしよう．こうした性質を検討することにより，FIRフィルタの応用範囲を広げることが可能となり，また設計の重要な指針にもなる．

5.5.1　インパルス応答の形状と周波数特性

●インパルス応答の形状

これまでの例題・実習における直線位相FIRフィルタのインパルス応答は，中心対称であった．中心対称なインパルス応答の形状は，フィルタ長Nの偶奇により，図5.7に示すように四つのケースがある．いずれのケースでも直線位相となるが，それぞれ異なった周波数特性上の性質を有する．

●直線位相FIRフィルタ周波数特性

ここで，例としてケース2のインパルス応答をもつFIRフィルタの周波数特性を求めてみよう．

［ケース2の周波数特性］

インパルス応答が偶対称であるので，$h(nT)$について次の関係が成立する．

$$h(nT) = h\{(N-1-n)T\}, n = 0, 1, 2, \cdots (N/2)-1 \tag{5.30}$$

一方，式(5.30)の伝達関数$H(z)$を，インパルス応答

第5章 FIRフィルタの設計

[表5.2]
直線位相FIRフィルタのインパルス応答と周波数応答

$h(nT)$		N	$H(e^{j\omega T})$	設計可能なフィルタ・タイプ
偶対称	ケース1	奇数	$e^{-j\omega(N-1)T/2}\sum_{k=0}^{(N-1)/2}\alpha_k\cos\omega kT$	すべてOK
	ケース2	偶数	$e^{-j\omega(N-1)T/2}\sum_{k=1}^{N/2}\beta_k\cos\{\omega(k-1/2)T\}$	LPF, BPF
奇対称	ケース3	奇数	$e^{j\{-\omega(N-1)T/2+\pi/2\}}\sum_{k=0}^{(N-1)/2}\alpha_k\sin\omega kT$	BPFのみ
	ケース4	偶数	$e^{j\{-\omega(N-1)T/2+\pi/2\}}\sum_{k=1}^{N/2}\beta_k\sin\{\omega(k-1/2)T\}$	HPF, BPF

位相項 $\theta(\omega)$　　振幅項 $M(\omega)$

ただし，$\alpha_0 = h\left\{\dfrac{(N-1)T}{2}\right\}$，$\alpha_k = 2h\left\{\left(\dfrac{N-1}{2}-k\right)T\right\}$，$\beta_k = 2h\left\{\left(\dfrac{N}{2}-k\right)T\right\}$

の中心で分割して次式のように変形しておく．

$$H(z) = \sum_{n=0}^{(N/2)-1}h(nT)z^{-n} + \sum_{n=N/2}^{N-1}h(nT)z^{-n}$$
$$= \sum_{n=0}^{(N/2)-1}h(nT)z^{-n} + \sum_{n=0}^{(N/2)-1}h\{(N-1-n)T\}z^{-(N-1-n)} \quad (5.31)$$

上式の右辺第二項に式(5.30)を代入すると，

$$H(z) = \sum_{n=0}^{(N/2)-1}h(nT)[z^{-n}+z^{-(N-1-n)}] \quad (5.32)$$

となる．そして，式(5.32)において，$z^{-(N-1)/2}$をくくり出すと，

$$H(z) = z^{-(N-1)/2}\sum_{n=0}^{(N/2)-1}h(nT)[z^{-n}z^{(N-1)/2}+z^{-(N-1)/2}z^n] \quad (5.33)$$

という式になる．上式の周波数特性を調べるために$z = e^{j\omega T}$を代入し，さらに$n = N/2-k$とおくと次式を得る．

$$H(e^{j\omega T}) = e^{-j\omega(N-1)T/2}\sum_{n=0}^{(N/2)-1}h(nT)\{e^{-j\omega nT}e^{j\omega(N-1)T/2}+e^{-j\omega(N-1)T/2}e^{j\omega nT}\}$$
$$= e^{-j\omega(N-1)T/2}\sum_{k=1}^{N/2}h\{(N/2-k)T\}\{e^{j\omega(k-1/2)T}+e^{-j\omega(k-1/2)T}\}$$
$$= e^{-j\omega(N-1)T/2}\sum_{k=1}^{N/2}\beta(kT)\cos\{\omega(k-1/2)T\} \quad (5.34)$$

ただし，$\beta(kT) = 2h\{(N/2-k)T\}$

式(5.34)よりケース2の直線位相FIRフィルタは，
振幅特性：

$$M(\omega) = \sum_{k=1}^{N/2}\beta(kT)\cos\{\omega(k-1/2)T\} \quad (5.35)$$

位相特性：

$$\theta(\omega) = -\omega(N-1)T/2 \quad (5.36)$$

となる．このように，インパルス応答が中心対称であれば，位相特性が直線位相となることがわかる．

他の三つのケースの場合も，同様に周波数特性を求めることができ，表5.2に示すように，いずれの場合

[図5.8] ヒルベルト変換器を用いた90°移相器

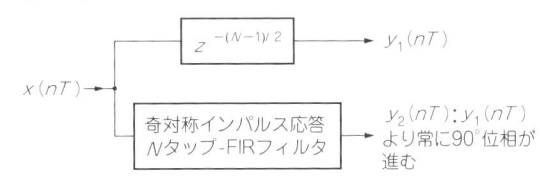

も直線位相となる．

●振幅特性の特徴と設計上の注意点

たとえばケース2の場合，$f = f_s/2$すなわち$\omega T = \pi$のとき，式(5.35)の振幅特性は$M(\omega) = 0$となる．このことは，本質的にケース2ではHPFが設計できないことを意味している．

ケース1はすべてのフィルタタイプが設計可能だが，ケース3とケース4にはやはり制約がある．設計可能なフィルタタイプをまとめて表5.2に示しておく．

●ヒルベルト変換

表5.2において，ケース3，ケース4の奇対称インパルス応答の位相特性は，直線位相に$\pi/2$[rad]だけ付加されている．そこで，図5.8の回路を考えると，出力$y_1(nT)$に対し$y_2(nT)$は位相が常に$\pi/2$，すなわち90°進んだ信号となる．本回路はヒルベルト変換器(Hilbert transform)と呼ばれ，振幅特性を理想的に1とした伝達関数は次式で与えられる．

$$H(e^{j\omega T}) = \begin{cases} -j, & \omega > 0 \\ j, & \omega < 0 \end{cases} \quad (5.37)$$

この複素出力$y_1(nT) + jy_2(nT)$は解析信号と呼ばれ，$\omega_s/2 \leq \omega < \omega_s$でゼロとなる．このように，ケース3，ケース4の直線位相FIRフィルタを用いると90°移相器(解析信号発生器)が簡単に構成でき，SSB変調回路などに応用できる．

●微分器

一方，ケース3，ケース4の奇対称インパルス応答

[図5.9] 直線位相FIRフィルタの零点配置

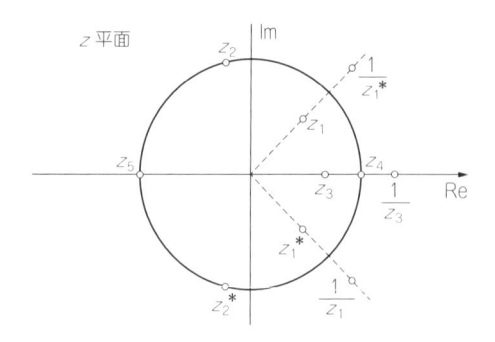

[図5.10] 最小位相フィルタと直線位相フィルタの零点配置

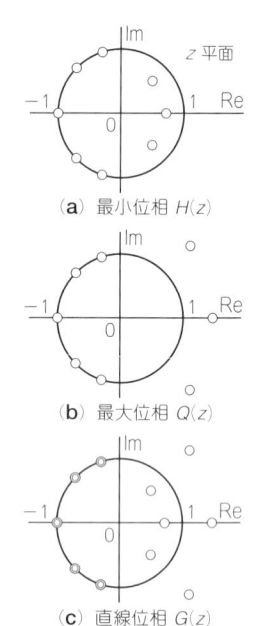

(a) 最小位相 $H(z)$

(b) 最大位相 $Q(z)$

(c) 直線位相 $G(z)$

を用いて振幅特性 $|H(\omega)|=\omega$ と近似すると，つぎの伝達関数を有する微分器が実現できる．

$$H(e^{j\omega T}) = j\omega \tag{5.38}$$

5.5.2 零点配置

つぎに，直線位相FIRフィルタの伝達関数の零点について調べてみよう．

上で吟味したように，システムが直線位相となるためには，そのインパルス応答は，$h(n)=\pm h(N-1-n)$ でなければならない（＋は偶対称，−は奇対称）．この性質を伝達関数式(5.1)に代入して整理すると，次式を得る．

$$\begin{aligned}H(z) = z^{-(N-1)/2} \{ &h(0)[z^{(N-1)/2} \pm z^{-(N-1)/2}] \\ &+ h(1)[z^{(N-3)/2} \pm z^{-(N-3)/2}] \\ &+ h(2)[z^{(N-5)/2} \pm z^{-(N-5)/2}] + \cdots \}\end{aligned} \tag{5.39}$$

上式において，$z \to z^{-1}$ と置換すると，

$$H(z^{-1}) = \pm z^{(N-1)} H(z) \tag{5.40}$$

となる．この性質は，$H(z)$ の零点の一つを $z_k = r_k \exp(j\psi_k)$ と表すと，$z_k^{-1}=1/r_k \exp(-j\psi_k)$ も零点であることを示している．一方，$1/z_k^*$ を z_k の**鏡像零点**と呼ぶ．

こうした零点を z 平面上で表すと，実係数直線位相フィルタとなるためには図5.9に示す4種類の組み合わせが考えられる．

(1) 単位円内外鏡像共役零点 $|z_1, z_1^*, 1/z_1, 1/z_1^*|$
(2) 単位円上複素共役零点 $|z_2, z_2^*|$
(3) 単位円に対して鏡像な実零点 $|z_3, 1/z_3|$
(4) 単位円上の零点 $|z_4, z_5|$

たとえば(2)の零点対で構成される伝達関数 $H_2(z)$ は，

$$\begin{aligned}H_2(z) &= (1-z^{-1}e^{j\psi_2})(1-z^{-1}e^{-j\psi_2}) \\ &= 1 - 2\cos\psi_2 z^{-1} + z^{-2}\end{aligned} \tag{5.41}$$

となり，確かにインパルス応答が中心対称となり直線位相になっていることがわかる．その他の零点対の場合も，直線位相になっていることを確認してみよう．

5.6 最小位相FIRフィルタの設計

直線位相フィルタは，忠実な波形伝送が可能なので，データ伝送システムに最適であるが（コラムB），遅延が多いので音声処理システムには不向きである．

そこで，遅延が最小となる最小位相フィルタの設計について，以下に具体的に説明する．

●最小位相となる零点配置

システムが最小位相となるためには，**図5.10(a)** に示すように伝達関数の零点がすべて単位円内に存在する必要がある（コラムF，p.73）．

●直線位相システムの零点分解

いま，最小位相システムの伝達関数を次式と置く．

$$H(z) = \sum_{n=0}^{N-1} a(n) z^{-n} \tag{5.42}$$

ここで，$H(z)$ の係数を z の次数に対して逆順にした伝達関数，

$$\begin{aligned}Q(z) &= \sum_{n=0}^{N-1} a(N-1-n) z^{-n} \\ &= z^{-(N-1)} H(z^{-1})\end{aligned} \tag{5.43}$$

を作ると，$z \to z^{-1}$ より $Q(z)$ の零点は，**図5.10(b)** に示すように $H(z)$ の鏡像になることがわかる．

〔図5.11〕最小位相フィルタの設計手順

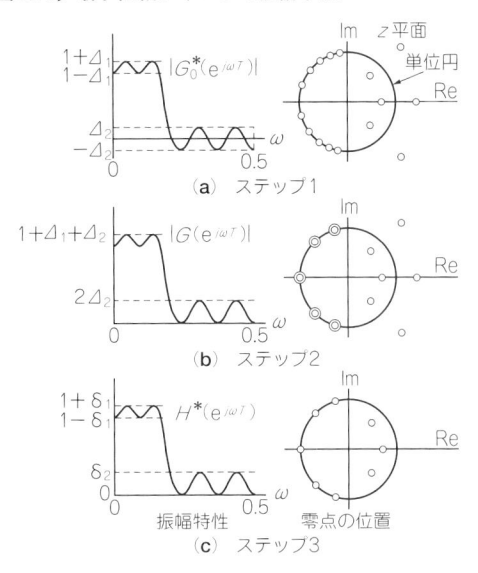

(a) ステップ1
(b) ステップ2
(c) ステップ3 振幅特性／零点の位置

〔図5.12〕実習5.5 最小位相フィルタ

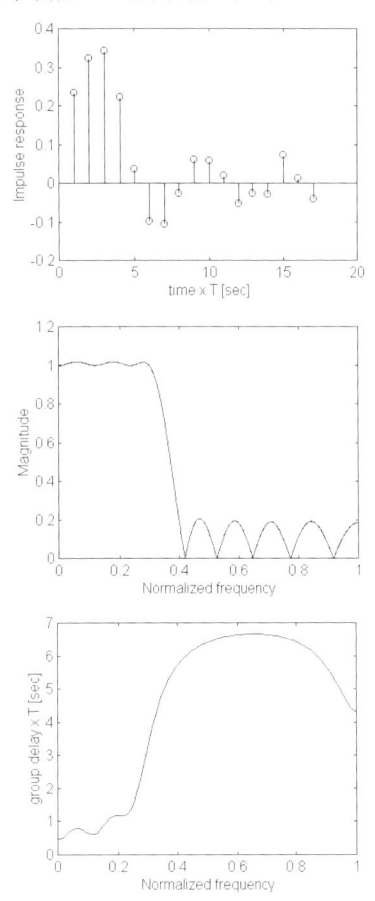

そこで$G(z)=H(z)Q(z)$を作ると，その零点は図(c)となり鏡像共役零点と二重単位円上零点より構成される．これは，ちょうど図5.9の直線位相システムの零点配置となっている．

したがって，二重単位円上零点を有する直線位相フィルタが設計できるならば，図(c)の零点を図(b)のように分離すれば最小位相フィルタが得られることが理解できる．

●等リプル近似法に基づく最小位相LPFの設計手順

以下に，二重単位円上零点を有する直線位相フィルタの設計を含めた，最小位相LPFの具体的な設計手順を示す．リストex5_5.mを参照のこと．

[ステップ1]

奇数フィルタ長Nの直線位相フィルタ$G_0(z)$を等リプル法（remez）により設計する．$G_0(z)$のインパルス応答を$g_0(n)$としておく〔図5.11(a)〕．

[ステップ2]

$G_0(z)$の阻止域リプル値Δ_2を求め，$g(n)=g_0(n)+\Delta_2$として，阻止域の底上げを行い，$G(z)$を求める．この底上げにより二重単位円上零点が生じる〔図5.11(b)〕．

[ステップ3]

$G(z)$を因数分解して，最小位相になる零点を分離し，$H(z)$を求める〔図5.11(c)〕．

実習5.5	最小位相FIRフィルタの設計
	M-file：ex5_5.m

$N=33$，通過域エッジ周波数$f_p=0.3$，阻止域エッジ周波数$f_a=0.4$として，最小位相LPFを設計してみよう．サンプリング周波数$f_s=1/T=2$[Hz]である．

M-fileでは，零点の分離やインパルス応答の変化がわかるようになっているので，設計手順が具体的に理解できるであろう．得られたインパルス応答と周波数特性を図5.12に示しておく．

$N=33$の場合，直線位相ならば群遅延は$16T$[sec]となるが，最小位相フィルタの場合は，通過域では$2T$[sec]以下とかなり低減されていることがわかる．

＊

本章はFIRフィルタの設計法を具体的に示した．特に，従来のテキストでは具体的に示されていなかった任意振幅特性の設計や最小位相フィルタの設計を，MATLABリストとともに示したので実用性は高いと考えている．

次章では，IIRフィルタと位相回路（全域通過回路）の設計を行う．

参考文献
(1) J.H.McClellan, T.W.Parks and L.R.Rabiner, "A Computer Program for Designing Optimum FIR Linear Phase Filters", IEEE Trans. Audio Electro., vol.-21, pp.506-526, (Dec.1973).
(2) 三谷政昭；ディジタルフィルタデザイン，昭晃堂.
(3) D.F.Elliott, 「Handbook of Digital Signal Processing」, Academic Press.
(4) 尾知 博，神林紀嘉；複素係数FIRディジタルフィルタの振幅・位相同時近似，電子情報通信学会論文誌A, Vol.J71-A, No.3, pp.664-670, 1988/7.

章末問題

問題5.1
理想フィルタのインパルス応答が，公式5.3で示されることを示せ(LPF以外)．例題5.2参照．

問題5.2
ケース1，3，4のインパルス応答を有する直線位相FIRフィルタについて，**表**5.2で示された周波数特性で表されることを示し，それぞれ直線位相となることを確認しなさい．

問題5.3 周波数特性の最小自乗近似
ある周波数特性$H_d(j\omega)$を実現する線形時不変システムの無限長インパルス応答を$h_d(n)$とする．一方，$h_d(n)$を長さNで有限長にしたインパルス応答を$h(n)$とし，その周波数特性を$H(j\omega)$とする．ここで，$H(j\omega)$は以下の周波数領域自乗誤差εを最小にする．すなわち$H_d(j\omega)$の最小自乗近似となっていることを示せ．

$$\varepsilon = \frac{1}{\omega_s}\int_{-\omega_s/2}^{\omega_s/2}\left|H_d(j\omega)-H(j\omega)\right|^2 d\omega \quad (Q5.3)$$

ヒント：パーセバルの定理を利用する．

問題5.4
いま通過域エッジ周波数がf_p[Hz]のLPFのインパルス応答$h(n)$が与えられているとする．阻止域エッジ周波数f_aをf_pとするHPFのインパルス応答を$h(n)$で表せ．

問題5.5 MATLAB演習
窓関数法において，ハミング窓を用いてフィルタ長$N=21$のHPFを設計しなさい．また，$N=31$として，阻止域減衰量を比較しなさい．カットオフ周波数，$f_c=2$[kHz]，サンプリング周波数$f_s=10$[kHz]とする．

問題5.6 MATLAB演習
窓関数法において，ハミング窓を用いてフィルタ長$N=21$のBPFを設計しなさい．また，$N=31$として，阻止域減衰量を比較しなさい．
カットオフ周波数$f_{c1}=2$[kHz]，$f_{c2}=3$[kHz]，サンプリング周波数$f_s=10$[kHz]とする．

問題5.7 MATLAB演習
問題5.5および問題5.6について，矩形窓，ブラックマン窓を用いて設計しなさい．
また，設計結果より遷移域(カットオフ周波数から阻止域エッジ周波数までの帯域)が最も狭くシャープになる窓関数，および阻止域減衰量が最も大きくとれる窓関数はどれかを比較検討しなさい．

問題5.8 MATLAB演習
問題5.5についてカイザー窓を用いて設計しなさい．ただし，阻止域減衰量を-50[dB]とする．

問題5.9 MATLAB演習
問題5.5についてRemez法を用いて設計しなさい．ただし，阻止域エッジ周波数$f_a=3$[kHz]とする．

問題5.10 MATLAB演習
ケース3，ケース4の直線位相FIRフィルタを用いると，**図**5.8で示すヒルベルト変換と呼ばれる$x_d(n)$と$x_h(n)$の位相差が$\pi/2$となるシステムが構築できる．次のMATLABリストを実行し，この性質を確認しなさい．

```
% 問題5.10 %
% Design of FIR Hilbert transformer%
h=remez(20,[0.05 0.95],[1 1],'Hilbert');
figure
freqz(h,1)
% Realization%
Fs=1000; % sampling frequency %
n=(0:1/Fs:2)'; % two second time vector %
x=sin(2*pi*70*n); % 70Hz sine wave %
xh = filter(h,1,x); % Hilbert transform of x %
figure
xd=[zeros(10,1); x(1:length(x)-10)];
                        % 10 sample delay%
plot(n(1:100), xd(1:100)), hold on
plot(n(1:100), xh(1:100),':'), hold off
xlabel('[sec]');
```

問題5.11 MATLAB演習
問題5.10において，まず入力信号$x(n)$の周波数スペ

クトル $X(j\omega)$ をFFTにより観測しなさい．次に，解析信号 $x_a(n)=x_d(n)+jx_h(n)$ を作り，FFTによりその周波数スペクトル $X_a(j\omega)$ が周波数区間 $[0 \sim f_s/2]$ で $X(j\omega)$ と等しく，周波数区間 $[f_s/2 \sim f_s]$ でゼロになることを確認しなさい．

問題5.12
問題5.11において，周波数スペクトル $X_a(j\omega)$ が周波数区間 $[0 \sim f_s/2]$ で $X(j\omega)$ と等しく，周波数区間 $[f_s/2 \sim f_s]$ でゼロになる理由を数式を使って説明しなさい．

問題5.13 MATLAB演習
以下のMATLABリストで得られるFIRフィルタは微分回路であり，$H(j\omega)=j\omega$ なる伝達特性を有する．リストを実行し，この性質を確認しなさい．また，インパルス応答 $h(n)$ が，奇対称となることも確認しなさい．

```
%  問題 5.13  %
Fs=1000; % sampling frequency %
h=remez(21,[0 1],[0 pi/Fs],'d');
                %   Differentiator design %
H=abs(fft(h,256));
figure(1)
plot(H(1:128))
figure(2)
stem(h);
```

問題5.14 MATLAB演習
実習5.5の最小位相FIRフィルタの設計において，$N=55$ として設計し，振幅特性を $N=33$ の場合と比較検討しなさい．

第6章 IIRフィルタの設計

第2部 ディジタルフィルタの設計・実現・最適化

　前章のFIRフィルタの設計においては，所望周波数特性を実現するインパルス応答がそのまま回路の乗算器係数であった．しかしながらIIRフィルタの場合は，インパルス応答の値が回路係数とならない．それではどのように係数を設計するのであろうか？　まず，伝達関数の次数の決定から考えていくことにする．

6.1　IIRフィルタの特徴と次数決定

6.1.1　IIRフィルタの特徴

●伝達関数と回路

N次IIRフィルタの伝達関数は，

$$H(z) = \frac{B(z)}{A(z)} = \frac{b(0) + b(1)z^{-1} + \cdots + b(N)z^{-N}}{a(0) + a(1)z^{-1} + \cdots + a(N)z^{-N}}$$

$$a = [a(0)\ a(1)\ \cdots\ a(N)]$$
$$b = [b(0)\ b(1)\ \cdots\ b(N)]$$

ただし，$a(0) = 1$　　　(6.1)

と表される．

　図6.1に2次IIRフィルタの回路〔バイクワッド回路（Biquad）と呼ぶ〕を示す．このように，IIRフィルタは，フィードバック回路が存在するのでインパルス応答が無限長になる．高次の伝達関数は，バイクワッドを縦続あるいは並列に接続して実現する方法が一般的である．

〔図6.1〕2次IIRフィルタ（バイクワッド）

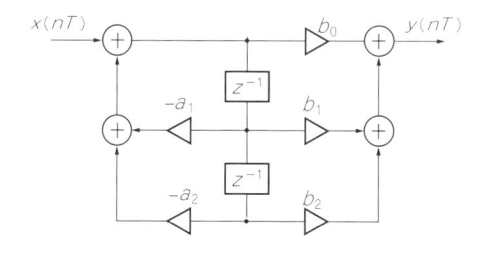

●IIRフィルタの周波数特性

　IIRフィルタの周波数特性は，次の3種類がある．
(1) 周波数選択型：特定の帯域のみ通過．最小位相
(2) 任意振幅位相特性：たとえばマルチバンドなど
(3) 全域通過型：任意の位相特性．振幅は全帯域で1
　　（位相補正回路として使用される）

●周波数選択型フィルタの振幅特性と特徴

　一般に多用される周波数選択型フィルタの振幅特性は，通過域と阻止域にリプルが存在するかしないかによって，以下の5種類のタイプに分類される．リプルの大きさは，通過域/阻止域内では等しい（等リプル）．それぞれのタイプに対して設計法が確立されており，6.2節で検討する．

　・バタワース（最大平坦）　　――図6.2(a)
　・チェビシェフ（タイプⅠ）　――図6.2(b)
　・逆チェビシェフ（タイプⅡ）――図6.2(c)
　・連立チェビシェフ　　　　　――図6.2(d)

　図6.2を見てわかるように，振幅特性の形状により群遅延が増減するのでフィルタタイプの選択の際には注意が必要である．表6.1に選択に関する指針を与えておく．

6.1.2　IIRフィルタとFIRフィルタの選択

　IIRとFIRフィルタの利点，欠点を加味すると，IIRフィルタとFIRフィルタを選択する指針は大まかに以下のようになる．
●安定性および群遅延の平坦性を望む場合，またはリミットサイクル発振（コラムG）を完全に避けたい場合はFIRを選ぶべきである．
●一方，群遅延歪みが生じてもよい場合で，ハードウェア量を低く抑えたい場合やシステムの応答を速くしたい場合，すなわち最小位相システムにしたい場合はIIRが適する．

第6章 IIRフィルタの設計

[図6.2] 振幅特性の形状

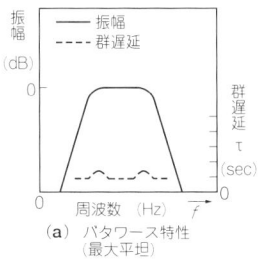

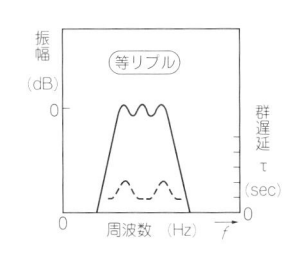

(a) バタワース特性（最大平坦）
(b) チェビシェフ特性（等リプル）
(c) 逆チェビシェフ特性（阻止域等リプル）
(d) 連立チェビシェフ特性（だ円）

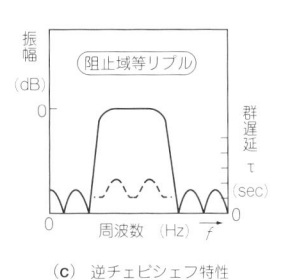

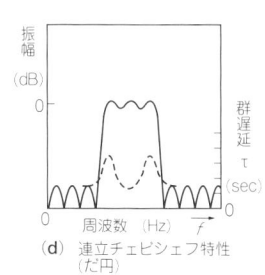

[表6.1] 各種フィルタの比較

タイプ 比較項目	IIR			FIR（直線位相型 等リプル）
	バタワース	チェビシェフ	だ円	
減衰量*	小 →		大	小
群遅延	小 →		大	大
群遅延歪み	小 →		大	なし
次数**	大 ←		小	大

*カットオフ・ゲインを同一次数で設計する場合．
**同一振幅仕様を満足するのに必要な次数．ただし，FIR型はフィルタ長Nを次数と考えた．

[図6.3] 各種フィルタの振幅仕様図

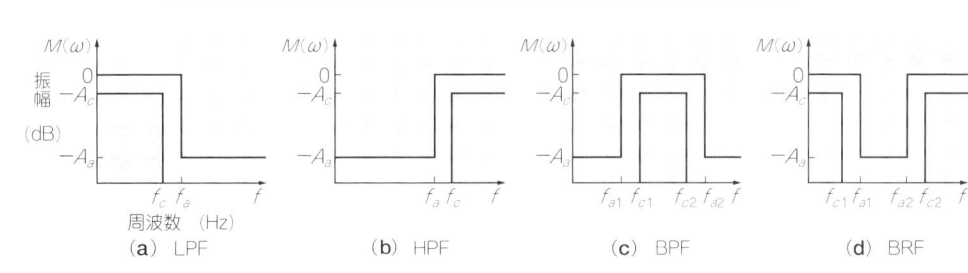

(a) LPF   (b) HPF   (c) BPF   (d) BRF

- IIRは与えられた設計公式を1回用いるだけで規定減衰量や通過域リプル量を満足できる．
- FIRは設計を行った後に，減衰量やリプル量が仕様を満足しているかどうか振幅特性を計算して確かめながら，次数や設計法を変えて反復設計しなければならないという欠点を有する．

6.1.3 設計仕様と次数決定

●周波数選択型フィルタの仕様と次数

図6.3に周波数選択型IIRフィルタの設計仕様を示す．この設計仕様を満足する伝達関数の次数は，理論的に正確に決定できる（コラムI，p.105）[1]．MATLABの例題を通して確認してみよう．

例題6.1 チェビシェフフィルタの次数決定，MATLAB演習

タイプIチェビシェフフィルタを用いて，以下の設計仕様を満足する帯域通過フィルタ（BPF）の次数を決定してみよう．

サンプリング周波数：$f_s=8$[kHz]
カットオフ周波数　：$f_{c1}=0.4$[kHz], $f_{c2}=2.0$[kHz]
通過域エッジ周波数：$f_{a1}=0.2$[kHz], $f_{a2}=2.8$[kHz]
通過域リプル：$A_c=3$[dB],
阻止域減衰量：$A_a=50$[dB]

【解】
リスト6.1のM-fileを実行すると次数$n=5$となる．これは，あくまでも6.2節で述べる基準LPFの次数で

コラムG

リミットサイクル発振

フィルタで使用する乗算器は出力のビット切り捨て，丸めを行っている．小数点以下16ビットのデータの例を示す．

切り捨て，丸め
16ビット×16ビット＝32ビット ⟶ 16ビット

このビット打ち切り，丸めの非線形処理により雑音を発生するほか，一度信号を入力した後に入力をなくした場合でも出力が生じる発振状態になることがしばしばある．これを**リミットサイクル発振**と呼んでいる．

〔リスト6.1〕チェビシェフ・フィルタの次数決定

```
[n,Wn]= cheb1ord([0.4 2]/4,[0.2 2.8]/4,3,50)
```

〔図6.4〕全域通過回路の位相特性

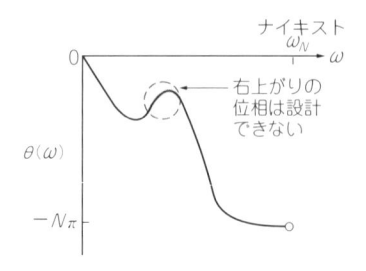

〔図6.5〕周波数選択型フィルタの設計フロー

アナログ基準LPF — 表6.2
周波数プリワープ — 公式6.2
周波数変換 — 表6.3
双一次 s-z 変換 — 公式6.1
ディジタルフィルタ $H(z)$

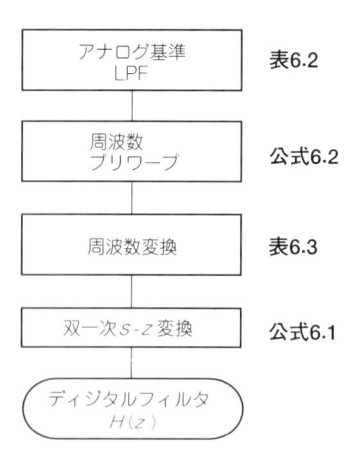

〔図6.6〕基準LPFの振幅特性

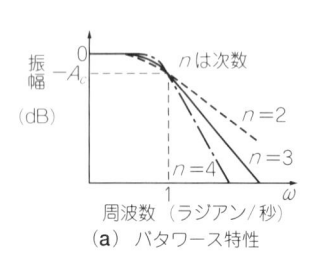

(a) バタワース特性
(b) チェビシェフ特性
(c) 逆チェビシェフ特性

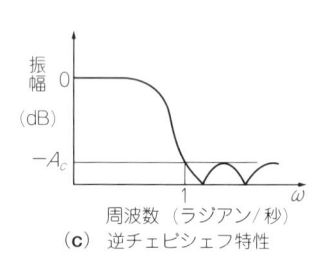

〔表6.2〕基準LPFの極

フィルタタイプ	極 $q(k), k=1, 2, \cdots, N$
バタワース	$\varepsilon^{-1/N} \exp j\left(\dfrac{\pi}{2} + \dfrac{2k-1}{2N}\pi\right)$
チェビシェフ(タイプI)	$-\sinh\theta \sin\dfrac{2k+1}{2N}\pi + j\cosh\theta \cos\dfrac{2k+1}{2N}\pi$

ただし，$\varepsilon = \sqrt{10^{A_c/10} - 1}$，$A_c$：通過域リプル（カットオフゲイン）

$\theta = \dfrac{\sinh^{-1}(1/\varepsilon)}{N}$

あり，BPFとBRFの場合はその2倍となる．したがって，BPFの伝達関数に必要な最小次数 N は，$N=10$ となる．

なお，ナイキスト周波数を1とすることに注意のこと．

●全域通過位相回路の仕様と次数

全域通過回路の場合，位相特性 $\theta(\omega)$ が設計仕様として与えられるが，それは以下の条件を満足しなければならない[2]（図6.4）．

A．位相特性の傾きは，必ず負（群遅延は正）．
B．ナイキスト周波数 ω_N において $\theta(\omega_N) = -N\pi$[rad]

上の性質Bより全域通過回路の次数 N が決定できる．設計法は，6.4節で詳しく述べる．

6.2 周波数選択型IIRフィルタの設計

さて，いよいよ設計に移ろう．ここで説明する設計法は，図6.5のフローチャートに示すように，まずアナログフィルタを設計してディジタルフィルタを得る手順を取る．

6.2.1 アナログ基準ローパスフィルタ

最初にカットオフ周波数 $\Omega_c = 1$[rad・Hz]を有するアナログLPFを設計する．このフィルタを**基準（プロトタイプ）ローパスフィルタ**と呼ぶ．図6.6にフィルタタイプ別に振幅特性を示す．

基準LPFの伝達関数 $H(p)$ は一般的に次式で表される．q は極，z は零点である．また，$p = j\Omega$，k は定数である．

$$H(p) = k \frac{(p-z(1))(p-z(2))\cdots(p-z(N))}{(p-q(1))(p-q(2))\cdots(p-q(N))}$$
(6.2)

たとえば，バタワースとタイプIチェビシェフの極 p は表6.2で与えられる．極，零点の求め方の詳細は，コラムHを参照していただきたい．MATLABでは cheb1ap，ellipap などで求まる．

基準LPFの重要な性質は，いかなる次数 N でも $\omega = 1$[rad・Hz]で必ずカットオフゲイン A_c（たとえば-3

[図6.7] 基準LPFの周波数変換

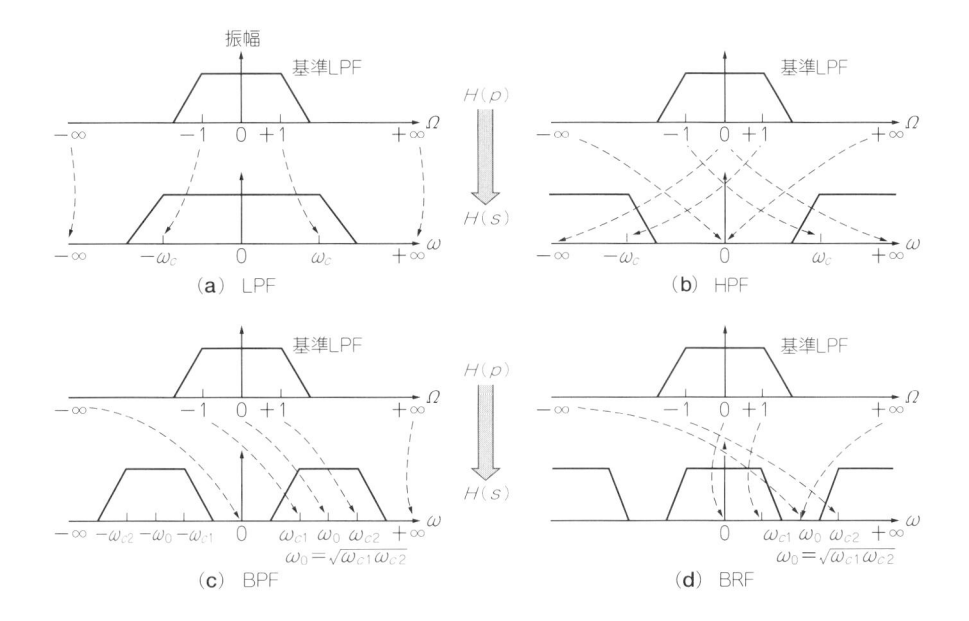

(a) LPF
(b) HPF
(c) BPF
(d) BRF

[表6.3] 周波数変換法

要求されるフィルタ	変換式
LPF	$p = \dfrac{s}{\omega_c}$
HPF	$p = \dfrac{\omega_c}{s}$
BPF	$p = \dfrac{s^2 + \omega_0^2}{s\omega_b}$
BRF	$p = \dfrac{s\omega_b}{s^2 + \omega_0^2}$

注1：$\omega_c = 2\pi f_c$
$\omega_b = \omega_{c2} - \omega_{c1}$
$\omega_0 = \sqrt{\omega_{c1}\omega_{c2}} = 2\pi\sqrt{f_{c1}f_{c2}}$

注2：$f_c, f_{c1}, f_{c2}, f_{a1}, f_{a2}$ は図6.3を参照のこと

[図6.8] 伝達関数の極・零点

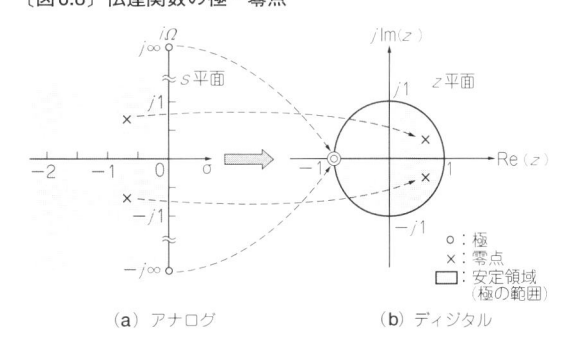

(a) アナログ
(b) ディジタル

○：極
×：零点
□：安定領域（極の範囲）

[dB])が同じになることである（図6.6）．この性質より，6.2.2節で任意のカットオフ周波数に変換しても，通過域内のリプルが A_c [dB]に維持されることになる．

6.2.2 周波数変換

次に，基準LPFの伝達関数 $H(p)$ から所望のカットオフ周波数を有するLPFやHPF，BPF，BRFの伝達関数 $H(s)$ を得る**周波数変換**（frequency transform）の方法について述べる．$H(s)$ を次式で表しておく．

$$H(s) = \frac{b(0)s^N + b(1)s^{N-1} + \cdots + b(N)}{a(0)s^N + a(1)s^{N-1} + \cdots + a(N)} \quad (6.3)$$

まず周波数変換の様子を図6.7に示す．図において横軸は，

Ω：基準LPFの周波数
ω：変換後の周波数

を表す．

このような周波数変換は，表6.3に示す変数変換式で実現される．この変換式に基づいて，基準LPFの伝達関数の変数 p を変数 s に変換することで $H(s)$ が求められる．ここで，変数 p と s は，周波数 Ω と ω に対し以下の関係がある．

$p = j\Omega$，$s = j\omega$

6.2.3 双一次s-z変換と周波数プリワープ

さて，これまで述べてきたアナログフィルタの伝達関数 $H(s)$ を基に，IIRフィルタの伝達関数 $H(z)$ を求める方法を紹介する．

●アナログフィルタの安定性

アナログフィルタ $H(s)$ が安定であるためには，$H(s)$ の分母多項式の根すなわち極が図6.8に示すように，s 平面の左半平面に存在しなければならないことが必要十分条件として知られている．

第2部 ディジタルフィルタの設計・実現・最適化

〔図6.9〕双一次 s-z 変換による周波数ひずみ

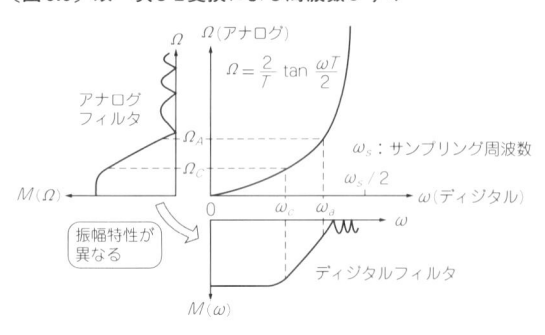

一方，ディジタルフィルタ $H(z)$ が安定であるためには，第4章の議論より，図6.8のようにその極が z 平面の単位円内に存在しなければならない．

いま，$H(s)$ を $H(z)$ に変換する方法を考える場合，変換後も $H(z)$ の安定性を確保しなければならない．これは，図6.8より s 平面の左半平面のすべての領域を z 平面の単位円内に写像することにより実現されることは容易に想像できよう．このような s-z 変換は次式で実現でき，双一次 s-z 変換として知られている．

<公式6.1：双一次 s-z 変換>

$$s = \frac{2}{T}\frac{1-z^{-1}}{1+z^{-1}} \quad (6.4)$$

ただし，T：サンプル周期

では，なぜ双一次 s-z 変換により s 平面の左半平面のすべての領域を z 平面の単位円内に写像できるのかを説明しよう．

式(6.4)を z について解くと次式となる．

$$z = \frac{1+(T/2)s}{1-(T/2)s} \quad (6.5)$$

いま，

$$s = \sigma + j\Omega \quad (6.6)$$

と置くと，σ が負すなわち s 平面の左半平面のときは式(6.5)の絶対値は1より小さくなり単位円の内部に写像される．一方，σ が正のときは式(6.5)の絶対値が1より大きくなり，単位円の外部に写像される．また，$\sigma=0$ すなわち s 平面の虚軸は z 平面の単位円上に写像される．

以上より，双一次 s-z 変換を用いると常に安定なディジタルフィルタの伝達関数が得られることが理解できよう．MATLABでは，コマンド bilinear が提供されている．

● 周波数プリワーピング

ところで，双一次 s-z 変換を用いて得られた伝達関数 $H(z)$ の振幅特性は，$H(s)$ と同一になるのであろうか？ 次に，この点について考察し，双一次 s-z 変換を用いた振幅特性を維持する変換法について解説する．

いま周波数を表す変数を次のように定義しておく．

Ω：アナログ，
ω：ディジタル

そして，

$$z = e^{j\omega T} \quad (6.7)$$

と置換すると，式(6.4)の周波数特性は以下のとおりとなる．

$$s = \frac{2}{T}\frac{1-e^{-j\omega T}}{1+e^{-j\omega T}} = \frac{2}{T}j\tan(\omega T/2) \quad (6.8)$$

ところで，式(6.7)は z 平面の単位円を表すので，s 平面上では虚軸に対応する．したがって，式(6.6)の変数 s の実部は $\sigma=0$ とおける．よって，周波数特性を吟味する場合は $s = j\Omega$ となり，この関係を式(6.8)の左辺に代入すると，次式を得る．

$$\Omega = \frac{2}{T}\tan(\omega T/2) \quad (6.9)$$

上式における Ω と ω の関係をグラフで表すと図6.9となる．このようにアナログ周波数 Ω とディジタル周波数 ω は，非線形な関係となっている．したがって，双一次 s-z 変換を施せば，アナログフィルタの振幅特性が歪んだ形でディジタルフィルタの振幅特性に写像され，好ましくない．

この非線形性を回避するためには，あらかじめアナログフィルタの設計段階でカットオフ周波数を式(6.9)に基づいて歪ませておけばよい．この操作を**プリワーピング**（**pre-warping**）と呼んでいる．

<公式6.2：周波数プリワーピング>

$$\frac{2}{T}\tan(\omega_c T/2) \xrightarrow{置換} \Omega_c \text{ [rad/sec]} \quad (6.10)$$

ただし，
ω_c：ディジタルフィルタで要求されるカットオフ周波数
Ω_c：アナログフィルタの設計に使用するカットオフ周波数

以上6.2.1節〜6.2.3節で述べた設計手順をまとめると，図6.5となる．

実習6.1	IIRフィルタの設計……その1 ——アナログフィルタに基づく設計

図6.5の設計手順に基づき，p.93の例題6.1の設計仕様を満足するタイプIチェビシェフフィルタを設計し

〔図6.10〕実習6.1の実行結果

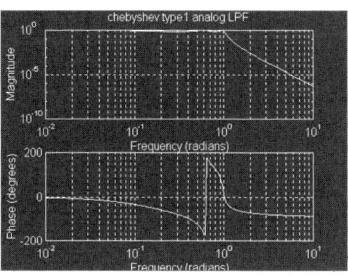

（a）アナログ基準LPFの振幅特性　　（b）アナログBPFの振幅特性　　（c）$H(z)$の振幅特性

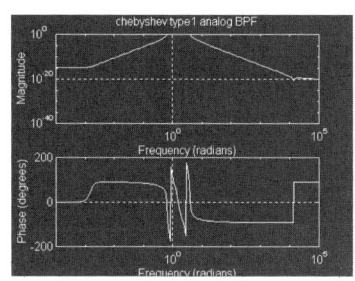

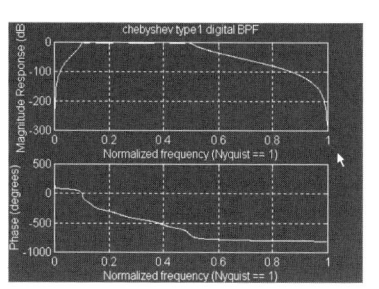

てみよう（M-file：ex6_1.m）．
【解】
　M-fileを実行すると，図6.10が得られる．

　同図（a）は，アナログ基準LPFの振幅特性であり，M-file中のnum，denが伝達関数$H(p)$の分子，分母係数となっている．このように，$\omega=1$[rad・Hz]で-3[dB]となっている．

　周波数変換を行ったBPアナログフィルタの振幅特性が同図（b）であり，b，aが伝達関数$H(s)$の分子，分母係数となっている．このように，指定されたカットオフ周波数f_{c1}，f_{c2}で-3[dB]となるBPFに周波数変換されている．周波数プリワープは，u_1，u_2で行っている．

　最終的に，bilinearにより双一次s-z変換が施され，所望のディジタルフィルタの伝達関数$H(z)$の係数bz，azが得られている．$H(z)$の振幅特性は図（c）に示すとおりであり，設計仕様を満足している．

実習6.2	IIRフィルタの設計……その2 ──MATLABコマンドによる直接設計

　例題6.1の設計仕様をコマンドcheby1を用いて直接に設計してみよう（M-file：ex6_1.m）．
【解】
　M-fileを実行すると，図6.10（c）と同じ図が得られる．このようにコマンドcheby1の内容は，実習6.1と同じ設計手順となっている．

6.3　任意特性の近似

　つぎに，任意の周波数特性を実現する設計手法について検討する．たとえば，通過域が複数存在するマルチバンドフィルタや任意形状の振幅・位相特性は，これまで扱ってきた周波数選択型フィルタでは設計が困難である．そこで以下では，周波数領域と時間領域それぞれについて任意特性の近似方法を検討していく．

6.3.1　任意周波数特性の近似

●振幅位相同時近似

　いま任意の所望周波数特性を$D(e^{j\omega T})$，式（6.1）におけるN次IIRフィルタ$H(z)$の周波数特性を$H(e^{j\omega T})=B(e^{j\omega T})/A(e^{j\omega T})$とし，$H(e^{j\omega T})$を$D(e^{j\omega T})$に近似する最小自乗近似問題を考える．この場合，最良近似は以下の**式誤差**と呼ばれる評価関数を最小化する係数ベクトル**a**，**b**を見つけることである．

　式誤差：

$$\min_{a,b}\sum_{k=1}^{L}W(k)\left|D(k)-\frac{B(k)}{A(k)}\right|^2 \quad (6.11)$$

　ここで，$D(k)$，$A(k)$，$B(k)$，$W(k)$は，周波数点ω_kにおける$D(e^{j\omega T})$，$A(e^{j\omega T})$，$B(e^{j\omega T})$の値，および近似精度を決定する重み関数である．

　ところで，式誤差は有理式なので，非線形問題となり最適な**a**，**b**を見い出すことは困難である．そこで，まず式（6.11）を通分して，その分子多項式を最小化する**a**，**b**を見つける次の問題を解く．この評価関数は，**方程式誤差**と呼ばれている．最小化は，ガウス・ニュートン法などの逐次最小自乗法を用いる．

　方程式誤差：

$$\min_{a,b}\sum_{k=0}^{L}W(k)\left|D(k)A(k)-B(k)\right|^2 \quad (6.12)$$

　式（6.12）を最小化して得られた**a**，**b**を式（6.11）の初期値として式誤差の逐次最適化を行う．本手法の特徴は，振幅と位相の同時近似が行える点である．

　上で述べた近似手順は，MATLABではコマンドinvfreqzとして提供されている．本コマンドによる式誤差の最小化は，伝達関数の安定性の保証も行える利点を有する．

実習6.3	MATLAB演習──振幅位相同時近似
	M-file：ex6_3.m

　以下の振幅$M(f)$と直線位相特性$\theta(f)$を有するIIRフ

[図6.11]
実習6.3 任意振幅・位相同時近似

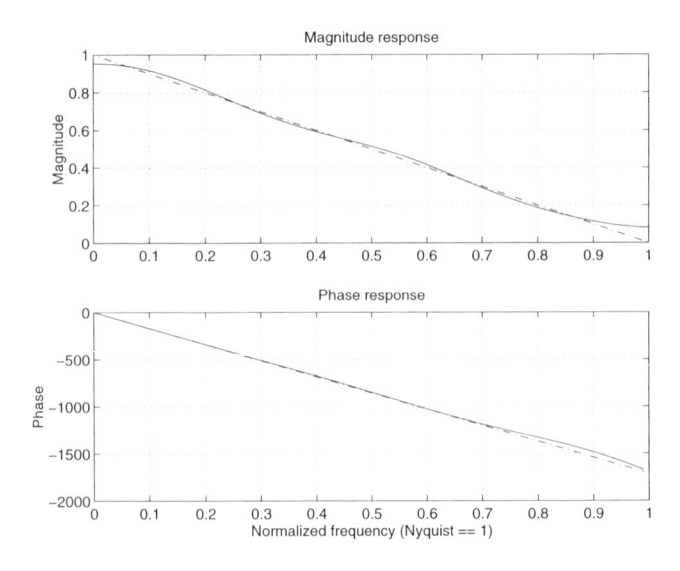

Magnitude response / Phase response

[リスト6.2]
例題6.2 Yule-Walker法を用いた任意振幅特性の近似

```
clear all
f=[0 0.1 0.2 0.3 0.4 0.5 0.6 0.7 0.8 1] % Frequency %
m=[1 1 1 0 0 1 1 0 0] % Magnitude %
[b,a]=yulewalk(20,f,m);
[h,w]=freqz(b,a,256);
plot(f,m,w/pi,abs(h))
```

ィルタを，式誤差法invfreqzを用いて設計しなさい．ただし，ナイキスト周波数を1[Hz]とし，フィルタ次数を3次/4次とする．

- 振幅 $M(f)=1-f,\ 0\leq f<1$
- 位相特性 $\theta(f)=-3\pi f$

【解】
設計結果を，図6.11に示す．このように振幅・位相共に良好に近似され，かつ安定な伝達関数が得られている．

フィルタ次数や振幅・位相特性を変えて設計してみよう．

●任意振幅特性の近似（最小位相）

自乗振幅特性 $|D(e^{j\omega T})|^2$ の逆フーリエ変換は，そのインパルス応答 $d(n)$ の自己相関関数 $r(n)$ であることがウィナー・ヒンチンの定理として知られている．この関係を利用して，所望の周波数特性 $D(e^{j\omega T})$ を時間領域で設計する修正ユールウォーカ法（Yule-Walker）[3]と呼ばれる近似アルゴリズムも提案されている．得られる伝達関数は安定となる．

MATLABではコマンドyulewalkとして与えられているので，章末問題で実際に設計してみよう．

なお，本手法で得られる伝達関数は最小位相となるので，任意の位相仕様を設計したい場合は，式誤差法

を用いなければならない．

例題6.2 マルチバンドフィルタの設計，MATLAB演習

リスト6.2に示すM-fileは，振幅特性の仕様 m を10次IIRフィルタにより修正ユールウォーカ法yulewalkを用いて設計している．実行して近似精度を確認してみよう．また，次数を20次にして近似精度を比較してみよう．ただし，ナイキスト周波数を1[Hz]としている．

6.3.2 時間領域における近似

フィルタ設計において，周波数領域の仕様でなくインパルス応答やステップ応答などの時間領域の仕様が与えられる場合がある．

ここでは，与えられたインパルス応答を近似する手法――線形予測法，Prony法，Steiglitz-McBride法――について，その特徴を簡単に述べておく．いずれの手法も，MATLABで提供されている．

●線形予測法

時刻 n の信号を $n-1$ までの信号系列から予測する手法である．本手法が扱う伝達関数は，$H(z)=1/A(z)$ の全極形であるので，基本的に近似精度は悪い．しかしながら，音声の応用には性能的に十分であり，

ADPCMなどの音声圧縮によく使われている．また，Levinson-Durbin法などの高速アルゴリズムが存在するので多用されている．

● Prony法[4]

本手法で扱う伝達関数は，式(6.1)の$H(z)$である．次数分のインパルス応答は正確に同定できるという利点を有するが，それ以後のサンプルの精度は良好でない．

● Steiglitz-McBride法[5]

本手法も，式(6.1)の$H(z)$が扱える．インパルス応答の近似と同時に極零点の近似も行っているので，一般的に他の二つの手法より近似精度は良好である．

なお，得られる伝達関数の安定性については，線形予測法は保証されるが，他の手法は保証されないので注意を要する．

例題6.3 バタワースフィルタのインパルス応答の近似——MATLAB演習

リスト6.3に示すM-fileは，バタワースLPFのインパルス応答$h(n)$を，3次の伝達関数を用いて線形予測法（lpc），Prony法（prony），Steiglitz-McBride法（stmcb）の各手法により近似している．ファイルを実行して，インパルス応答の近似精度を比較してみよう．また，次数を4次，5次と大きくしていくと近似精度がどのように変わるか確認してみよう．

6.4 全域通過回路の設計

次に，位相補正回路として多用される全域通過回路の設計を行う．一般に周波数選択型IIRフィルタの位相特性は直線でないので波形伝送システムには適していないが，全域通過回路を縦続に付加することにより近似的に直線位相に補正できるなど，実用上重要な回路である．

● 全域通過関数の振幅と位相

ここで扱うIIRフィルタの伝達関数は全域通過関数と呼ばれ，式(6.13)で表される．このように$H_{ap}(z)$は，分母分子ともに同じ係数をもつ特別な形となっている．

$$H_{ap}(z) = \frac{z^N + a_1 z^{N-1} + \cdots + a_N}{1 + a_1 z + a_2 z^2 + \cdots + a_N z^N}$$

$$= z^{-N} \frac{1 + \sum_{n=1}^{N} a_n z^n}{1 + \sum_{n=1}^{N} a_n z^{-n}} \quad (6.13)$$

この$H_{ap}(z)$の振幅特性は，以下のように全帯域で1

[リスト6.3] 例題6.3 IIRフィルタによるインパルス応答の近似

```
clear all
[b,a]=butter(4,.3);
h=impz(b,a,20)
% Filter design %
alp=lpc(h,3);
[bpro,apro]=prony(h,3,3);
[bstm,astm]=stmcb(h,3,3);
% Approximated impulse response %
hlp=impz(1,alp,20)
hpro=impz(bpro,apro,20)
hstm=impz(bstm,astm,20)
% Approximation error %
[h-hlp h-hpro h-hstm]
```

である．

$$|H_{ap}(e^{j\omega})| = |e^{-j\omega N}| \frac{\left|1 + \sum_{n=1}^{N} a_n e^{j\omega n}\right|}{\left|1 + \sum_{n=1}^{N} a_n e^{-j\omega n}\right|}$$

$$= 1 \frac{\sqrt{(1 + \sum a_n \cos \omega n)^2 + (\sum a_n \sin \omega n)^2}}{\sqrt{(1 + \sum a_n \cos \omega n)^2 + (-\sum a_n \sin \omega n)^2}}$$

$$= 1 \quad (6.14)$$

一方，位相特性は次式となり，係数aの値により任意の位相特性を実現できることがわかる．

$$\angle H_{ap}(e^{j\omega}) = -\omega N + 2\tan^{-1} \frac{\sum_{n=1}^{N} a_n \sin \omega n}{1 + \sum_{n=1}^{N} a_n \cos \omega n}$$

$$(6.15)$$

位相特性の制約と次数Nの決定に関しては，6.1.2節を参照されたい．

● 線形計画法を用いた位相特性のMin-Max近似[6]

まず，所望位相特性を$\theta(\omega)$とすると所望伝達特性$H_D(e^{j\omega})$は，次のように極座標表示できる．振幅特性は1である．

$$H_D(e^{j\omega}) = 1 e^{j\theta(\omega)} = \cos\theta(\omega) + j\sin\theta(\omega) \quad (6.16)$$

ここで設計問題は，以下の誤差関数$r(\omega)$を周波数区間Ωで最小化する係数aを見い出すことである．$N(\omega)$，$D(\omega)$は，それぞれ$H_{ap}(z)$の$z = e^{j\omega}$とした場合の分子分母である．

$$r(\omega) = H_{ap}(e^{j\omega}) - H_D(e^{j\omega})$$

$$= \frac{N(\omega)}{D(\omega)} - (\cos\theta(\omega) + j\sin\theta(\omega)) \quad (6.17)$$

しかしながら，上式は有理式すなわち非線形関数なので最適な係数aを見い出すことは一般に困難であ

[図6.12] 実習6.4 全域通過回路の位相特性

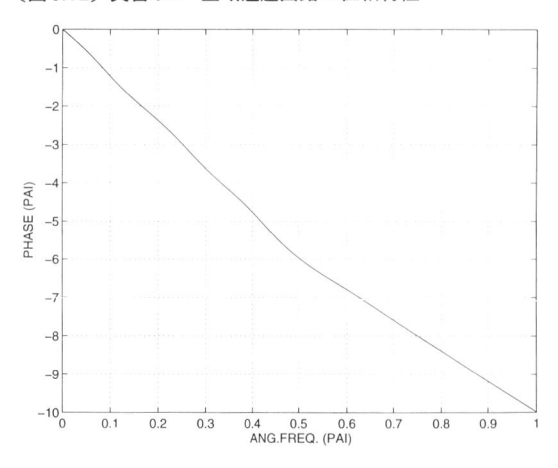

る．そこで，上式を通分して分子項のみで新たな誤差関数 $e(\omega)$ を定義する．

$$e(\omega) = D(\omega) r(\omega)$$
$$= N(\omega) - (\cos\theta(\omega) + j\sin\theta(\omega)) D(\omega) \quad (6.18)$$

上式は，$N(\omega)$，$D(\omega)$ 共に係数 a を変数とする線形関数であるので，設計問題を Min-Max 近似とすると，以下のように線形計画問題として定式化できる．なお，e_R，e_I はそれぞれ $e(\omega)$ の実部および虚部である．

制約式：
$$|e_R(\omega_i)| \le \varepsilon_1, \quad |e_I(\omega_i)| \le \varepsilon_2 \quad (6.19)$$

目的関数：
$$\underset{\omega_i \leftarrow \Omega}{\text{minimize}} \quad \varepsilon_1 = \max|e_R(\omega_i)|, \varepsilon_2 = \max|e_I(\omega_i)| \quad (6.20)$$

詳細な式導出は省くが，多項式 $N(\omega)$，$D(\omega)$ を式(6.13)より求め，式(6.19)，式(6.20)に代入すると以下の行列表現を得る．ただし，$\varepsilon = \varepsilon_1 = \varepsilon_2$ とおいた．

制約式：

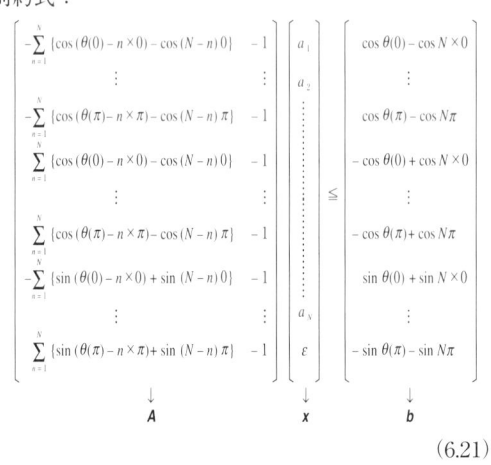

$$\begin{bmatrix}
-\sum_{n=1}^{N}\{\cos(\theta(0)-n\times 0)-\cos(N-n)0\} & -1 \\
\vdots & \vdots \\
-\sum_{n=1}^{N}\{\cos(\theta(\pi)-n\times\pi)-\cos(N-n)\pi\} & -1 \\
\sum_{n=1}^{N}\{\cos(\theta(0)-n\times 0)-\cos(N-n)0\} & -1 \\
\vdots & \vdots \\
\sum_{n=1}^{N}\{\cos(\theta(\pi)-n\times\pi)-\cos(N-n)\pi\} & -1 \\
\sum_{n=1}^{N}\{\sin(\theta(0)-n\times 0)+\sin(N-n)0\} & -1 \\
\vdots & \vdots \\
\sum_{n=1}^{N}\{\sin(\theta(\pi)-n\times\pi)+\sin(N-n)\pi\} & -1 \\
\end{bmatrix}
\begin{bmatrix} a_1 \\ a_2 \\ \vdots \\ \\ \\ \\ \\ a_N \\ \varepsilon \end{bmatrix}
\le
\begin{bmatrix}
\cos\theta(0)-\cos N\times 0 \\
\vdots \\
\cos\theta(\pi)-\cos N\pi \\
-\cos\theta(0)+\cos N\times 0 \\
\vdots \\
-\cos\theta(\pi)+\cos N\pi \\
\sin\theta(0)+\sin N\times 0 \\
\vdots \\
-\sin\theta(\pi)-\sin N\pi \\
\end{bmatrix}$$

$$\downarrow \quad\quad \downarrow \quad\quad \downarrow$$
$$A \quad\quad x \quad\quad b$$
$$(6.21)$$

目的関数：
$$fx = \varepsilon, \text{ただし} (f = [\overbrace{0\ 0\ \cdots\ 0\ 1}^{N}]) \quad (6.22)$$

上の行列 A およびベクトル b，f を MATLAB コマンド lp に代入し

```
x = lp(f,A,b);
```

とすると，Min-Max 近似を与える最適な係数ベクトル a が左辺 x より得られる．x の最後の要素が最小誤差 ε である．

さらに近似誤差を小さくしたい場合は，線形計画法で得られた係数 a を本来の誤差関数である式(6.17)に代入して，最小自乗法などにより最適化するとよい[2]．

●全域通過回路の安定性

全域通過回路も IIR フィルタの一種であるので，極が単位円内に存在することが安定性の必要十分条件であるが，極の計算は煩雑である．一方，十分条件として，

$$\text{Re}|D(\omega)| > 0$$
$$1 > a(1) > a(2) > \cdots > a(N) \quad (6.23)$$

などが知られている．これら線形な安定条件を上で述べた線形計画法の制約式の一つに用いれば，安定な伝達関数が設計可能となる．

| 実習6.4 | 全域通過位相回路の設計，MATLAB 演習 M-file：ex6_4.m |

次の位相特性を全域通過回路により近似してみよう．

$$\theta(\omega) = \begin{cases} -12\omega, & (0 \le \omega \le \pi/2) \\ -8\omega - 2\pi, & (\pi/2 < \omega \le \pi) \end{cases} \quad (6.24)$$

【解】

設計結果を図6.12に示す．最大近似誤差は 0.04π [rad]となっており，良好な近似精度が得られている．得られた伝達関数は安定となっている．

おわりに

本章は，最小位相 FIR フィルタと IIR フィルタの設計法について具体的に検討してきた．最近の計算機環境の発達のおかげで大規模な線形計画問題や最小自乗問題が容易に解けるようになり，振幅関数に依存した古典的な設計手法にとらわれない新しい設計手法の開発に大いに役立っている．ユニークな回路が読者によって設計されることを期待している．次章は，ディジタルフィルタや信号処理システムの構成について，高速処理/低消費電力の二つの側面から検討していく．

参考文献

(1) A.Antonion；Digital Filter，McGraw Hill.
(2) 尾知，山根；Lpノルム評価によるディジタル全域通過回路の設計と構成の最適化，電子通信学会論文誌，Vol.J69-A，No.12，pp.1547-1554，1986/12.
(3) Freiedlander, B. and B. Porat, "The Modified Yule-Walker Method of ARMA Spectral Estimation", IEEE Trans. Aerospace Electroinc Systems, AES-20, No.2, pp.158-173(March 1984).
(4) C. S. Burrus and T. W. Parks, "Time Domain Design of Recursive Digtial Filters", IEEE Trans. Audio Electroacoustics 18, pp.137-141(1970).
(5) Steiglitz K. and L. E. McBride, "A Technique for the Identification of Linear Systems", IEEE Trans. Automatic Control AC-10, pp.461-464(1965).
(6) 菅原一孔；線形計画法によるIIR形ディジタル位相回路の設計，電子通信学会論文誌，Vol.J68-A，No.5，pp.444-450(1985/5).

章末問題

問題6.1　MATLAB演習

例題6.1と同じ仕様について，バタワース，逆チェビシェフ，連立チェビシェフを用いる場合の次数を求め，次数の比較をしてみよう．

ヒント：コマンドbuttord, cheb2ord, ellipordを用いる．

問題6.2　MATLAB演習

例題6.1のアナログチェビシェフ基準LPFの設計において，次数Nを変えても$\omega=1$[rad・Hz]で同じカットオフゲインとなることを確認してみよう．

問題6.3　MATLAB演習

アナログ基準LPFを，同一次数$N=5$のバタワース，タイプIチェビシェフ，タイプIIチェビシェフおよび楕円フィルタで設計し，振幅特性を比較してみよう．

問題6.4　周波数変換

表6.2におけるLP-HP変換，LP-BP変換およびLP-BS変換について，周波数変換が可能となる理由を説明しなさい．

問題6.5　双一次s-z変換

式(6.5)の絶対値を求めなさい．これにより，双一次s-z変換を用いると，s平面の左半平面をz平面の単位円内に写像できる理由を説明しなさい．

問題6.6　周波数プリワープ

公式6.2でアナログフィルタのカットオフ周波数を周波数プリワーピングしておくと，双一次s-z変換後のディジタルフィルタのカットオフ周波数が所望値になることを説明しなさい．

問題6.7　MATLAB演習

例題6.1の設計仕様をバタワース，逆チェビシェフ，連立チェビシェフを用いて設計しなさい．ただし，図6.5の手順を用いること(実習6.1参照)．

問題6.8　MATLAB演習

問題6.7について，コマンドbutter, cheby2, ellipを用いて直接に設計し，問題6.7の結果と比較しなさい．

問題6.9　MATLAB演習

カットオフ周波数$f_c=1$[kHz]，通過域エッジ周波数$f_a=1.5$[kHz]，サンプリング周波数$f_s=8$[kHz]，通過域リプル0.5[dB]，阻止域減衰量$A_a=40$[dB]の連立チェビシェフHPFを図6.5の手順により設計しなさい．

問題6.10　MATLAB演習

カットオフ周波数$f_{c1}=1$[kHz]，$f_{c2}=3$[kHz]，阻止域エッジ周波数$f_{a1}=1.5$[kHz]，$f_{a2}=2$[kHz]，サンプリング周波数$f_s=8$[kHz]，阻止域減衰量30[dB]のタイプIIチェビシェフBRFを図6.5の手順により設計しなさい．

問題6.11　MATLAB演習

実習6.3の振幅位相同時近似設計において次数を5/8次として設計し，実習の結果と比較しなさい．

問題6.12　MATLAB演習

例題6.2のYule-Walker法において，次数を30として設計し，例題の結果と比較しなさい．

問題6.13　全域通過関数

全域通過関数の位相特性が式(6.15)となることを示せ．また，z平面における極と零点の位置が鏡像関係にあることも示せ．

コラムH

基準LPF伝達関数の導出

●バタワース特性

N次の伝達関数$H(p)$において，2乗振幅特性$|H(j\omega)|^2$が次式である場合，その振幅特性をバタワース特性と呼んでいる．その概形は，**図6.6(a)**である．

$$|H(j\omega)|^2 = \frac{1}{1+\varepsilon^2\omega^{2N}}$$

ただし，$\varepsilon = \sqrt{10^{A_c/10}-1}$ (H.1)

図6.10(a)は，$N=5$，$\varepsilon=1$の場合に相当している．バタワース特性は，$\omega=1\text{[rad/秒]}$すなわちカットオフ周波数ω_cにおいて，次数Nに関わらず常に振幅値が$-A_c\text{[dB]}$となる特徴をもつ．

$$|H(1)| = \frac{1}{\sqrt{1+\varepsilon^2}} \xrightarrow{\text{デシベル表示}} 20\log\frac{1}{\sqrt{1+\varepsilon^2}}$$
$$= -10\log(1+\varepsilon^2)$$
$$= -A_c \quad \text{[dB]} \quad \text{(H.2)}$$

$\varepsilon=1$とした場合の振幅特性は**図6.10(a)**であり，$\omega=1$で必ず$|H(j\omega)|^2 = \sqrt{1/2}$すなわち$A_c = -3\text{[dB]}$となる．$\varepsilon$により$A_c$の値を変えることが可能である．

さて，バタワース特性の伝達関数$H(p)$を求めてみよう．

まず2乗振幅特性$|H(j\omega)|^2$は，$p=j\omega$なる関係を用いると次式となる．

$$|H(j\omega)|^2 = \frac{1}{1+\varepsilon^2\omega^{2N}} \xrightarrow{p=j\omega} |H(p)|^2$$
$$= \frac{1}{1+\varepsilon^2(-1)^N p^{2N}} \quad \text{(H.3)}$$

ここで，上式を次のように因数分解することを考えてみよう．p_kは伝達関数の極である．

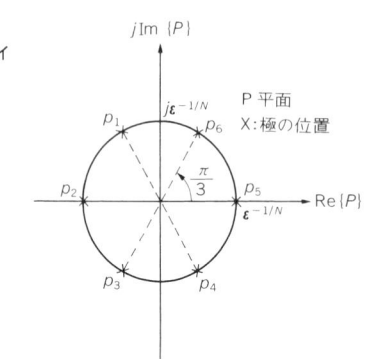

$$|H(p)|^2 = \prod_{k=1}^{2N} \frac{1}{(p-p_k)} \quad \text{(H.4)}$$

極p_kは，式(H.3)の分母の根すなわち次の方程式の根である．

$$1+\varepsilon^2(-1)^N p^{2N} = 0 \quad \text{(H.5)}$$

上式をP^{2N}について解くと，

$$p^{2N} = \frac{-1}{\varepsilon^2(-1)^N} = \frac{e^{-j\pi}}{\varepsilon^2(e^{-j\pi})^N} = \varepsilon^{-2}e^{j(N-1)\pi} \quad \text{(H.6)}$$

となる．指数関数の周期性を利用して上式を書き直すと次式となる．

$$p^{2N} = \varepsilon^{-2}e^{j(N-1)\pi+2k\pi} \quad, k=1,2,3,\cdots \quad \text{(H.7)}$$

したがって，極p_kは，

$$p_k = \varepsilon^{-1/N}e^{j(N-1)+2k\}\pi/2N}$$
$$= \varepsilon^{-1/N}e^{j\left\{\frac{\pi}{2}+\frac{2k-1}{2N}\pi\right\}} \quad, k=1,2,3,\cdots,2N \quad \text{(H.8)}$$

となり，P平面において直径が$\varepsilon^{-1/N}$の円上に位置することがわかる(**図H.1**)．この極p_kが，**表6.2**に示されている．

ところで，式(H.3)の2乗振幅特性は伝達関数$H(P)$により次式となる．

$$|H(p)|^2 = H(p)H(-p) \quad \text{(H.9)}$$

ここで，$H(p)$にp平面の左半平面の極を割り当てると，安定な伝達関数となる(**図6.8**参照)．したがって，式(H.4)および式(H.8)より安定な$H(p)$は次式となる．

$$H(p) = \prod_{k=1}^{N}\frac{1}{(p-p_k)} \quad \text{(H.10)}$$

上式が求めたい伝達関数である．

1) N：偶数

次数Nが偶数の場合，さらに上式は，

$$H(p) = \prod_{k=1}^{N/2}\frac{1}{(p-p_k)(p-p_{N-k+1})}$$
$$= \sum_{k=1}^{N/2}\frac{1}{p^2-(p_k+p_{N-k+1})p+p_k p_{N-k+1}}$$
$$, k=1,2,3,\cdots,\frac{N}{2} \quad \text{(H.11)}$$

と変形できる．ここで，

$$p_k + p_{N-k+1} = \varepsilon^{-1/N}e^{j(\pi/2)+(2k-1)\pi/2N} + \varepsilon^{-1/N}e^{j(\pi/2)+(2(N-k+1)-1)\pi/2N}$$
$$= \varepsilon^{-1/N}j\left(e^{j\frac{2k-1}{2N}\pi} - e^{-j\frac{2k-1}{2N}\pi}\right) \quad \text{(H.12)}$$

[図H.1]
バタワースフィルタの極配置
($N=3$)

$$= -2\varepsilon^{-1/N}\sin\frac{2k-1}{2N}\pi$$

$$p_k p_{N-k+1} = (\varepsilon^{-1/N})^2 \quad (\text{H.13})$$

であるので，最終的に伝達関数は次式で与えられる．

$$H(p) = \prod_{k=1}^{N/2} \frac{1}{p^2 + 2\varepsilon^{-1/N}\sin\frac{2k-1}{2N}\pi p + (\varepsilon^{-1/N})^2}$$

$$, k = 1, 2, 3, \cdots, \frac{N}{2} \quad (\text{H.14a})$$

$k=1, 3, \cdots, N-1$ とすると次式が得られる．

$$H(p) = \prod_{k=1}^{N-2} \frac{1}{p^2 + 2\varepsilon^{-1/N}\sin\frac{k}{2N}\pi p + (\varepsilon^{-1/N})^2}$$

$$, k = 1, 3, 5, \cdots, N-1 \quad (\text{H.14b})$$

2) N：奇数

次数Nが奇数の場合，式(H.10)は

$$H(p) = \frac{1}{p - p_{(N+1)/2}} \prod_{k=1}^{(N-1)/2} \frac{1}{(p-p_k)(p-p_{N-k+1})} \quad (\text{H.15})$$

と変形できる．式(H.12)，式(H.13)および

$$p_{(N+1)/2} = \varepsilon^{-1/N} e^{j\left\{\frac{\pi}{2} + \frac{[2(N+1)/2]-1}{2N}\pi\right\}}$$

$$= \varepsilon^{-1/N} e^{j\pi} = -\varepsilon^{-1/N} \quad (\text{H.16})$$

なる関係を用いると，式(H.14a)と同様に伝達関数が求まる．$k=1, 3, \cdots, N-2$ とすると，

$$H(p) = \frac{1}{p + \varepsilon^{-1/N}} \prod_{k=1}^{N-2} \frac{1}{p^2 + 2\varepsilon^{-1/N}\sin\frac{k}{2N}\pi p + (\varepsilon^{-1/N})^2}$$

$$, k = 1, 3, 5, \cdots, N-2 \quad (\text{H.17})$$

となる．

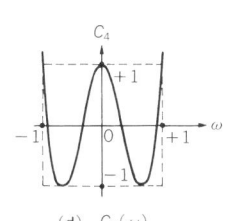

● チェビシェフ特性

チェビシェフ特性は，図6.6(b)に示す振幅特性である．その2乗振幅特性は，

$$|H(j\omega)|^2 = \frac{1}{1 + \varepsilon^2 C_N^2(\omega)} \quad (\text{H.18})$$

ただし，

$$C_N(\omega) = \begin{cases} \cos(N\cos^{-1}\omega) &, |\omega| \leq 1 \\ \cosh(N\cosh^{-1}\omega) &, |\omega| > 1 \end{cases}$$

である．$C_N(\omega)$はチェビシェフ多項式と呼ばれ，$|\omega| \leq 1$の範囲で以下のようになることが知られている．

$$C_0(\omega) = 1$$
$$C_1(\omega) = \omega$$
$$C_2(\omega) = 2\omega^2 - 1$$
$$C_3(\omega) = 4\omega^3 - 3$$
$$C_4(\omega) = 8\omega^4 - 8\omega^2 + 1$$
$$\vdots \quad (\text{H.19})$$

$C_N(\omega)$を具体的に計算すると図H.2となり，$|\omega| \leq 1$で± 1の範囲で等リプルとなる．したがってチェビシェフ特性は，図6.6(b)に示すように$0 \leq \omega \leq 1$において$0 \sim -A_c$[dB]の範囲で等リプルとなることがわかる．$-A_c$はカットオフ周波数における利得であり，εによりその値を変えることができる．

$$-A_c = 20\log\frac{1}{\sqrt{1+\varepsilon^2 C_N^2(1)}} = 20\log\frac{1}{\sqrt{1+\varepsilon^2}} \; [\text{dB}]$$

$$(\text{H.20})$$

さて，式(H.4)のように因数分解するため，式(H.18)の$|H(P)|^2$の極p_kを求めると，

$$p_k = \sigma_k + j\omega_k, \quad k = 1, 2, 3, \cdots, N-2 \quad (\text{H.21})$$

ただし，$\sigma_k = -\sinh\theta \sin\frac{2k+1}{2N}\pi$，

$$\omega_k = \cosh\theta \cos\frac{2k+1}{2N}\pi$$

$$\theta = \frac{\sinh^{-1}(1/\varepsilon)}{N}$$

となる[1]．

[図H.2] チェビシェフ多項式

(a) $C_1(\omega)$　(b) $C_2(\omega)$　(c) $C_3(\omega)$　(d) $C_4(\omega)$

コラムH

基準LPF伝達関数の導出（つづき）

上式において常に$\sinh\theta>0$であるので，P平面の左半平面に位置する極は，$k=0, 1, 2, \cdots, N-1$の場合に限られる．この極p_kが，**表6.2**に示されている．

以上より安定な伝達関数$H(P)$が導出できる．

● **逆チェビシェフ特性**

逆チェビシェフ特性は，通過域は平坦であり阻止域で等リプルとなる振幅特性である〔**図6.6(c)**〕．

ここでは，逆チェビシェフ特性を得る手順を簡単に説明しよう．まず，

$$|H'(j\omega)|^2 = 1 - \frac{1}{1+\varepsilon^2 C_N^2(\omega)} = \frac{\varepsilon^2 C_N^2(\omega)}{1+\varepsilon^2 C_N^2(\omega)} \tag{H.22}$$

として，**図H.3**に示すようにチェビシェフ特性からHPFタイプの逆チェビシェフ特性を求めておく．

ついで，$\omega \to 1/\omega$と周波数変換すると，$\omega=\infty \to \omega=0$と写像されるので，**図H.3**の逆チェビシェフ特性が得られる．したがって，逆チェビシェフ特性の2乗振幅特性は，次式となる．

$$|H'(j\omega)|^2 \xrightarrow{\omega\to 1/\omega} |H(j\omega)|^2 = \frac{\varepsilon^2 C_N^2(1/\omega)}{1+\varepsilon^2 C_N^2(1/\omega)} \tag{H.23}$$

式(H.23)を満足する伝達関数$H(P)$は，以下の考え方で求めることができる．

まず，分子の根すなわち零点は，チェビシェフ多項式〔式(H.19)〕の根より直接求まる．一方，式(H.23)の分母はちょうど式(H.18)の変数ωが逆数になっているだけなので，極はチェビシェフ特性における極の逆数を取れば求めることができる．

〔図H.3〕
逆チェビシェフの求め方

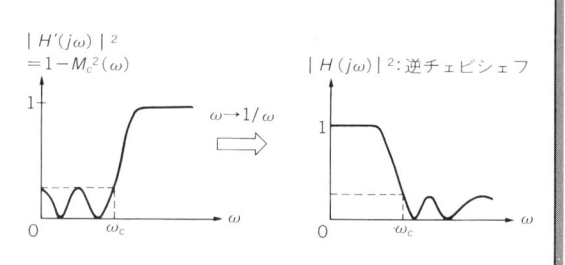

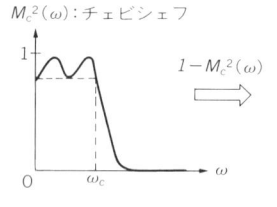

コラム I

IIRフィルタの次数決定

ここで，例題6.1で示したIIRフィルタの次数決定の考え方を説明しておこう．理解を容易にするため，図I.1(c)に示すバタワースLPFについて考えていく．

●アナログ基準LPFの次数

図I.1(a)に基準LPFのバタワース特性を示す．バタワース特性の振幅特性は式(H.1)より次式となる．ただし，周波数をΩ'としている．

$$|H(j\Omega')| = \frac{1}{\sqrt{1+\varepsilon^2 \Omega'^{2N}}} \quad (\text{I.1})$$

図I.1(c)よりカットオフ周波数$\Omega'_c = 1$では$-A_c$[dB]であるので，

$$-A_c = 20\log\frac{1}{\sqrt{1+\varepsilon^2}} = -10\log(1+\varepsilon^2) \quad (\text{I.2})$$

上式を変形すると，

$$10^{A_c/10} = 1+\varepsilon^2 \quad (\text{I.3})$$

同様に周波数Ω'_aでは，

$$10^{A_a/10} = 1+\varepsilon^2 \Omega'^{2N}_a \quad (\text{I.4})$$

式(I.3)および式(I.4)のεを消去すると，

$$\Omega'^{2N}_a = \frac{10^{A_a/10}-1}{10^{A_c/10}-1} \quad (\text{I.5})$$

となる．上式をNについて解くと，

$$N = \frac{\log\sqrt{\frac{10^{A_a/10}-1}{10^{A_c/10}-1}}}{\log(1/\Omega'_a)} \quad : \text{基準LPF} \quad (\text{I.6})$$

となり，アナログバタワース基準LPFの次数Nが決定できる．

●任意のカットオフ周波数をもつアナログLPFの次数決定

つぎに，図I.1(b)に示すLPFの次数決定について考えてみよう．

このLPFは，表6.3に示した周波数変換により基準LPFの変数pをsに変換して得られる．

いま，$p=j\Omega'$，$s=j\Omega$とし，表6.3の周波数変換の式を式(I.6)に代入すると

$$N = \frac{\log\sqrt{\frac{10^{A_a/10}-1}{10^{A_c/10}-1}}}{\log\frac{\Omega_a}{\Omega_c}} \quad : \text{アナログLPF} \quad (\text{I.7})$$

となり，任意のカットオフ周波数をもつアナログLPFの次数Nが決定可能となる．

●ディジタルLPFの次数決定

さて，アナログLPFからディジタルLPFを得るため双一次s-z変換を使用するものとすると，アナログ周波数Ωとディジタル周波数ωの関係は式(6.9)である．したがって，式(I.7)はディジタル周波数上では次式となる．

$$N = \frac{\log\sqrt{\frac{10^{A_a/10}-1}{10^{A_c/10}-1}}}{\log\frac{\tan(\omega_c T/2)}{\tan(\omega_a T/2)}} \quad : \text{ディジタルLPF} \quad (\text{I.8})$$

上式が求めたいディジタルLPFの次数決定式である．

〔図I.1〕LPFの次数の求め方

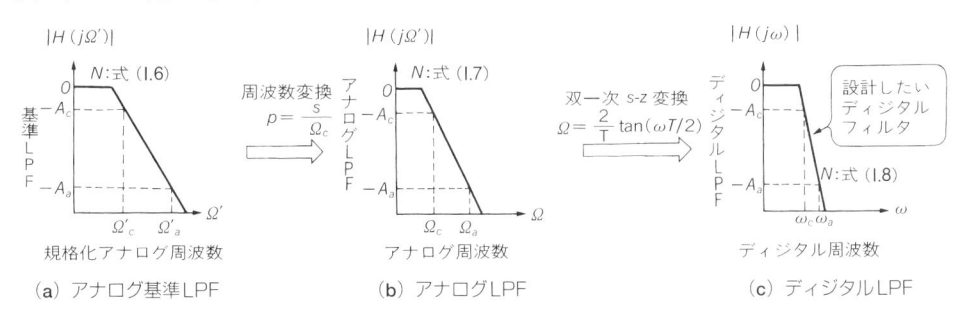

(a) アナログ基準LPF　(b) アナログLPF　(c) ディジタルLPF

第7章 信号処理システムのアーキテクチャ

第3部 ディジタル信号処理システムの実現

本章では，信号処理システムのアーキテクチャについて考えていく．目的の信号処理に対するアルゴリズムの開発を終えると，次のステップとしてそれらを実現する効率的なアーキテクチャ，すなわち回路の選択を行わなければならない．選択の基準としては，高速性と低消費電力がまず挙げられる．ここでは，主にディジタルフィルタを例題に取り上げ，高速/低消費電力アーキテクチャについて考えていく．レイテンシ(遅延)が生じないパイプライン手法など，技術的に新しくかつ重要な話が展開される．

7.0 とりあえず試してみよう

例題7.0 導入問題

図7.0(a)と(b)の回路の差分方程式と伝達関数を求めて比較してみよう．ただし，サンプル間隔は$T=1$とする．

【解】
答は，どちらの回路も，

$$y(n) = h_0 x(n) + h_1 x(n-1) + h_2 x(n-2) \quad (7.0)$$

となる．このように，差分方程式が同じになる回路構造(アーキテクチャ)がいくつか存在する．

差分方程式が同一なので，当然ながら伝達関数も同じで，

$$H(z) = \frac{Y(z)}{X(z)} = h_0 + h_1 z^{-1} + h_2 z^{-2} \quad (7.0)'$$

となり，これより二つの回路の周波数特性も同じであることがわかる．

＊

このように，図7.0(a)と(b)の回路は，両者ともに同じ差分方程式であるが，どちらの回路の処理スピードが速いのだろうか？ 答は，図(b)の回路のほうが格段に図(a)の回路より速い．その理由は，本章を読み進んでいくことで，次第に明らかになる．

本章では，信号処理システムのアーキテクチャについて考えていく．まず基本的なディジタルフィルタの構成について検討し，続いて高速処理/低消費電力を可能にするアーキテクチャについて例題を示しながら明らかにしていく．

7.1 ディジタルフィルタの構成

まず，信号のフィードバックをもつシステムの構成について検討する．ここではIIRディジタルフィルタを例に取り説明するが，同じ差分方程式で表されるシステムについても同様のアーキテクチャが使用できる．

7.1.1 IIRディジタルフィルタ

●差分方程式と伝達関数

IIRフィルタの差分方程式は，

$$y(nT) = \sum_{k=0}^{M} b_k x(nT - kT) - \sum_{k=1}^{N} a_k y(nT - kT) \quad (7.1)$$

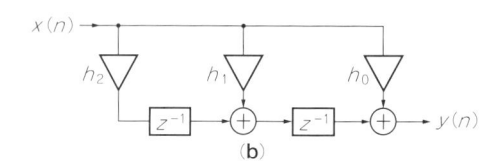

[図7.0] 例題7.0 FIRフィルタ

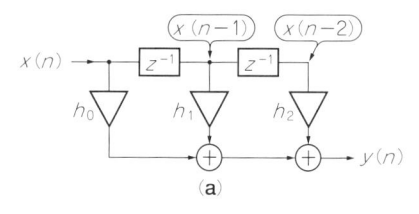

第7章 信号処理システムのアーキテクチャ

[図7.1]
直接型 I

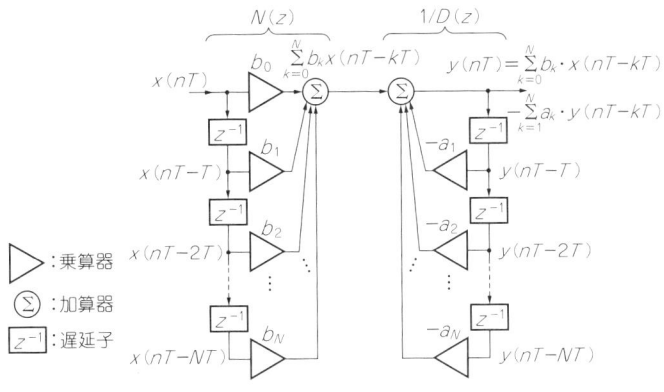

[図7.2]
直接型 II

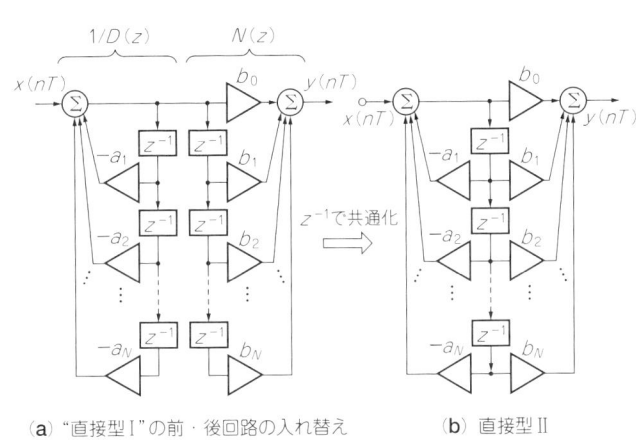

(a) "直接型 I" の前・後回路の入れ替え　　(b) 直接型 II

と表される.これはフィードバックを有しているので,インパルス応答が無限長となる.

その伝達関数は,上式の z 変換より

$$H(z) = \frac{\sum_{k=0}^{N} b_k z^{-k}}{1 + \sum_{k=1}^{N} a_k z^{-k}} \quad (7.2)$$

となり,有理式となることがわかる.ただし,$M=N$ としている.

●高次IIRフィルタの構成

いま,$H(z)=N(z)/D(z)$ とおき,

$$H(z) = N(z)\left(\frac{1}{D(z)}\right)$$

と考えて回路実現すると,図7.1の直接型 I と呼ばれるアーキテクチャが得られる.

つぎに,$H(z)$ を次式のように分母・分子の順を逆にすると,図7.2(a)のアーキテクチャとなる.

$$H(z) = \left(\frac{1}{D(z)}\right)N(z)$$

ここで,遅延子 z^{-1} を共有化すると図7.2(b)の直接型 II と呼ばれるアーキテクチャが得られる.

最後に,直接型 II に対して遅延子と乗算の順序を逆にすると,図7.3の直接型 II の転置構成と呼ばれるアーキテクチャが得られる.遅延子と乗算の順序が逆にできる理由は,例題7.0から理解できるであろう.ただし,係数の並びに注意のこと.

ところで,これまでに紹介したIIRフィルタの各直接型構成は,周波数特性が係数の有限ビット表現により著しく劣化するので,特定の応用例(適応ディジタルフィルタ)に用いられているにすぎない.一般的には,以下に述べる2次伝達関数の縦続または並列接続で高次伝達関数を実現する方法が実用的である.

●バイクワッド回路の縦続構成

2次伝達関数を特にバイクワッド(Biquad)と呼ぶ.いま,伝達関数 $H(z)$ の次数を N 次とすると,$H(z)$ はバイクワッド回路の縦続型で表される.

$$H(z) = H_0 \prod_{k=1}^{L} \frac{b_{2k}z^{-2} + b_{1k}z^{-1} + b_{0k}}{a_{2k}z^{-2} + a_{1k}z^{-1} + 1} \quad (7.3)$$

ただし,

$$L = \begin{cases} N/2 & , N:偶数 \\ (N+1)/2 & , N:奇数 \end{cases}$$

式(7.3)を各直接型構成に基づき構成したブロック図

[図7.3] ディジタルフィルタの転置構成

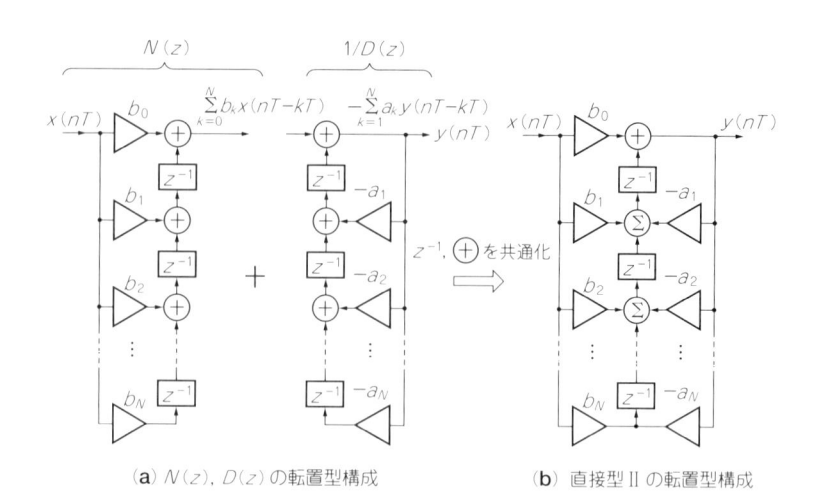

(a) $N(z)$, $D(z)$ の転置型構成

(b) 直接型IIの転置型構成

[図7.4] バイクワッド回路縦列接続の種類

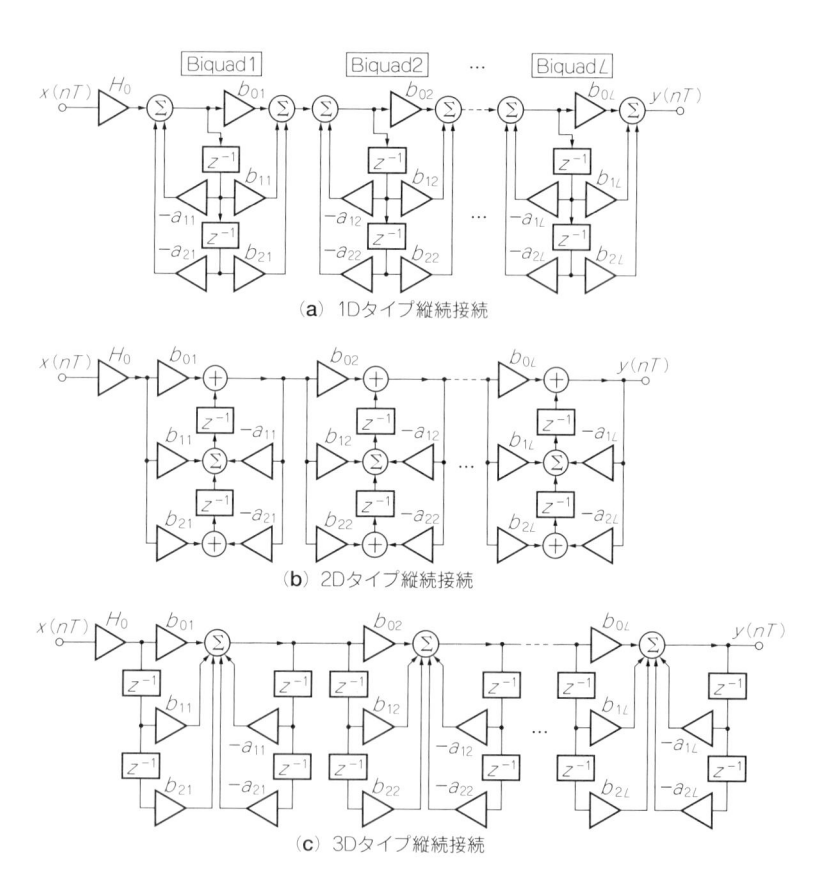

(a) 1Dタイプ縦続接続

(b) 2Dタイプ縦続接続

(c) 3Dタイプ縦続接続

を図7.4(a)～(c)に示す．順に，1Dタイプ，2Dタイプ，3Dタイプと呼んでいる．

3Dタイプは，標準型でないため遅延子 z^{-1} の数が1D，2Dタイプに比較して多くなるが，有限語長演算による丸め雑音（第9章参照）が少なくなるという傾向がある．

これらのバイクワッド回路は，第9章で述べるように係数語長の影響が少ない特徴も有しているので多用されている．

他にもウェーブディジタルフィルタ，ラティスフィルタなどのアナログ回路理論に基づく回路が多く発表されているが〔6章参考文献(1)〕，アーキテクチャや乗算器係数の決定方法が複雑であり，また一般に乗算器や加算器の数が増加し，処理時間が長くなるという問

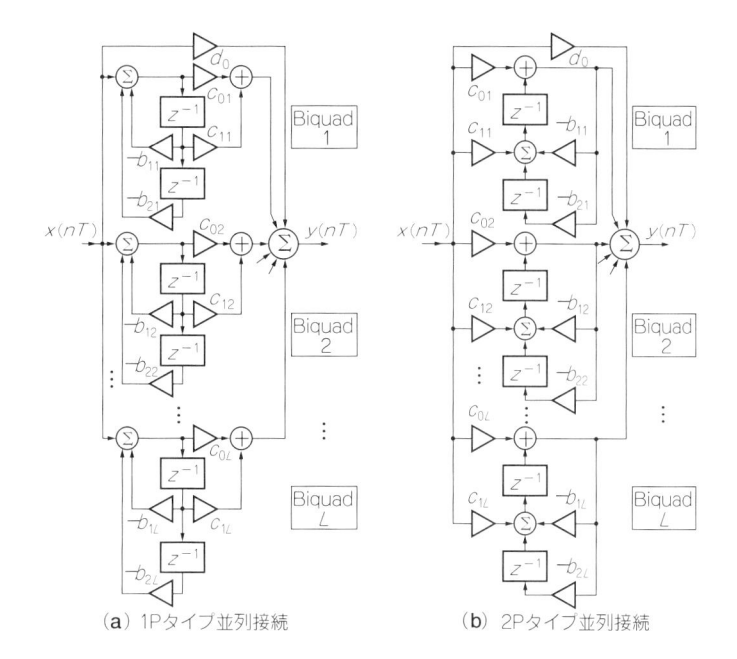

[図7.5]
バイクワッド回路並列接続の種類

(a) 1Pタイプ並列接続　　(b) 2Pタイプ並列接続

題がある．

● バイクワッド回路の並列構成

例題7.1 バイクワッド並列構成

図7.5の各回路が式(7.2)のN次の伝達関数を構成していることを示せ．

【解】

まず，伝達関数は次式で表される．

$$H(z) = d_0 + \sum_{k=1}^{L} \frac{c_{1k}z^{-1} + c_{0k}}{b_{2k}z^{-2} + b_{1k}z^{-1} + 1} \tag{7.4}$$

上式において

$$L = \begin{cases} N/2 & , N：偶数 \\ (N+1)/2 & , N：奇数 \end{cases}$$

とし，通分すれば式(7.2)の$H(z)$の形となる．　□

このように，N次伝達関数も，図7.5で示すようにバイクワッドの並列で構成できる．順に1Pタイプ，2Pタイプと呼んでいる．なお，1次伝達関数は係数b_{2k}，c_{1k}を0にすれば実現できる．

並列型構成の特徴は，縦続構成と比べると，次のようになる．

1) 分子項のz^{-2}の項が省かれるので乗算器数が減り，ハードウェア量を低減できる

2) 各バイクワッド回路は入力信号が同一なので，並列処理可能となり，サンプリングレートを高くすることができる

3) ほとんどの例で発生雑音が少なくなることが知られている

4) 一方，係数語長制限による周波数特性が，阻止域で劣化するという欠点もある

7.1.2 FIRフィルタ

つぎに，差分方程式がフィードフォワードのみで構成されフィードバックをもたないシステムについて，FIRフィルタを例にしてそのアーキテクチャを検討してみよう．

● 直接型構成

フィードバック部をもたずフィードフォワードのみで構成されるLTIシステムの差分方程式は，入力を$x(nT)$，出力を$y(nT)$とすると，$h(k)$をインパルス応答とするたたみ込み演算で表される．

$$y(nT) = \sum_{k=0}^{N-1} h(k)x(nT-kT) \tag{7.5}$$

上式は，インパルス応答長がNであるFIRフィルタであり，その伝達関数は，

$$H(z) = \sum_{n=0}^{N-1} h(n)z^{-n} \tag{7.6}$$

となる．上式の回路構成は図7.6(a)となり，"**直接型構成(Direct form)**"と呼ばれる．

一方，IIRフィルタと同様に図(b)の**転置構成(Transposed form)**も存在する．

● 直線位相FIRフィルタの構成

ところで，直線位相特性を実現するFIRフィルタのインパルス応答は，インパルス応答の中心に対して対称な関係を有する．この対称性を利用すると，Nの偶奇別に図7.6(c)，(d)に示す回路が得られる．

〔図7.6〕FIRフィルタの構成

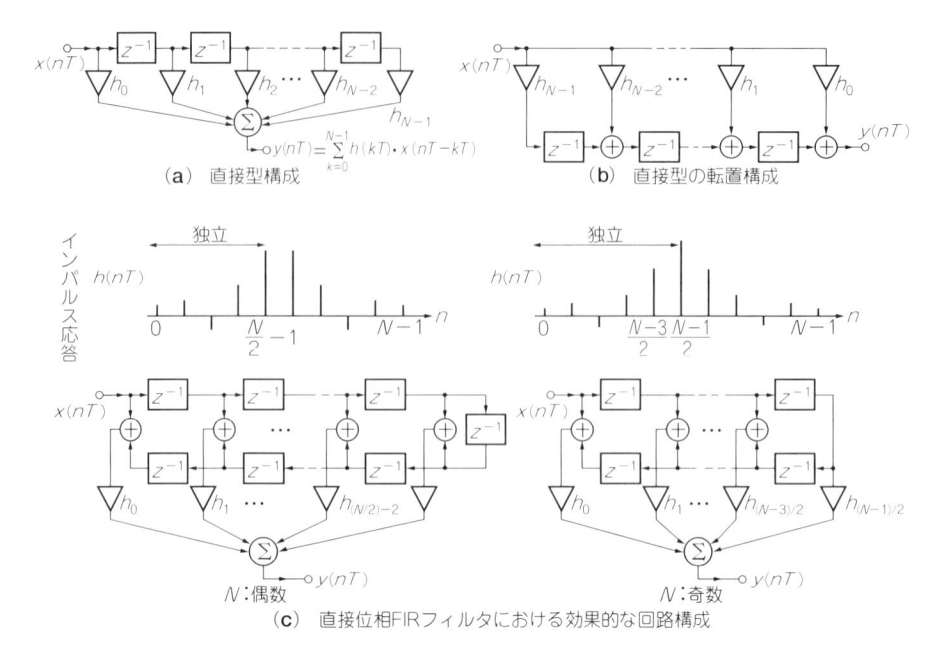

(a) 直接型構成

(b) 直接型の転置構成

(c) 直接位相FIRフィルタにおける効果的な回路構成

〔図7.7〕ラティスフィルタの構成

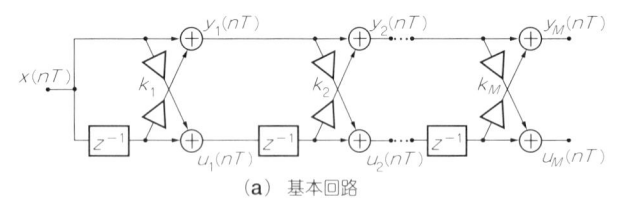

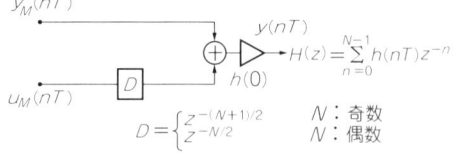

(a) 基本回路

(b) Nタップ直線位相ラティス

$$D = \begin{cases} z^{-(N+1)/2} & N:奇数 \\ z^{-N/2} & N:偶数 \end{cases}$$

● ラティスフィルタ

図7.7は，ラティス(Lattice)フィルタと呼ばれ，主に音声の分析合成に使用される．この回路もフィードフォワードのみで構成されているのでFIRフィルタの一種である．

ラティスフィルタは，第8章で述べるように直接型と比べ，係数のビット長が短くなっても振幅特性の劣化が少ない利点を有する．一方，クリティカルパス(計算時間が最も長い信号パス)が長いので，高速処理が必要とされる応用には適さない．

詳しい導出は省くが，インパルス応答からラティスフィルタの係数(反射係数と呼ぶ)を求める変換式を以下に示しておく〔第6章，参考文献(1)〕．

反射係数変換式：

$k_M = a_{M,M}$;
for $j = 0 : M-2$
  for $i = 1 : M-j-1$
    $a_{M-j-1, i} = (a_{M-j, i} - k_{M-j} a_{M-j, M-i-j}) / \{1 - (k_{M-j})^2\}$;
  end
  $k_{M-j-1} = a_{M-j-1, M-j-1}$;
end   (7.7)

ただし，変換前のM次FIRフィルタの伝達関数を次式とする．

$H_M(z) = a_{M,0} + a_{M,1} z^{-1} + \cdots + a_{M,M} z^{-M}$

$a_{M,0} = 1$

なお，MATLABでは上の変換式がコマンド poly2rc，latc2tf として提供されている．

例題7.2 直線位相ラティスフィルタ

図7.7(b)の回路が直線位相を実現できることを示せ．

【解】

たとえば$N=2$としてインパルス応答を求めると，

$y_1(nT) = x(nT) + k_1 x(nT - T)$

$u_1(nT) = k_1 x(nT) + x(nT - T)$

$y(nT) = y_1(nT) + u_1(nT - T)$

$= x(nT) + k_1 x(nT - T) + k_1 x(nT - T) + x(nT - 2T)$

$= x(nT) + 2k_1 x(nT - T) + x(nT - 2T)$

以上より，インパルス応答は，$h(n) = \{1 \ 2k_1 \ 1\}$となり直線位相である．

[図7.8] パイプラインアーキテクチャ

T：サンプル時間
T_a：アルゴリズム全体の処理時間
T_p：パイプライン化した場合の処理時間

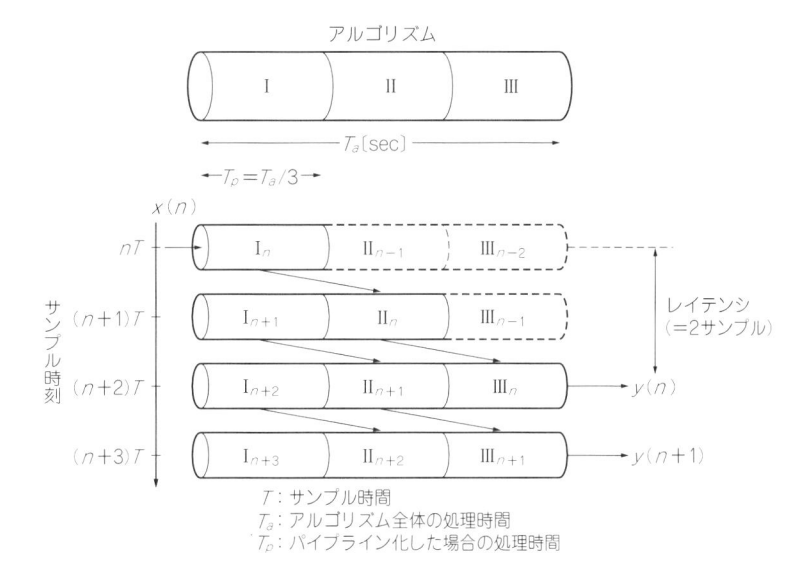

7.2 高速化のテクニック

つぎに，信号処理システムの集積化を行う際に重要なファクタの一つになる，処理速度の高速化について検討してみよう．ここでは主にディジタルフィルタを具体例として用いるが，差分方程式で記述できるならば他のアルゴリズムにも適用可能である．

まず7.2.1節〜7.2.3節でパイプライン構成による高速化について述べる．基本的なアイデアは，アーキテクチャのクリティカルパスが短くなるようにパイプライン化を行うという点である．また，パイプライン化に起因するレイテンシ遅延をゼロにする方法も検討する．最後に7.2.4節で，並列アーキテクチャを用いた高速信号処理システムについて述べる．

7.2.1 パイプラインアーキテクチャ

信号処理システムにおけるパイプライン処理とは，図7.8に示すようにT_a[sec]の処理時間を必要とするアルゴリズムをN個に分割して(図の場合は$N=3$)，1サンプル時間(T[sec])内で処理するのではなく，Nサンプル(NT[sec])で処理する方法である．

パイプライン化により，システムのクロックレートを上げることできるという利点がある．図7.8の例では，処理速度すなわちサンプリングレートをN倍以上に高くできる．理由は，処理が$T_p = T_a/N$時間内に終了すればよいからである．

また，パイプライン化によりクリティカルパスが短

[図7.9] 例題7.3 FIRフィルタのパイプライン化

----→：クリティカルパス
—·—：パイプライン用
ラッチ挿入レベル
（カットセット）

縮されるので，論理合成後においてもデータパスが低い供給電圧で動作でき，結果的に低消費電力となる利点もある．

欠点は，時刻nTで入力された信号$x(n)$に対して，出力$y(n)$が時刻nTで出力されるのではなく，$nT+(N-1)T$時刻で出力され，遅延が生じる点である．この遅延$(N-1)T$をレイテンシ(Latency)と呼んでいる．

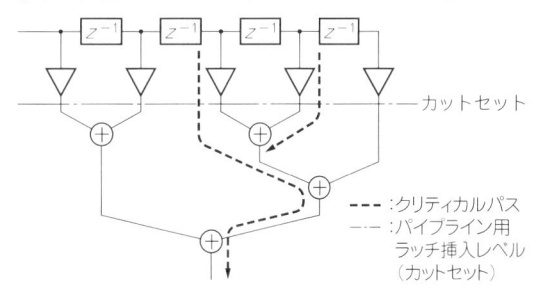

例題7.3 直接型FIRフィルタのパイプライン化

(1) 図7.9に示す4次FIRフィルタにおいて，クリティカルパスの計算に必要なクロック数Cを求めよ．ただし，加算に1クロック，乗算に2クロックかかるとする．

(2) 図のFIRフィルタをパイプライン化して，クリティカルパスに必要なクロック数を$C=3$と短くしたい．そのアーキテクチャを示し，レイテンシを求めなさい．

【解】

(1) 破線(----→)で示した信号経路がクリティカルパスであり，$C=5$となる．

(2) 一点鎖線(—·—)で示したレベルでパイプライン

[図7.10] 例題7.4 IIRフィルタのパイプライン化

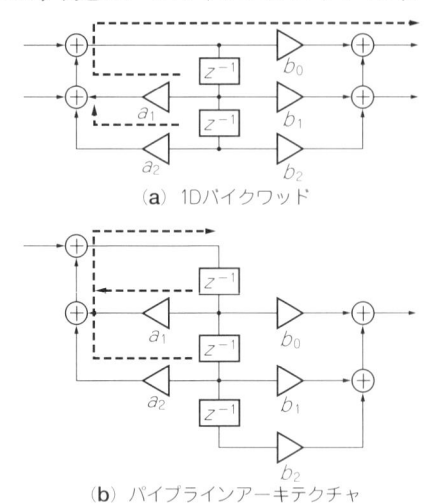

(a) 1Dバイクワッド

(b) パイプラインアーキテクチャ

化を行えば，$C=3$と短くなる．このようにパイプラインを実施する信号パスの集合を**カットセット**(cut-set)と呼ぶ．具体的には，カットセットの各信号パスにラッチ(遅延子z^{-1})を挿入してパイプラインを実現する．レイテンシは，1サンプル分である．

例題7.4 IIRフィルタのパイプライン化

図7.10(a)の1DバイクワッドIIRフィルタについて，例題7.3と同じ設問を答えなさい．ただし，(2)においては$C=4$とする．

【解】
(1) 破線の…→で示した信号経路がクリティカルパスであり，$C=7$となる．
(2) たとえば図7.10(b)のようにパイプライン化すると，$C=4$と短くなる．この場合のレイテンシも，1サンプル分である．

7.2.2 リタイミング

パイプライン構成では，クリティカルパスの短縮化によりレイテンシ(遅延)が生じるという欠点があった．レイテンシが生じないクリティカルパスの短縮化は，

可能であろうか？これは，**リタイミング**(Retiming)と呼ばれる遅延子の移動により可能な場合もあり，以下に例題で示す．

例題7.5 FIRフィルタのリタイミング

図7.11(a)のFIRフィルタが図(b)の構成と等価であることを説明しなさい．また，クリティカルパスの計算に必要なクロック数Cを比較しなさい．ただし加算に1クロック，乗算に2クロックかかるとする．

【解】
図(b)の回路は，図(a)の回路における最初の遅延子が移動した構成になっている．※点の信号$p(n)$の差分方程式は，図(a)，(b)いずれも，
$$p(n) = h_1 x(n-1) + h_2 x(n-2) + h_3 x(n-3) \quad (7.8)$$
となり等しい．したがって，図(a)，(b)は等価な回路であることがわかる．

しかしながら，クリティカルパスは，図(a)が5であるのに対し，図(b)は4に短縮されている．

このように，差分方程式が変わらないように，遅延子の移動を行う方法をリタイミングと呼んでいる．

7.2.3 ルックアヘッド変換

つぎにIIRフィルタや適応フィルタなど，再帰形アルゴリズムのパイプライン化に適した**ルックアヘッド変換**について説明しよう．

すでに例題7.4で2次IIRフィルタのパイプライン構成を示したが，たとえば図7.12(a)の1次IIRフィルタはパイプライン化できるのであろうか？一見できないように思える．以下の例題で検討してみよう．

例題7.6 再帰型アルゴリズムのパイプライン化

図7.12(a)の1次IIRフィルタをパイプライン化すると図(c)の構成となることを説明しなさい．また，パイプライン化によるレイテンシを求めてみよう．

【解】
図(a)の差分方程式は，
$$y(n) = ay(n-1) + x(n) \quad (7.9)$$
であるので，伝達関数は，

[図7.11] 例題7.5 リタイミング

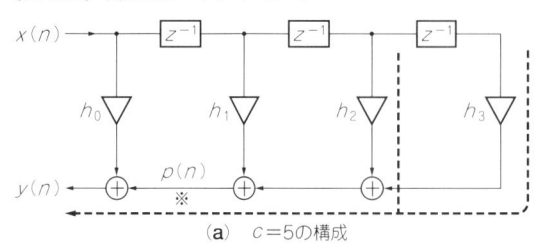

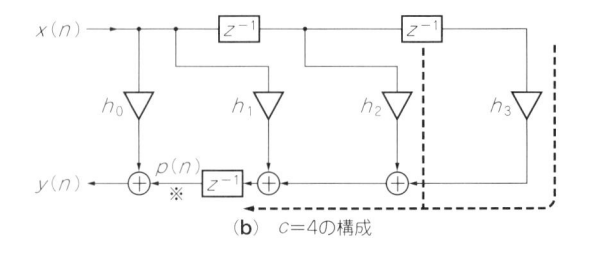

(a) $c=5$の構成

(b) $c=4$の構成

[図7.12] 例題7.6 再帰型アルゴリズムのパイプライン化

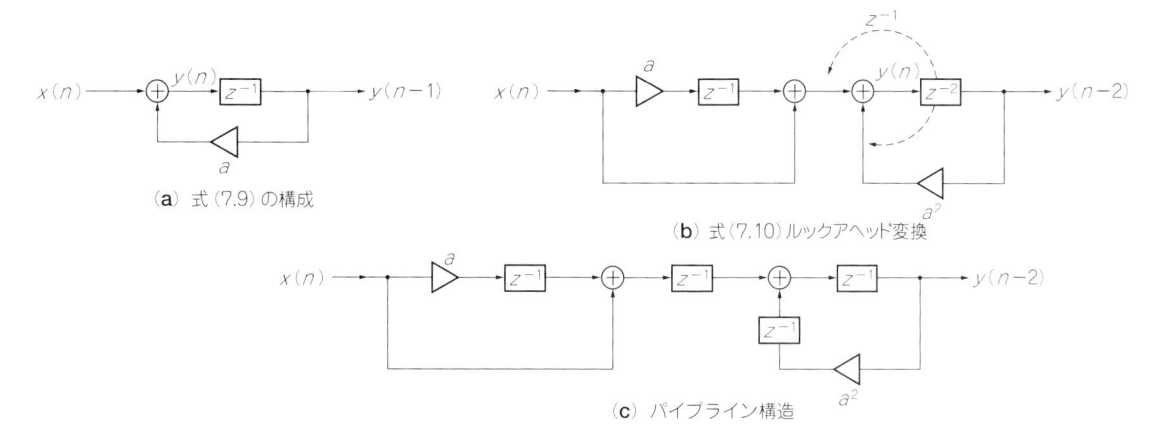

(a) 式(7.9)の構成

(b) 式(7.10)ルックアヘッド変換

(c) パイプライン構造

$$H(z) = \frac{Y(z)}{X(z)} = \frac{1}{1-az^{-1}} \quad (7.10)$$

となる。この$H(z)$の分母と分子に$(1+az^{-1})$をかけると，

$$H(z) = \frac{(1+az^{-1})}{(1-az^{-1})(1+az^{-1})}$$

$$= \frac{1+az^{-1}}{1-a^2z^{-2}} \quad (7.11)$$

となり，まず図(b)のアーキテクチャが得られる．式(7.11)の変形を**ルックアヘッド(Look ahead)変換**と呼んでいる．名前の由来は，$y(n-1)$より1サンプル過去の$y(n-2)$を使って$y(n)$を"先見"しているからである．

つぎに，図(b)における2サンプル遅延z^{-2}のうちz^{-1}を再帰ループから移動してパイプライン用のラッチとして用いると，図(c)のパイプライン構造が得られる．

この回路の出力は$y(n-2)$であるので，図(a)と比較して1サンプルのレイテンシが生じていることがわかる．

*

式(7.11)をさらにルックアヘッド変換することも可能だが，レイテンシが増すと同時にアーキテクチャが複雑になり，実用的には問題がある．このようにルックアヘッド変換は，再帰形アルゴリズムのパイプライン化を可能にする一方，ハードウェアが増える欠点がある．この問題を近似的に解決するRelaxed-Look-Ahead変換も提案されている[1]．

7.2.4 並列アーキテクチャ

つぎに並列処理による高速化を検討する．これは，

[図7.13] FIRフィルタ 並列アーキテクチャ

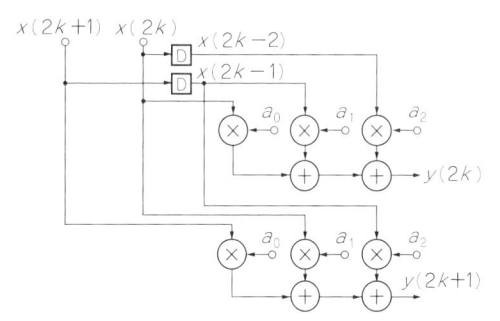

パイプライン化とは異なり複数の信号サンプルを並列処理して処理スピードを上げる方法である．

たとえば，FIRフィルタについて信号サンプルの偶奇別に並列処理すると**図7.13**の回路が得られる．

並列化により高速処理が可能となる代償として，図を見てわかるようにハードウェアは増大するので，集積化の際に問題となる．しかしながら，パイプライン化だけでは処理スピードが十分に上がらない場合には，並列化は有効な手段となる．

当然，並列アーキテクチャをパイプライン化し，さらに高速化することも可能である．

7.2.5 その他の高速化

これまでに述べてきた以外の高速化のテクニックをいくつか列挙しておく．

●**定係数システム**

システムの係数が一定(たとえば，伝達関数の係数が一定のフィルタ)の場合，乗算器の乗数が定数となるので，係数値をCSD表現して高速加算器で置換する方法がある[2],[3]．

第3部　ディジタル信号処理システムの実現

CSD（Canonical Sign Digit：正準サインディジット）とは，0，1以外に−1を許した冗長2進数である．ある数値をCSD化すると，"0"の数が通常の2進数より増え，さらに"1"または"−1"の隣接ビットが必ず"0"になるので，加算のキャリがたかだか1ビットしか伝搬せず，高速化が可能となっている．

参考文献(3)では，特にコサインロールオフフィルタの論理設計をCSDを用いて行っている．

● 演算器の高速化

これまでアルゴリズムあるいはアーキテクチャレベルの高速化を考えてきたが，ゲート論理レベル，トランジスタレベルの高速化も可能である．ここでは，ゲート論理レベルすなわち演算器自体の高速化のテクニックを列挙しておく．

- Carry-Look-Ahead加算器の利用
- BoothアルゴリズムやCSD乗算器[4]の利用

たとえば，CSD乗算器はBoothアルゴリズムとほぼ同じゲート数で論理合成できるにかかわらず，リコード後の"1"の出現確率がBoothアルゴリズムの1/2に対し約1/3に低減されるので高速な乗算が可能となる．

7.3 ハードウェアの低減と低消費電力化のテクニック

これまで述べてきた高速化の手法は，たとえばFIRフィルタの場合，タップ数分の乗算器をすべて用いており，大規模なハードウェアとなる．確かにこのような高速化手法を用いると，100MHzクロック以上のシステムの構築も夢ではなくなるが，たとえば音声処理など帯域がたかだか数kHzの信号処理にとっては処理スピードの点で冗長であり，またハードウェアの規模も大きすぎ，面積および消費電力の両面で不経済で

コラムJ

D-Aコンバータのアパーチャ効果

理想的なD-Aコンバータは，図J.1(a)に示すように2値信号$y_D(nT)$を，サンプリング周期T[sec]ごとにその2進数値に対応した電圧信号$y^*(t)$に変換する．

$y^*(t)$は，図J.1(b)のようにアナログ信号$y(t)$をインパルス信号でサンプリングした信号$y(nT)$とも考えられるので，図J.1(c)に示すように$y(nT)$の周波数領域におけるベースバンド信号のみをLPFで切り出すと，所望のアナログ信号$y(t)$が得られる（定理3.1，定理3.2参照）．

しかしながら，実際のD-Aコンバータは，図J.2(b)に示すT[sec]のホールド期間を有した信号$\tilde{y}(t)$を出力する．この$\tilde{y}(t)$の周波数スペクトルは，図J.2(c)に示すように，理想D-Aコンバータの出力$y^*(t)=y(nT)$の場合〔図J.1(c)〕と比較すると振幅特性が劣化している．この振幅劣化を**アパーチャ効果**と呼んでおり，D-Aコンバータの**零次ホールド特性**[注1]が原因となっている．以下に詳しく説明しよう．

〔図J.1〕
理想的なD-Aコンバータ

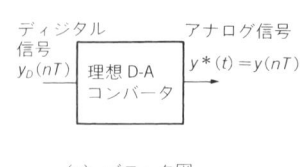

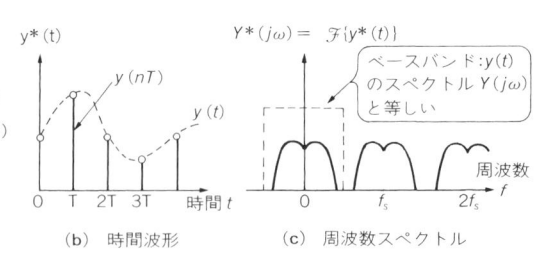

(a) ブロック図
(b) 時間波形
(c) 周波数スペクトル

〔図J.2〕
実際のD-Aコンバータ

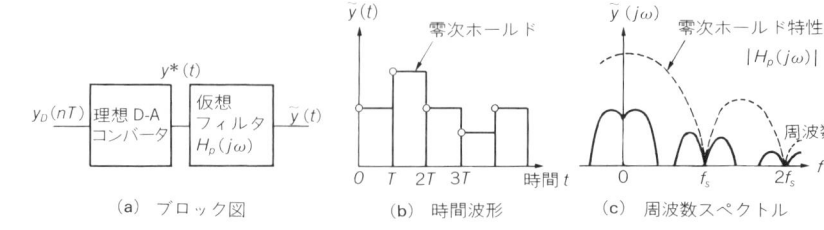

(a) ブロック図
(b) 時間波形
(c) 周波数スペクトル

[図7.14]
FIRフィルタ1乗算器1加算器アーキテクチャ

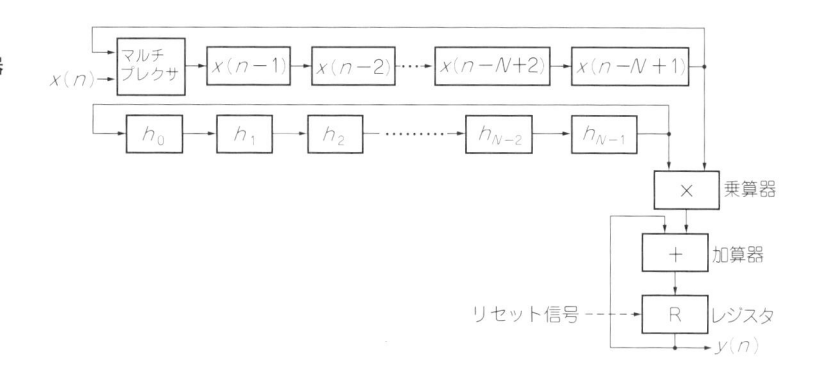

ある．

そこで，次にハードウェアの低減とそれにともなう低消費電力化のテクニックについて検討してみよう．

7.3.1　1乗算器1加算器構成

信号処理アルゴリズムの多くは，たたみ込み演算のように積和演算により表現される．このような積和演算で構成されるアルゴリズムにとり最も経済的なアーキテクチャは，1乗算器1加算器である．例題で検討してみよう．

例題7.7　FIRフィルタの1乗算器1加算器構成

1乗算器1加算器を用いて直接型FIRフィルタを構

まず，図J.3で示す矩形パルス $p_\tau(t)$ を定義する．

$$p_\tau(t) = \begin{cases} 1, & -\tau \leq t \leq \tau \\ 0, & その他 \end{cases} \quad (J.1)$$

$p_\tau(t)$ を用いて $\tilde{y}(t)$ を表すと次式となる．

$$\tilde{y}(t) = \sum_{n=-\infty}^{\infty} y(nT) p_{T/2}\left(t - nT - \frac{T}{2}\right) \quad (J.2)$$

$n=0, 1, 2, \cdots$ と代入していけば，上式が図J.2(b)に示す $\tilde{y}(t)$ において長方形の形をした信号を左から順に表現していることが理解できる．

さて，$\tilde{y}(t)$ に連続時間 t に対するフーリエ変換を施し周波数スペクトル $\tilde{Y}(j\omega)$ を求めると，次式となる〔例題3.1(1)参照〕．

$$\tilde{Y}(j\omega) = \sum_{n=-\infty}^{\infty} y(nT) \cdot \mathscr{F}\left\{p_{T/2}\left(t - nT - \frac{T}{2}\right)\right\}$$
$$= \frac{2\sin(\omega T/2) e^{-j\omega T/2}}{\omega} \sum_{n=-\infty}^{\infty} y(nT) e^{-j\omega nT} \quad (J.3)$$

ここで，図J.1(b)より $y^*(t) = y(nT)$ であったので，上式右辺の $\sum$ の項は理想D-Aコンバータ出力 $y^*(t)$ の離散時間信号に対するフーリエ変換 $Y^*(j\omega)$ となっ

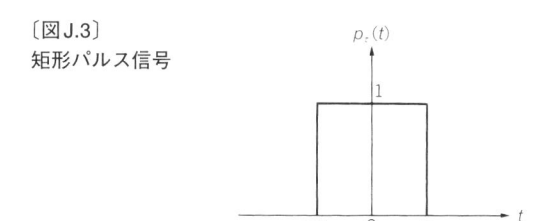

[図J.3]
矩形パルス信号

ている．したがって，式(J.3)は次のように書き表せる．

$$\tilde{Y}(j\omega) = H_p(j\omega) Y^*(j\omega)$$
ただし，
$$H_p(j\omega) = \frac{T \sin(\omega T/2) e^{-j\omega T/2}}{\omega T/2} \quad (J.4)$$

上式より，実際のD-Aコンバータは，図J.2(a)のブロック図で示すように，理想D-Aコンバータに矩形パルスを発生させる仮想フィルタ $H_p(j\omega)$ が接続されていると考えることができる．

この $H_p(j\omega)$ がアパーチャ効果の原因である．その振幅特性は，

$$|H_p(j\omega)| = T\left|\frac{\sin(\omega T/2)}{\omega T/2}\right| \quad (J.5)$$

であり，ナイキスト周波数 $f_s/2$ では -3.92[dB]も劣化する．

(注1) 零次ホールド特性と呼ぶ理由は，図J.2(b)のように，サンプルされた信号が一定値にホールドされる，すなわち傾きがゼロの直線で補間されるからである．

[図7.15] 2次IIRフィルタ

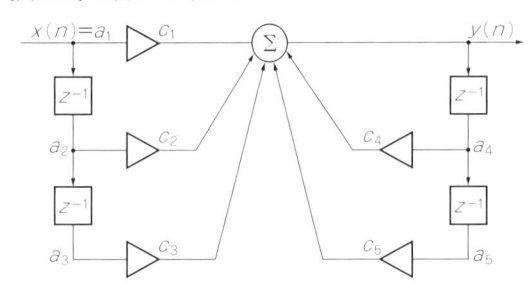

成してみよう．

【解】

たとえば，式(7.5)における信号およびインパルス応答の遅延をシフトレジスタを用いて実現すると，図7.14のアーキテクチャが得られる．レジスタRは，式(7.5)の$\sum$を計算している．なお，サンプル時刻nがインクリメントするたびに，レジスタRをリセットする必要がある．

＊

シフトレジスタの代わりにRAMあるいはROMを用いて構成することも可能である．また，3DタイプのバイクワッドIIRフィルタも1乗算器1加算器で構成できる．読者自身で確認していただきたい．

7.3.2 乗算器を用いない分散演算による構成

定係数システムの場合，乗算における部分積が信号のビットパターンによりあらかじめ決定できるので，加算器のみで乗算が実現でき，ハードウェアの削減が可能となる．

ここでは，**分散演算**（Distributed Arithmetic）と呼ばれる，定係数システムの乗算器を用いない効率的な構成方法を紹介する．

図7.15(a)は2次IIRフィルタである．いま，各信号a_iを$k+1$ビット長とし，そのj番目のビットをa_{ij}と表すと$a_i = (a_{ik} \cdots a_{i0})$と表現できる．したがって，出力$y(n)$は，

$$y(n) = \sum_{i=1}^{5} c_i a_i$$
$$= \sum_{i=1}^{5} c_i \left(-a_{ik} 2^k + \sum_{j=0}^{k-1} a_{ij} 2^j \right) \quad (7.12)$$

となる．ここで，加算の順序を逆にすると次式が得られる．

$$y(n) = 2^k \left(-s_k + \sum_{j=0}^{k-1} 2^{j-k} s_j \right)$$

ただし，

$$s_j = \sum_{i=1}^{5} c_i a_{ij} \quad (7.13)$$

さて，係数c_iは定数であるので，データビットa_{ij}，$i=1, \cdots, 5$の値により，s_jはたかだか$2^5 = 32$通りの値しかもたない．したがって，この32通りの値をあらかじめ計算し，メモリ（RAMまたはROM）にストアしておけば，s_jの値はデータビットa_{ij}をアドレスとしてメモリから読み出すことができ，乗算を必要としない．このメモリアドレッシングをインデックスj，$j=0, \cdots, k$ごとに行い，各s_jをすべて求める．最終的に式(7.13)に各s_jを代入すれば$y(n)$が求まる．

以上の計算手順をアーキテクチャで表すと図7.15(b)となる．

分散演算を用いた構成方法は，高速処理が必要とされている各種の信号処理システムに応用されており，DCTや適応フィルタなどの実現例が報告されている．

おわりに

本章ではディジタル信号処理システムのアーキテクチャについて，高速化および低消費電力化の両面から検討した．今後，信号処理システムの高帯域化/低消費電力化の要求はますます増えることは必至であり，こうした面から本章で学んだ高速化・低消費電力化技術は重要となってくるであろう．

一方，実際に集積化を行う際は，これらの要素以外に，回路の規則性や面積さらに演算ビット数の選定なども考慮しなければならない．特に，演算ビット数は，システムの発振や雑音発生などにかかわるので重要である．次章は，この点について検討する．

参考文献

(1) K.K.Parhi, D.G.Messerschmitt, "Pipeline Interleaving and Parallelism in Recursive Digital Filters", IEEE Trans. ASSP, vol.37, pp.1099-1135, July 1989.
(2) 鈴木，尾知，金城；最小遅延子数で構成できるCSDを用いたFIRフィルタの論理設計，電子情報通信学会論文誌A，Vol.J81-A，No.2，pp.190-197，1998．
(3) 尾知，仲宗根；ロールオフフィルタのトップダウン設計，インターフェース，1996．
(4) 仲宗根，尾知，金城；正準サインデジットによる乗算器のトップダウン設計，電子情報通信学会技法，VLD94-117，pp.61-68，1994-03．

章末問題

問題7.1 全域通過回路

次数$N=2$の全域通過関数式(6.13)を実現する回路を示せ．ただし，乗算器の数をなるべく少なくすること．

ヒント：共通化できる乗算器を見い出す．

問題7.2 IIR 並列構成

以下の伝達関数を，部分分数展開し並列形で構成しなさい．

ヒント：MATLAB コマンド residuez を用いて部分分数を求める．

$$H(z) = 0.2707 \frac{-0.5303z^{-2}+0.5303}{0.7181z^{-2}+0.4864z^{-1}+1}$$
$$\times \frac{-0.4916z^{-2}+0.4916}{0.7181z^{-2}-0.4864z^{-1}+1} \quad (Q7.2)$$

問題7.3 パイプライニング

図7.7のFIRラティスフィルタにおいて，クリティカルパスの計算時間を3クロック以下にするパイプライン構造を導いてみよう．ただし，加算に1クロック，乗算に2クロックかかるとする．

問題7.4 リタイミング

例題7.5の図7.11におけるリタイミングを他の遅延子に対しても続けて行うと，最終的に図7.6(b)の転置型構成のFIRフィルタとなることを示せ．

問題7.5 ルックアヘッド変換

例題7.6において，式(7.11)に対し，再度ルックアヘッド変換した場合の伝達関数と得られる回路を示しなさい．

問題7.6 並列処理

図7.13で示すFIRフィルタは，並列度が2の並列アーキテクチャである．並列度が3のアーキテクチャを示せ．

ヒント：入力信号サンプルを$x(2k)$，$x(2k+1)$，$x(2k+2)$と分ける．

問題7.7 ハードウェアの低減

3DタイプのバイクワッドIIRフィルタの1乗算器1加算器構成を示せ．

ヒント：図7.14．

第8章

第3部 ディジタル信号処理システムの実現

固定小数点ディジタル信号処理システムの最適化

ディジタル信号処理システムを，実際にDSPやASICで実現するとオーバフローや雑音，発振などの劣化現象が生じる場合がよくあり，問題となる．そこで本章では，そうした劣化現象に対する解決策をMATLABを使いながら具体的に検討していく．ダイナミックレンジの関係で，浮動小数点演算に比べ固定小数点演算のほうが劣化現象が顕著に現れる．セルラー電話や画像処理システムでは，コストとスピードの面から固定小数点演算を用いる場合が多いので，演算に起因する劣化現象に対する対策は重要である．

8.0 とりあえず試してみよう

| 実習8.0 | システムが発振してしまう
M-file：ex8_0.m |

図8.0は，1次IIRフィルタである．インパルス応答を求めてみよう．ただし，乗算結果は小数点以下3ビットまでを用い，また4ビット目が1なら3ビット目に1を加える(丸め量子化)ものとする．

【解】
MATLABのdsp blocksetをインストールしている場合は，M-file：ex8_0.mを実行していただきたい．そうでない場合は，スクリーンカムファイルex8_0.scmで動作確認していただきたい．

さて，インパルス応答は，

$$h(nT) = a^n$$

と表される．$|a|<1$である場合，$h(nT)$はaの値に関係なく時間とともにゼロに漸近するはずである(実習2.2参照)．しかしながら，実際は$a=0.625$の場合には図8.0(b)のように発振してしまう．

一方，$a=0.4$と$a<0.5$の値にすれば発振が停止する．

なぜであろうか？ 答は，有限語長演算と極の位置が関係している．以下に，こうした劣化現象について詳しく検討してみよう．

8.1 固定小数点演算と演算誤差

まず，固定小数点2進数の演算時に生じる誤差や雑音電力について言及し，ついでそれらの演算誤差に起因する固定小数点信号処理システムの特性劣化現象について実例を示す．

なお，本書で扱う2進数の負数表現は2の補数とする．

〔図8.0〕1次IIRフィルタ

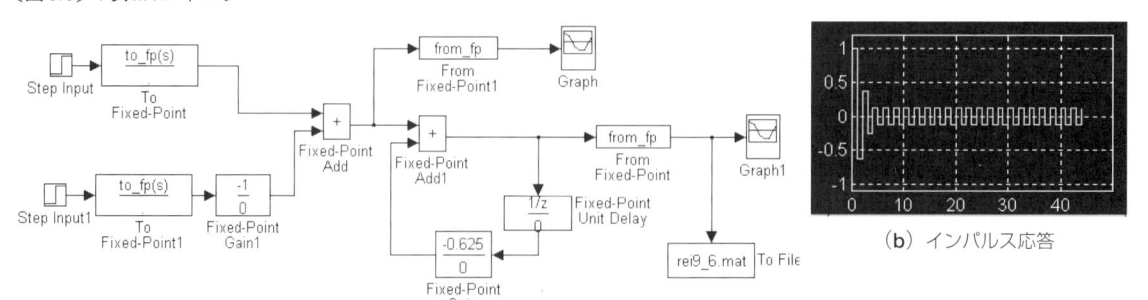

(a) 1次IIRフィルタ

(b) インパルス応答

第8章 固定小数点ディジタル信号処理システムの最適化

〔図8.1〕
丸め,切り捨て量子化特性

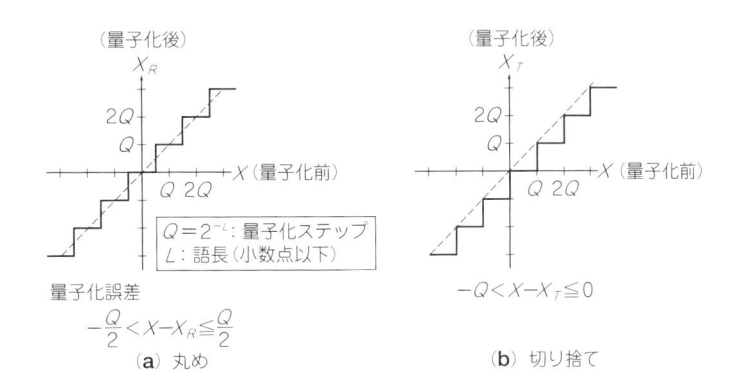

(a) 丸め

(b) 切り捨て

$Q=2^{-L}$: 量子化ステップ
L: 語長(小数点以下)

$-\frac{Q}{2} < X - X_R \leq \frac{Q}{2}$

$-Q < X - X_T \leq 0$

8.1.1 固定小数点2進数

●丸めと切り捨て

例題8.1 量子化誤差

10進数の値$X=0.6$を8ビットの固定小数点2進数で表してみよう.

まずXを固定小数点表現の2進数で表すと,

$X = 0.1001100110\cdots$

このXを有限のビット長で表す場合,以下の二つの方法がある.

(1) **切り捨て(truncate)**

これは単純に9ビット目以降を切り捨てる方法である.切り捨てた値をX_Tとすると,

$X_T = 0.1001100$:2進数
$\quad = 0.59375$:10進数

となる.真値Xとの誤差(**量子化誤差と呼ぶ**)ε_Tは,

$\varepsilon_T = X - X_T = 0.00625$

(2) **丸め(round)**

これは,9ビット目が1ならば8ビット目に1を加え,0ならば9ビット目以降を切り捨てる方法である.丸めた値をX_Rとすると,

$X_R = 0.1001101$:2進数
$\quad = 0.6015625$:10進数

となる.量子化誤差ε_Rは,

$\varepsilon_R = X - X_R = -0.0015625$

真値と,小数点以下Lビットで量子化後の値との関係をグラフ化すると,図8.1となる.図において,Qは**量子化ステップ**と呼ばれ,次式で与えられる.

量子化ステップ: $Q = 2^{-L}$ (8.1)

8.1.2 固定小数点2進数における演算と誤差

●乗算における演算誤差

例題8.2 固定小数点乗算の量子化誤差

図8.2に4ビット長のデータ同士の乗算過程を示す.

〔図8.2〕固定小数点表現2進数の乗算と量子化誤差

```
        ┌─符号ビット
        0▲1  0  1           [0.625]
   ×    0▲0  1  1           [0.375]
      ─────────────
        0▲0  0  1  1  1  1  [0.234375] ;真値
    4ビット ├─有効桁─┤
   ┌丸め   0▲0  1  0 [0.25],誤差=[-0.01525] ;$\varepsilon_R$
   └量子化
   ┌切り捨て 0▲0  0  1 [0.125],誤差=[0.10975] ;$\varepsilon_T$
   └量子化    (誤差=真値-量子化値)
                    [×] :10進数
                     ▲  :小数点
```

乗算結果(7ビット)に対し4ビットで丸め,または切り捨て量子化を施している.このような乗数または被乗数のデータ長(4ビット)に乗算結果を量子化する**単精度演算**に対し,乗算結果を全ビット長(この場合7ビット)で表す**倍精度演算**もある.明らかに単精度演算の場合は,その乗算結果は真値に対して誤差を含むようになる.

この乗算における量子化誤差が,ディジタル信号処理システムにおける雑音発生と発振の主な要因となる.一般に単精度演算に限らず,乗算結果に対しあるビット長L(小数点以下)で,丸め,あるいは切り捨て量子化を施すと誤差を含むようになる.

●量子化誤差の分布

雑音の発生は,上で述べた乗算器における丸め・切り捨て量子化に起因する場合と,A-Dコンバータで入力信号を量子化する際に生じる誤差に起因する二つの場合がある.どちらもその量子化誤差が雑音となる.

いま,音声のようなランダムな時間信号に対してA-Dコンバータにより量子化を行う場合,各サンプル時刻における量子化結果に含まれる誤差は,丸め誤差$\varepsilon_R(t)$,切り捨て誤差$\varepsilon_T(t)$ともに図8.3に示すように,やはりランダムに分布する(一般には白色信号と仮定する).

第3部 ディジタル信号処理システムの実現

〔図8.3〕量子化誤差の分布

(a) 丸め量子化誤差

(b) 切り捨て量子化誤差

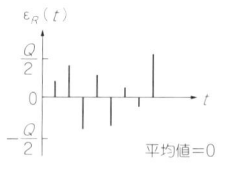

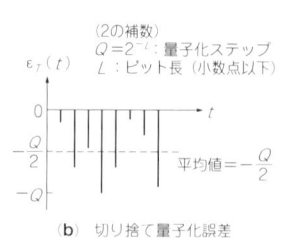

〔図8.4〕丸め誤差

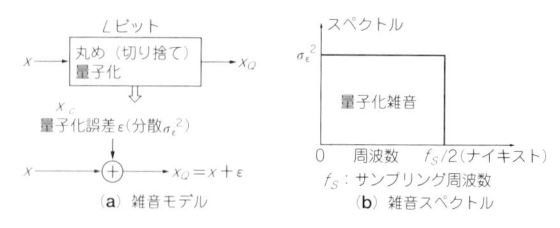

(a) 雑音モデル

(b) 雑音スペクトル

〔図8.5〕固定小数点表現2進数の加算とオーバフロー

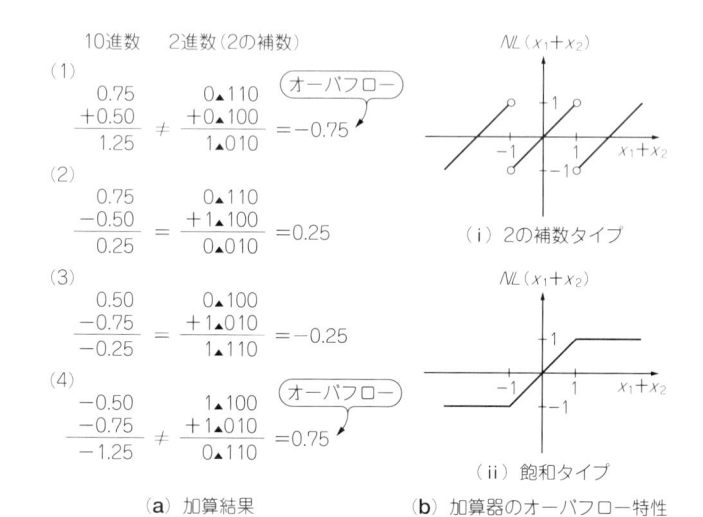

(1)
```
 0.75     0.110
+0.50   +0.100    オーバフロー
 1.25 ≠  1.010 = -0.75
```

(2)
```
 0.75     0.110
-0.50   +1.100
 0.25 =  0.010 = 0.25
```

(3)
```
 0.50     0.100
-0.75   +1.010
-0.25 =  1.110 = -0.25
```

(4)
```
-0.50     1.100
-0.75   +1.010    オーバフロー
-1.25 ≠  0.110 = 0.75
```

(a) 加算結果

(b) 加算器のオーバフロー特性

(i) 2の補数タイプ

(ii) 飽和タイプ

Q を量子化ステップとすると,$\varepsilon_R(t)$ の最大誤差は $\pm Q/2$,$\varepsilon_T(t)$ の最大誤差は $-Q$ である.これは,**図8.1**の量子化特性を見れば明らかであろう.また,切り捨て量子化はマイナスのオフセットを生じるので注意を要する.

乗算においても,乗数および被乗数をランダム信号とすると量子化誤差は,同様に**図8.3**のような分布をすると考えてよい.

● 丸め雑音電力

量子化誤差による雑音解析をあるシステムに対して行う場合,よく雑音電力なる評価量を用いる.前述のように,量子化誤差による丸め雑音(切り捨ての場合も丸め雑音と呼ぶ)をランダムな確率的信号として取り扱うと,分散すなわち丸め雑音電力 σ_ε^2 は次式で与えられる(問題8.3).

$$\text{丸め雑音電力}:\sigma_\varepsilon^2 = \frac{Q^2}{12} \qquad (8.2)$$

丸め量子化と切り捨て量子化とでは,その平均値はそれぞれ異なるが(**図8.3**),雑音電力は同一である.

ここで,量子化を行う前の値 X に対し量子化を施した X_Q は,電力が σ_ε^2 である雑音 ε が付加すると考えられる〔**図8.4(a)**〕.また X は一般に音声のようなランダム信号であるので,ε は X と相関がないと考えられる.したがって丸め雑音は白色雑音となり,この仮定のもとに雑音解析が行われる.その電力スペクトル密度(1Hz あたりの電力スペクトル値)は,**図8.4(b)**で示すようにナイキスト周波数まで一定($=\sigma_\varepsilon^2$)である.

● 加算における誤差

例題8.3 加算演算とオーバフロー

次に,2進数の加算結果の例を**図8.5(a)**に示す.(2),(3)のように加算結果が10進値で ±1 以内に入る場合は,固定小数点2進数における加算演算は演算誤差を生じない.しかしながら,(1),(4)のように加算結果が ±1 以内に入らないとオーバフローを生ずる.これは図の場合,2進数における小数点の位置を1ビット目の右に定めているので ±1 以上を表現できないためである.

図8.5(b)の(i)に2の補数の加算器のオーバフロー特性を示す.図において $NL(x_1+x_2)$ は,真の加算結果 x_1+x_2 に対する2進数の加算結果である.図より,

第8章 固定小数点ディジタル信号処理システムの最適化

[図8.6] セルラ電話用ハイパスフィルタ($f_s = 8\text{kHz}$)

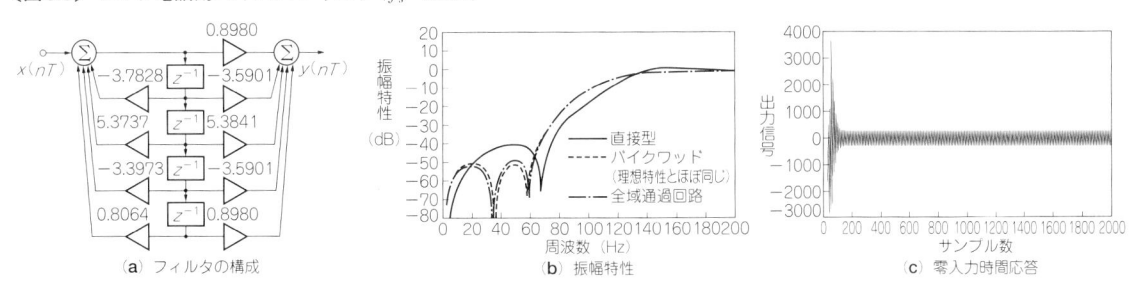

(a) フィルタの構成
(b) 振幅特性
(c) 零入力時間応答

[図8.7] ディジタルフィルタの特性劣化

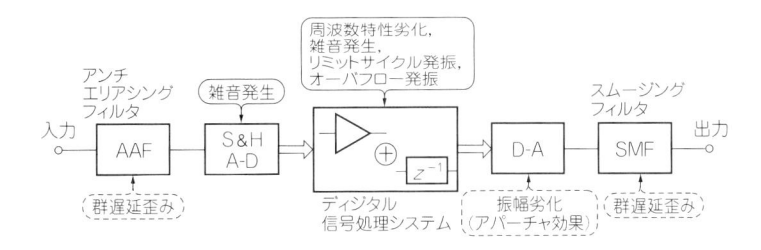

$NL(x_1+x_2)$ と x_1+x_2 の関係は非線形であり，この非線形性がディジタル信号システムのリミットサイクルと呼ばれる発振の一要因となる．

一方，同図(ii)に示す**飽和タイプ**と呼ばれるオーバフロー特性もあり，この特性の加算器を用いると，リミットサイクル発振が生じない場合があることが知られている．

8.1.3 ディジタル信号処理システムにおける特性劣化と要因

上述の乗算量子化誤差，加算時のオーバフロー特性および入力信号の量子化により，信号処理システムは，その特性が理論特性と比べて劣化する．

例題で実際の劣化現象を見てみよう．

例題8.4 セルラー電話用ハイパスフィルタ

図8.6(a)に，米国TIAで勧告されているアナログセルラー電話の前処理用IIRハイパスディジタルフィルタを示す．このHPFを，係数語長12ビット，小数部12ビットの単精度固定小数点乗算器を用いて実際に動作させてみよう．

結果は，まず同図(b)の実線のように振幅特性が理想特性に対して劣化する．劣化の原因は，フィルタ係数の量子化による．さらに，同図(c)のようにゼロ入力にかかわらず出力信号が発振して実用に耐えない結果となっている．発振の理由は，加算器のオーバフローによる． □

信号処理システムで生じる特性劣化を図8.7に現象

[図8.8] 信号処理システムの特性劣化と要因

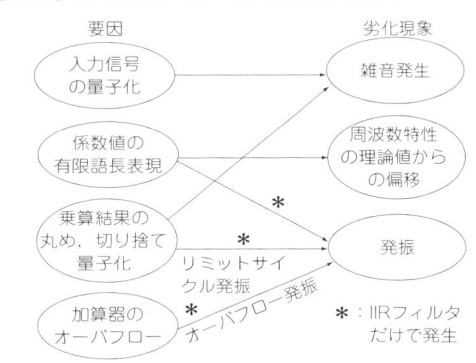

別にまとめておく．図の破線で囲んだディジタル信号処理に関係しないアナログシステム固有の劣化現象も存在するが，ここでは扱わない．本章では，実線で囲んだディジタル信号処理システム固有の劣化現象に対する評価や低減方法について具体的に述べていく．

図8.8は，それら特性劣化の要因について示したものであり，たとえば発振現象だけでもいくつかの要因が存在することがわかる．

8.2 オーバフローの防止

本節では，オーバフローの防止方法〔**スケーリング**(scaling)と呼ぶ〕について説明する．

固定小数点演算によるディジタル信号処理システム

[図8.9] FIRディジタルフィルタ

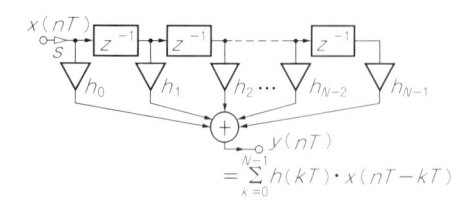

$$y(nT) = \sum_{k=0}^{N-1} h(kT) \cdot x(nT-kT)$$

は，その加算点でオーバフローする可能性がある．雑音発生に比べ，オーバフローは発振の原因になるばかりでなく，信号の値そのものを変えてしまうという点でシステムにとって致命的である．したがって，必ずオーバフローの防止対策をとる必要がある．

ここで取り上げる回路は，FIRフィルタとバイクワッド縦続型IIRフィルタである．

8.2.1 L_1ノルム法

● FIRフィルタのスケーリング

例題8.5 FIRフィルタのスケーリング

(1) 図8.9のFIRフィルタについて，最大出力値を与える入力信号を見い出しなさい．
(2) また，その最大出力値を使ってオーバフローを完全に防止するスケーリング方法を検討しなさい．

ただし条件として，$x(nT)$および加算器ともに整数部をもたない，すなわち±1以内の値をとるものとする．

【解】
(1) 条件の下で$y(nT)$が最大となるのは，
$$x(nT - kT) = \text{sgn}[h(kT)]$$
ただし，$\text{sgn}(x) = \begin{cases} 1, & x > 0 \\ -1, & x < 0 \end{cases}$ (8.3)

が成立する場合であり，このとき，
$$y(nT) = \sum_{k=0}^{N-1} h(k)x(nT-kT) = \sum_{k=0}^{N-1} |h(k)| \quad (8.4)$$

となり，最大出力値となる．この値は，インパルス応答のL_1ノルム$\|h\|_1$である．

(2) スケーリング係数$s = 1/\|h\|_1$を入力に設定すればよい．

この例題より，以下の値sで入力信号をスケーリングすればオーバフローを完全に防止できることがわかる．このように，インパルス応答の絶対値和でスケーリングする方法をL_1ノルム法と呼んでいる．

● バイクワッド縦続型IIRフィルタのスケーリング

スケーリングを施す前のIIRフィルタの伝達関数$H(z)$を次式で表す．

$$H(z) = a_0 \prod_{i=1}^{M} \frac{\alpha_i(z)}{\beta_i(z)} \quad (8.5)$$

ただし，$\alpha_i(z) = 1 + \alpha_{1i}z^{-1} + \alpha_{2i}z^{-2}$
$\beta_i(z) = 1 + \beta_{1i}z^{-1} + \beta_{2i}z^{-2}$

式(8.5)に対してスケーリングを施した伝達関数を

[図8.10] バイクワッド縦続構成のスケーリング

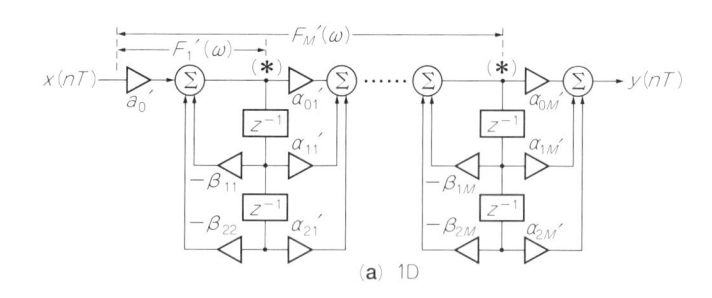

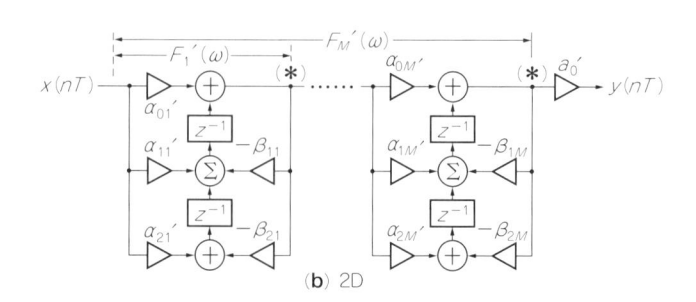

(a) 1D

(b) 2D

$H'(z)$ で表し，1D，2Dバイクワッド回路で構成したブロック図を図8.10に示す．

$$H'(z) = a_0' \prod_{i=1}^{M} \frac{\alpha_i'(z)}{\beta_i(z)} = a_0' \prod_{i=1}^{M} \frac{s_i \alpha_i(z)}{\beta_i(z)} \quad (8.6)$$

ただし，$\alpha_i'(z) = \alpha_{0i}' + \alpha_{1i}' z^{-1} + \alpha_{2i}' z^{-2}$

ここで s_i, $i=1, \cdots, M$ はスケーリング係数と呼ばれる．

図の構成において，オーバフローを生じる点は加算器出力点＊である．この＊点でのオーバフローを防止するため，例題8.5「FIRフィルタのスケーリング」と同様に各加算点におけるゲインを下げなければならない．この目的のため，式(8.6)に示すように，スケーリングを施す前の分子多項式に各＊点のインパルス応答の L_1 ノルムで決定されるスケーリング係数をかけるのである．

ところで，式(8.3)を満足する信号が入力されることは非常にまれであり，また L_1 ノルム法でスケーリングするとダイナミックレンジが狭くなるという欠点もある．このように，L_1 ノルム法は実用上問題になる場合があり，つぎに述べる L_∞ ノルム法や L_2 ノルム法も広く使われている．

8.2.2 L_∞ ノルム法

L_∞ ノルムによるスケーリング方法は，正弦波など狭帯域信号に対してオーバフローを防止し，かつ L_1 ノルム法よりダイナミックレンジを大きくとることを目的としている．

図8.10で示したディジタルフィルタにおいて，i 番目の加算点までのスケーリング後の伝達関数を $F_i'(e^{j\omega T})$ とすると，その L_∞ ノルム $\|F_i'\|_\infty$ は $|F_i'(e^{j\omega T})|$ のピーク値を表す．

いま $\|F_i'\|_\infty$ となる周波数の正弦波信号が入力されると，$\|F_i'\|_\infty$ の値が1以上であると i 番目の加算点でオーバフローする可能性がある．したがって，いかなる周波数の正弦波信号を入力しても加算点でオーバフローせず，かつ丸め雑音との S/N 比を大きくとるため信号レベルを許容限度まで大きくするためには，

$$\|F_i'\|_\infty = 1 \quad (8.7)$$

となるようにスケーリングを行う必要がある．

このように振幅特性のピーク値でスケーリングする

コラムK

L_p ノルムについて

●伝達関数に対する L_p ノルム

サンプル周波数が f_s であるディジタルフィルタの伝達関数 $F(e^{j\omega T})$ の L_p ノルムは，次式で定義される．

$$\|F\|_p = \left(\frac{1}{\omega_s} \int_0^{\omega_s} |F(e^{j\omega T})|^p d\omega \right)^{1/p} \quad (K.1)$$

ただし，$\omega_s = 2\pi f_s$

L_p ノルムは，$F(e^{j\omega T})$ の性質を表す一種の評価式として考えることができ，たとえば $p=\infty$ の L_∞ ノルムは，振幅特性 $|F(e^{j\omega T})|$ のピーク値となる（図K.1）．

$$\|F\|_\infty = \max_{0 \leq \omega < \omega_s} |F(e^{j\omega T})| \quad (K.2)$$

また L_1 ノルムと L_2 ノルムは，ランダム信号を入力とするディジタルフィルタの出力平均電力や丸めの雑音電力を議論する場合にしばしば用いられる．

●インパルス応答に対する L_p ノルム

線形時不変ディジタルフィルタのインパルス応答 $h(nT)$ に対して，L_p ノルムは次のように定義される．

$p=\infty$: $\|h\|_\infty = \max\{|h(nT)|\}$:最大値

$p=1$: $\|h\|_1 = \sum_{n=-\infty}^{\infty} |h(nT)|$

$p=2$: $\|h\|_2 = \left(\sum_{n=-\infty}^{\infty} |h(nT)|^2 \right)^{1/2}$

とくに，ディジタルフィルタが安定であるための条件に関して，インパルス応答の L_1 ノルムが有界（無限大でなく，ある値をもつこと）でなければならないことが知られている．

［図K.1］
L_∞ ノルム

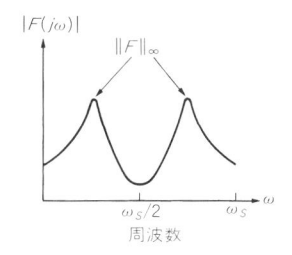

方法を，L_∞ノルム法と呼んでいる．

以下，図8.10の1D，2Dバイクワッド別にスケーリング係数の決め方について説明する．

L_∞ノルム法スケーリングルール

【1Dタイプ】

スケーリング後の伝達関数$F_i'(e^{j\omega T})$は，式(8.5)，式(8.6)より，

$$\|F_i'\|_\infty = a_0' \left\| \frac{\alpha_1' \alpha_2' \cdots \alpha_i'}{\beta_1 \beta_2 \cdots \beta_i} \right\|_\infty = a_0' s_1 s_2 \cdots s_{i-1} \|F_i\|_\infty$$

ただし，$i = 1, 2, \cdots, M-1$, $\alpha_0'(z) \triangleq 1$ ($i=1$のとき)

(8.8)

が成立する．同様に，

$$\|F_{i+1}'\|_\infty = a_0' s_1 s_2 \cdots s_i \|F_{i+1}\|_\infty \quad (8.9)$$

となる．

ここで，最適なスケーリングを行うには両式に対し，式(8.7)が成立する必要がある．そこで，両式を連立させることにより，以下のようにスケーリング係数が求まる．

$$s_i = \frac{\|F_i\|_\infty}{\|F_{i+1}\|_\infty}, \quad i = 1, 2, \cdots, M-1 \quad (8.10)$$

その他のスケーリング係数は，

$$a_0' = \frac{1}{\|F_1\|_\infty}, \quad s_M = a_0 \|F_M\|_\infty \quad (8.11)$$

とする．

【2Dタイプ】

1Dタイプと同様に，

$$\|F_i'\|_\infty = \left\| \frac{\alpha_1' \alpha_2' \cdots \alpha_i'}{\beta_1 \beta_2 \cdots \beta_i} \right\|_\infty = s_1 s_2 \cdots s_i \|F_i\|_\infty$$

ただし，$i = 1, 2, \cdots, M$ (8.12)

$$\|F_{i-1}'\|_\infty = s_1 s_2 \cdots s_{i-1} \|F_{i-1}\|_\infty \quad (8.13)$$

が成立する．

よって，スケーリング係数は，

$$s_i = \frac{\|F_{i-1}\|_\infty}{\|F_i\|_\infty} \quad ただし，\|F_0\|_\infty \triangleq 1 \quad (8.14)$$

ところで，フィルタ出力点では通過域ゲインは1であるので，

$$a_0' \|F_M\| = 1 \quad (8.15)$$

でなければならない．上式に式(8.12)を代入すると，

$$a_0' s_1 s_2 \cdots s_M \|F_M\|_\infty = 1 \quad (8.16)$$

となる．一方，式(8.14)より，

$$s_1 s_2 \cdots s_M = \frac{\|F_0\|_\infty}{\|F_M\|_\infty} \quad (8.17)$$

であるので，結局，

$$a_0' = 1 \quad (8.18)$$

となる．

以上のL_∞ノルム法によるスケーリングのキーポイントは，$|F_i(\omega)|$のピーク値を求めることである．振幅特性を計算機で求め，そのピーク値をソーティングして求めればよい．MATLABでは，コマンド max が使用できる．

なお，L_∞ノルム法は狭帯域信号に対するスケーリングであるので，音声など広帯域信号はオーバフローする可能性があることに注意しなければならない．この場合は，次のL_2ノルム法を使用する．

● L_2ノルム法

L_2ノルム法は広帯域信号に対するスケーリングであり，ある確率でオーバフローを許容することにより，L_1ノルム法よりダイナミックレンジを拡大することを目的としている．

L_∞ノルム法では狭帯域信号を対象としていたので，$|F_i(e^{j\omega T})|$のピーク値によりスケーリングした．一方，L_2ノルム法は広帯域信号を対象とするので，そのパワーがオーバフローしないように$|F_i(e^{j\omega T})|$の平均パワーによりスケーリングを行う．そこで，

$$\|F_i'\|_2 = 1 \quad (8.19)$$

ただし，$\|F_i'\|_2 = \frac{1}{\omega_s} \int_0^{\omega_s} |F_i'(e^{j\omega T})|^2 d\omega$

となるように，$F_i(e^{j\omega T})$のL_2ノルムでスケーリングを行う．

式(8.19)は，L_∞ノルム法における式(8.7)とノルムが異なるだけで同じである．したがって，L_2ノルム法におけるスケーリングルールは，L_∞ノルム法の場合においてL_∞ノルムをL_2ノルムと置き換えるだけでよい．

L_2ノルム法スケーリングルール

【1Dタイプ】

 スケーリング係数 → 式(8.10)と同じ
      ただし，$\infty \to 2$

【2Dタイプ】

 スケーリング係数 → 式(8.14)と同じ
      ただし，$\infty \to 2$
      $a_0' = a_0 \|F_M\|_2$

第8章 固定小数点ディジタル信号処理システムの最適化

〔図8.11〕
L_2ノルム法によるスケーリング実施例

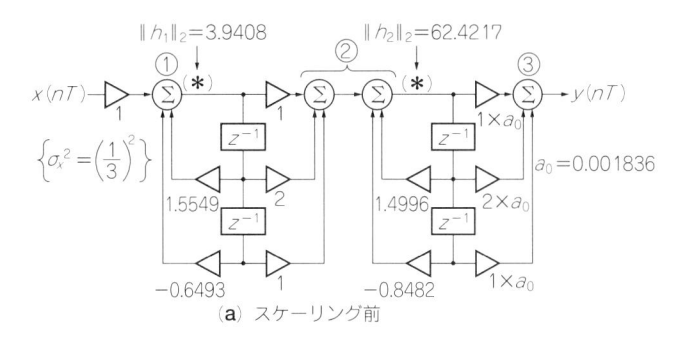

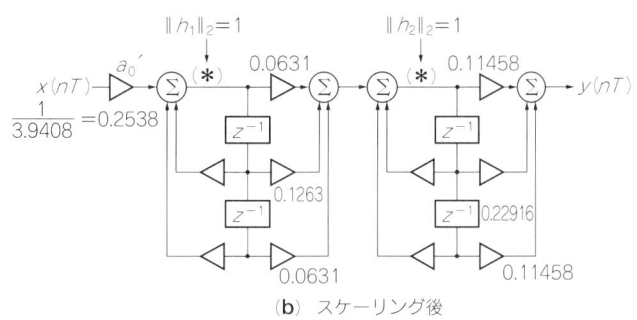

(a) スケーリング前

(b) スケーリング後

〔図8.12〕
各加算点におけるインパルス応答

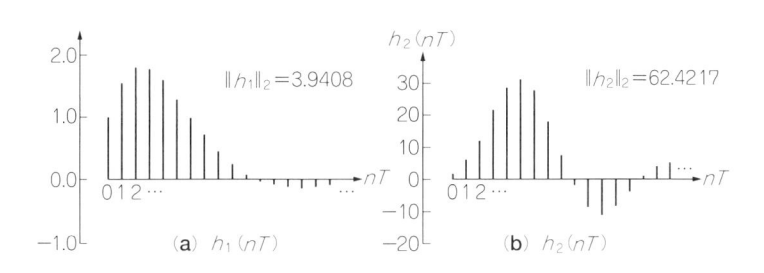

(a) $h_1(nT)$

(b) $h_2(nT)$

L_2ノルム法スケーリングを実施するうえで重要な点は、いかに正確にL_2ノルム$\|F_i\|_2$を計算するかである。積分を数値計算で実行してもよいが、以下のようにインパルス応答を使って近似的に求めることもできる。

$F_i(z)$のインパルス応答$h_i(nT)$とすると、パーセバルの定理より$\|F_i\|_2$は次のように表せる。

$$\|F_i\|_2 = \left(\sum_{n=0}^{\infty}|h_i'(nT)|^2\right)^{1/2} = \left(\frac{1}{\omega_s}\int_0^{\omega_s}|F_i'(e^{j\omega T})|^2 d\omega\right)^{1/2} \tag{8.20}$$

この関係より、式(8.19)を$h_i(nT)$のL_2ノルム$\|h_i\|_2$を用いて計算でき、積分を実行するより計算がはるかに容易になる。

以下のMATLAB実習で、具体的なスケーリング実施例を示す。

実習8.1 L_2ノルム法によるオーバフロー防止

以下の伝達関数$H(z)$は、カットオフ周波数100[Hz]、サンプリング周波数$f_s=1000$[Hz]で通過域リプル1[dB]のチェビシェフLPFである(図8.11)。

$$H(z) = 0.001836 \times \frac{z^{-2}+2z^{-1}+1}{0.6493 z^{-2}-1.5549 z^{-1}+1}$$
$$\times \frac{z^{-2}+2z^{-1}+1}{0.8482 z^{-2}-1.4996 z^{-1}+1} \tag{8.21}$$

この$H(z)$を1Dタイプで構成したい。L_2ノルム法によるスケーリングを行ってみよう(M-file: ex8_1.m)。

【解】

以下に示す計算は、すべてMATLABファイルex8_1.mを用いている。本プログラムは、L_∞ノルム法もサポートしている。

なお、2Dタイプについても若干の変更で実行可能である。

(1) 加算器①に対するスケーリング

[ステップ1] インパルス応答$h_1(nT)$の計算

図8.12(a)に$h_1(nT)$を示す。なお、係数値に関しては係数量子化を行っていない。

［図8.13］ディジタルフィルタの雑音モデル

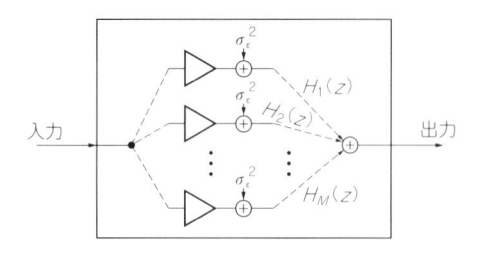

[ステップ2] L_2 ノルム $\|h_1\|_2$ の計算

$n=100$ まで計算した結果，

$$\|h_1\|_2 = 3.9408 \tag{8.22}$$

となる．

実際のディジタルフィルタでは，たたみ込み演算において乗算結果の量子化が行われるので，$h_1(nT)$ の値はリミットサイクル発振が生じない限り0に収束する．したがって，無限語長の場合の $h_1(nT)$ において，$n=100$ と十分長くして $\|h_1\|_2$ を計算した値を有限語長時の $\|h_1\|_2$ の値とみなすことができる．

[ステップ3] 係数のスケーリング

さて，$\|h_1\|_2 > 1$ であるので，スケーリングを実施しなければならない．

まず，スケーリング係数は式（8.11）より $a_0' = 1/\|h_1\|_2$ である．

$$\begin{aligned}a_0' &= 1/3.9408 \\ &= 0.2538\end{aligned} \tag{8.23}$$

スケーリング係数 a_0' を $1/\|h_1\|_2$ より小さくすると，さらにオーバフローが生じる確率は少なくなるが，ダイナミックレンジを確保するうえで好ましくない．これは，他のスケーリング係数についても同様である．

(2) 加算器②に対するスケーリング

[ステップ1] インパルス応答 $h_2(nT)$ の計算

図8.12(b)を参照．

[ステップ2] L_2 ノルム $\|h_2\|_2$ の計算

$n=100$ まで計算した結果，

$$\|h_2\|_2 = 62.4217 \tag{8.24}$$

となる．

[ステップ3] 係数のスケーリング

まず，スケーリング係数 s_1 は，式（8.10）より，

$$s_1 = \frac{\|h_1\|_2}{\|h_2\|_2} = 0.0631 \tag{8.25}$$

となる．

よって，スケーリング前の伝達関数［式（8.21）］における $\alpha_1(z)$ の各係数に s_1 をかけると，図8.11(b)に示す係数となる．

(3) 加算器③に対するスケーリング

加算器③の出力点すなわちフィルタの出力点におけるインパルス応答は，フィルタのインパルス応答 $h(nT)$ そのものである．

通常のフィルタでは，その出力点における振幅特性 $|H(e^{j\omega T})|=1$ なので，パーセバルの定理より，

$$\sum_{n=0}^{\infty} |h(nT)|^2 = \frac{1}{\omega_s} \int_0^{\omega_s} |H(e^{j\omega T})|^2 d\omega \leq 1 \tag{8.26}$$

となる．

したがって，スケーリング前でも $h(nT)$ の L_2 ノルムは1以下であるので，加算器③すなわちフィルタの出力点に対するスケーリングは行わなくてよい．

ただ，フィルタ全体のゲインを合わせるために，スケーリング係数 $s_M = a_0 \|h_M\|_2$ を掛けなければならない［式（8.11）］．$M=2$ であるので，

$$s_2 = a_0 \|h_2\|_2 = 0.11458 \tag{8.27}$$

となる．

8.3 丸め雑音の低減

固定小数点ディジタル信号処理システムでは，各乗算器において，その乗算結果に対して丸め，または切り捨て量子化を行う必要があり，これが雑音発生の原因となる（8.1節参照）．

本章では，とくにバイクワッド縦続型IIRフィルタについて，その丸め雑音電力の解析を行い，その低減方法について実例を交えて考察していく．

8.3.1 丸め雑音モデルと雑音電力

まず，信号処理システムにおける丸め雑音モデルについて検討する．

●乗算器の丸め雑音スペクトルと平均電力

小数点以下のビット長を L ビットとした固定小数点乗算器で生じる丸め雑音の分散すなわち電力 σ_ε^2 は，式（8.2）で与えられる．いま，あるシステムにおいて M 個乗算器があると仮定し，図8.13に示すように k 番目の乗算器から出力点までの伝達関数を $H_k(z)$ とすると，この乗算器により発生する丸め雑音スペクトル $N_k(\omega)$ は出力点で次式となる．

$$N_k(\omega) = \sigma_\varepsilon^2 |H_k(e^{j\omega T})|^2 \tag{8.28}$$

ここで，各乗算器で発生する雑音は互いに無相関と考えてよいので，出力点での雑音スペクトルは，各乗

第8章　固定小数点ディジタル信号処理システムの最適化

〔図8.14〕
6次楕円ローパスフィルタの特性

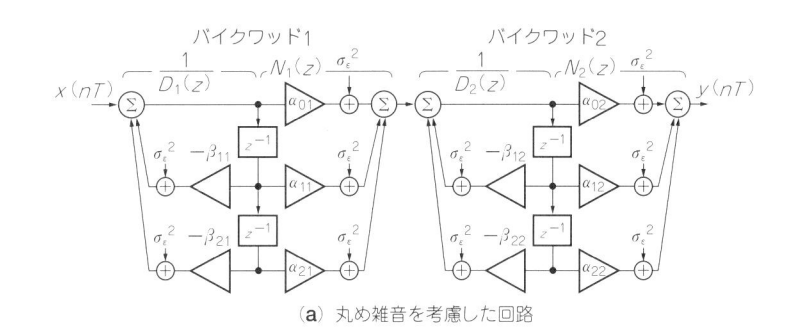

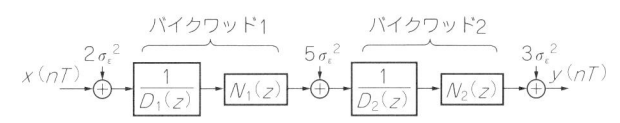

(a) 丸め雑音を考慮した回路

(b) 丸め雑音を分離したモデル（ケース①）

(c) 並び換えた場合（ケース③）

算器で発生する雑音の和となり，次式となる．

$$N_y(\omega) = \sum_{k=1}^{M} N_k(\omega) = \sigma_\varepsilon^2 \sum_{k=1}^{M} \left| H_k(e^{j\omega T}) \right|^2 \quad (8.29)$$

さらに，式の全周波数域にわたる平均値，すなわち平均雑音電力はその L_1 ノルムで表され，次式となる．

$$\|N_y\|_1 = \sigma_\varepsilon^2 \sum_{k=1}^{M} \frac{1}{\omega_s} \int_0^{\omega_s} \left| H_k(e^{j\omega T}) \right|^2 d\omega$$
$$= \sigma_\varepsilon^2 \sum_{k=1}^{M} \left\{ \sum_{n=1}^{\infty} h_k^2(nT) \right\} \quad (8.30)$$

第2式への変形は，パーセバルの定理による．

● バイクワッド縦続構成IIRフィルタの丸め雑音

次に，1Dタイプで構成する4次のIIRフィルタの丸め雑音について考えてみよう．

伝達関数 $H(z)$ を次のように与える．

$$H(z) = \left[\frac{N_1(z)}{D_1(z)} \right] \left[\frac{N_2(z)}{D_2(z)} \right] \quad (8.31)$$

ただし，$N_i(z) = \alpha_{0i} + \alpha_{1i}z^{-1} + \alpha_{2i}z^{-2}$
$D_i(z) = 1 + \beta_{1i}z^{-1} + \beta_{2i}z^{-2}$

その丸め雑音を考慮した回路構成を図8.14(a)に示す．

ここで，乗算器 α_0 および各加算点に入る乗算器から発生する丸め雑音をそれぞれ分離すると，図(b)のモデル図が得られる．したがって，出力点での雑音スペクトルは，式(8.29)を参照すると次式となる．

$$N_D(\omega) = 2\sigma_\varepsilon^2 \left| \frac{N_1(\omega)}{D_1(\omega)} \cdot \frac{N_2(\omega)}{D_2(\omega)} \right|^2 + 5\sigma_\varepsilon^2 \left| \frac{N_2(\omega)}{D_2(\omega)} \right|^2 + 3\sigma_\varepsilon^2$$
(8.32)

ここで，$H(z)$ の $N_1(z), N_2(z), D_1(z), D_2(z)$ を並び変えると，$H(z)$ の表し方として以下の4通りがある．

$$① \left[\frac{N_1}{D_1} \frac{N_2}{D_2} \right], ② \left[\frac{N_2}{D_2} \frac{N_1}{D_1} \right], ③ \left[\frac{N_1}{D_2} \frac{N_2}{D_1} \right], ④ \left[\frac{N_2}{D_1} \frac{N_1}{D_2} \right]$$
(8.33)

たとえば，③のケースの場合について回路を構成すると，図(c)となる．この場合，式(8.32)に相当する雑音スペクトルは，

$$N_D(\omega) = 2\sigma_\varepsilon^2 \left| \frac{N_1(\omega)}{D_2(\omega)} \cdot \frac{N_2(\omega)}{D_1(\omega)} \right|^2 + 5\sigma_\varepsilon^2 \left| \frac{N_2(\omega)}{D_1(\omega)} \right|^2 + 3\sigma_\varepsilon^2$$
(8.34)

となり，第2項が式(8.32)と異なっている．すなわち，ケース①と③ではその雑音スペクトル（あるいは平均雑音電力値）が異なるのである．

したがって，バイクワッド縦続構成の場合は，伝達関数の分母分子の並び換えにより雑音を低減できる可能性をもつ．この並び換えについて，各バイクワッドの並び換えを**オーダリング**（ケース①②），分母分子すなわち極・零点の組み合わせ方を**ペアリング**（ケース③④）と呼ぶ．

[図8.15]
1Dバイクワッドフィルタの丸め誤差

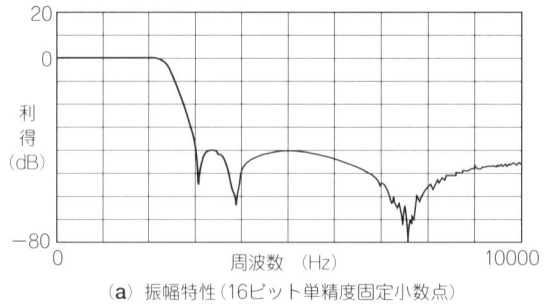

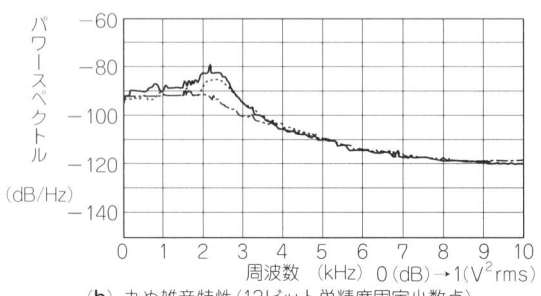

(a) 振幅特性(16ビット単精度固定小数点)

$H(z) = a_0 \frac{N_1}{D_3} \frac{N_3}{D_2} \frac{N_2}{D_1}$

$H(z) = a_0 \frac{N_2}{D_2} \frac{N_3}{D_3} \frac{N_1}{D_1}$

$H(z) = a_0 \frac{N_3}{D_1} \frac{N_2}{D_3} \frac{N_1}{D_2}$

(b) 丸め雑音特性(12ビット単精度固定小数点) 0(dB)→1(V^2rms)

例題8.6 雑音スペクトルの実測例

次式は，サンプリング周波数26kHz，カットオフ周波数2kHz，通過域リプル0.001dB，阻止域減衰量−40dB，次数6次の楕円型LPFの伝達関数である．

$$H(z) = a_0 \prod_{i=1}^{3} \frac{N_i(z)}{D_i(z)} = a_0 \frac{N_1(z)}{D_1(z)} \cdot \frac{N_2(z)}{D_2(z)} \cdot \frac{N_3(z)}{D_3(z)}$$

(8.35)

係数 i	α_{0i}	α_{1i}	α_{2i}	β_{1i}	β_{2i}
1	0.30708	−0.45037	0.30708	−1.57039	0.88576
2	0.36035	−0.42564	0.36035	−1.36029	0.62606
3	0.14345	0.07523	0.14345	−1.14602	0.35562

この伝達関数を2Dバイクワッドフィルタで構成し，16ビット単精度固定小数点演算(負数は2の補数表現)により実現した結果について述べる．実験においては，汎用アナログ入力-アナログ出力信号処理システム(沖電気製DSP-MSM6992使用)を固定小数点モードで使用した．

3種類のペアリング，オーダリングの組み合わせについて，FFTアナライザで実測した丸め雑音スペクトル特性を図8.15に示す．組み合わせにより，最大で約10dBの雑音スペクトルの差が生じていることが図よりわかる．

このようにペアリング，オーダリングは，バイクワッド縦続型フィルタの雑音特性に大きく関与している．次節では，この雑音特性の低減方法について解説する．

8.3.2 バイクワッド縦続型IIRフィルタの丸め雑音の低減方法

本節では，1D，2D縦続構成のIIRフィルタについて，その丸め雑音の低減方法を検討し，実際にMATLABで実行してみる．

●ヒューリスティック手法による丸め雑音の低減

例題8.6より，あるペアリング，オーダリングで丸め雑音が最小になることがわかった．

そこで，丸め雑音を最小にするペアリングとオーダリングを見い出すために，すべての可能な組み合わせについて雑音特性を調べると，ペアリング，オーダリングともに$M!$の組み合わせがあるので，合わせると$(M!)^2$となり膨大な数になる．たとえば，10次すなわち$M=5$の場合でも14400通りもの組み合わせとなり，膨大な計算時間を必要とする．したがって，計算時間を短縮する手法が強く望まれる．

ここでは，準最適な組み合わせを見つけるPeledとLiu[1]により提案されたヒューリスティック(発見的)手法について説明する．

ヒューリスティック手法は，図8.16のフローチャ

第8章 固定小数点ディジタル信号処理システムの最適化

ートに示すように，
1) 分母$D_i(z)$は，すべての組み合わせとせず，ヒューリスティックにL通りの組み合わせを決める．
2) 一つの分母の組み合わせに対し，分子$N_i(z)$は順列としてすべての組み合わせを行い，各組み合わせの丸め雑音を計算する．
3) L通りの分母の組み合わせについて1, 2を繰り返し，最小雑音電力となる分母分子の組み合わせを見い出す．

このヒューリスティック手法の計算量は，$\mathcal{O}[L \cdot M!]$なので，比較的少ない計算時間で解が求まる．

ヒューリスティック手法のよる丸め雑音の低減を実行するMATLABファイルをex8_2.mに示したので，次の実習で実際に実行してみよう．なお，本リストは1Dバイクワッドを対象としているが，若干の修正で2Dタイプにも使用できるので，読者への課題にしておく．

実習8.2 ヒューリスティック手法による丸め雑音の低減

例題8.6の6次1DバイクワッドIIRフィルタについて，丸め雑音が最小となるペアリングとオーダリングを求めなさい．なお，丸め雑音の評価は，平均電力(L_1ノルム)とピーク電力(L_∞ノルム)を別に行う．また，スケーリングはL_2ノルムとL_∞別に行うものとする(M-file：ex8_2.m)．

【解】
得られた準最適な組み合わせと，雑音スペクトルを図8.17に示す．

本リストでは，総当たりによる雑音が最小になる最適な組み合わせも出力されるので，ヒューリスティック手法で得られた準最適な解との比較が可能となっている．最適解とはほとんど雑音電力が変わらない良好な結果が得られていることがわかる．

また，雑音が最大になる最悪ケースの組み合わせも出力されるので，いかに雑音低減が重要であるかが理解できるであろう．

〔図8.16〕ヒューリスティック手法によるIIRフィルタの雑音低減手法

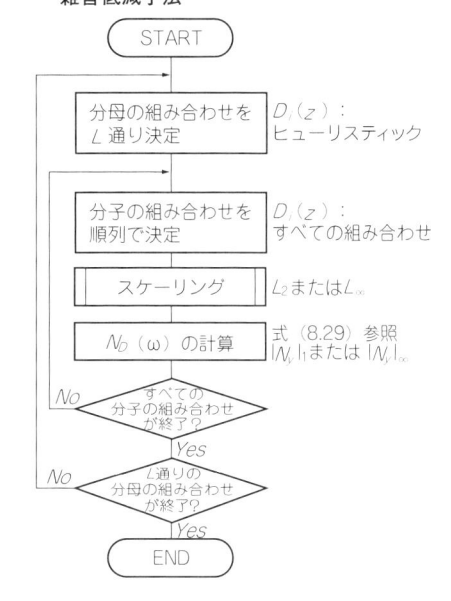

```
         START
           ↓
  ┌─────────────────┐
  │ 分母の組み合わせを │  $D_i(z)$：
  │ $L$通り決定       │  ヒューリスティック
  └─────────────────┘
           ↓
  ┌─────────────────┐
  │ 分子の組み合わせを │  $D_i(z)$：
  │ 順列で決定        │  すべての組み合わせ
  └─────────────────┘
           ↓
  ┌─────────────────┐
  │ スケーリング      │  $L_2$または$L_\infty$
  └─────────────────┘
           ↓
  ┌─────────────────┐
  │ $N_0(\omega)$の計算 │  式(8.29)参照
  │                   │  $|N|_1$または$|N|_\infty$
  └─────────────────┘
           ↓
      すべての
   No ─ 分子の組み合わせ
      が終了？
           ↓ Yes
      $L$通りの
   No ─ 分母の組み合わせ
      が終了？
           ↓ Yes
          END
```

*

● **スケーリングノルムと雑音電力の評価ノルムの選択**

ここでは，スケーリングノルムと雑音電力の評価ノルムについて，その選択について検討してみよう．

まず興味あるスケーリングノルムは，周波数特性の自乗平均値で規定するL_2ノルム($P=2$)，または周波数振幅特性のピーク値で規定するL_∞ノルム($P=\infty$)の二つである．また，雑音電力の評価ノルムは，平均電力のL_1ノルム($r=1$)かピーク電力のL_∞ノルム($r=\infty$)である．

以上の選定基準の具体例を挙げると，
1) FDM多重無線電話回線の広帯域フィルタとして用いる場合，フィルタの入力は各チャネルの音声の集合であって，ほぼガウス性雑音と見なせるので，スケー

〔図8.17〕丸め誤差の最小化

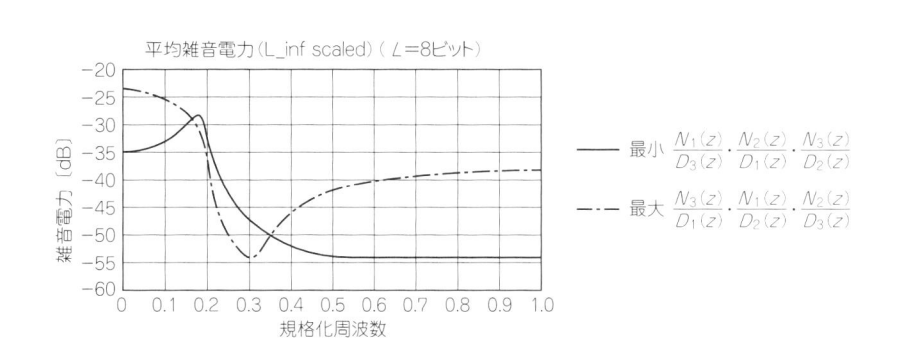

平均雑音電力(L_inf scaled)(L=8ビット)

―― 最小 $\dfrac{N_1(z)}{D_3(z)} \cdot \dfrac{N_2(z)}{D_1(z)} \cdot \dfrac{N_3(z)}{D_2(z)}$

-・- 最大 $\dfrac{N_3(z)}{D_1(z)} \cdot \dfrac{N_1(z)}{D_2(z)} \cdot \dfrac{N_2(z)}{D_3(z)}$

[図8.18] 量子化リミットサイクル

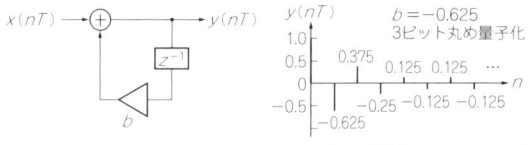

(a) 1次IIRフィルタ
(b) インパルス応答 ($x(nT) = \delta(nT)$)

リングは L_2 ノルム ($p=2$) で規定しなければならない．また，出力雑音は，周波数軸上に並んだどの音声チャネルに対しても一定値以下でなければならないので，ピークスペクトル ($r=\infty$) が問題になる．
2) 測定器のように単一周波数正弦波を入力することが多いシステムに使用するフィルタの場合，スケーリングはピーク ($p=\infty$) で規定し，雑音は全平均電力 ($r=1$) が問題になる．

●最適化の手順

回路の選定を行った後，図8.16に示すように丸め雑音の低減を行ってからスケーリングを行う必要がある．逆にスケーリングを最初に行い，次いでペアリング/オーダリングを行うと，再びオーバフローの可能性が生じるからである．

8.4 発振とその防止方法

乗算器における量子化誤差は，前節で説明した丸め雑音を発生するばかりでなく，例題8.4で示したように，入力がゼロの場合でも出力が発振するリミットサイクルと呼ばれる現象の原因ともなる．また，加算器のオーバフロー特性によっても発振を生ずることがある．

本節では，こうした発振現象の解析とその低減方法について解説していく．

8.4.1 量子化リミットサイクル

実習8.3	量子化リミットサイクル
	M-file： ex8_3.m

図8.18(a) の1次IIRフィルタの差分方程式は，
$$y(nT) = by(nT-T) + x(nT) \qquad (8.36)$$
で与えられる．

このインパルス応答について，(1) 乗算結果の量子化を行わない場合と，(2) 小数点以下3ビットで量子化を行う場合のそれぞれについて求めてみよう．

【解】
(1) 無限語長の場合

乗算結果について量子化を行わない無限語長演算の場合，そのインパルス応答は，
$$h(nT) = b^n \qquad (8.37)$$
となり，$|b| < 1.0$ すなわち極が単位円内に存在し，フィルタが安定な場合は，当然であるが十分長い時間経過すると $y(nT) \to 0$ と収束する．

(2) 量子化を行う場合

一方，乗算結果に対して小数点以下 L ビットで丸め量子化 $[\cdot]_Q$ を行う単精度演算の場合，差分方程式は，
$$y'(nT) = [by(nT-T)]_Q + x(nT) \qquad (8.38)$$
と表される．

ここで，$b = -0.625$，$L=3$，$x(nT) = \delta(nT)/2$ とし，さらに $n<0$ で $y'(nT) = 0$ であったとすると，出力は以下のようになる．

時刻 n	0	1	2	3	4	5	…
$y'(nT)$	0.5	-0.375	0.25	-0.125	0.125	-0.125	…

[図8.19] 6次LPFにおけるリミットサイクルの実測例 (12ビット単精度固定小数点)

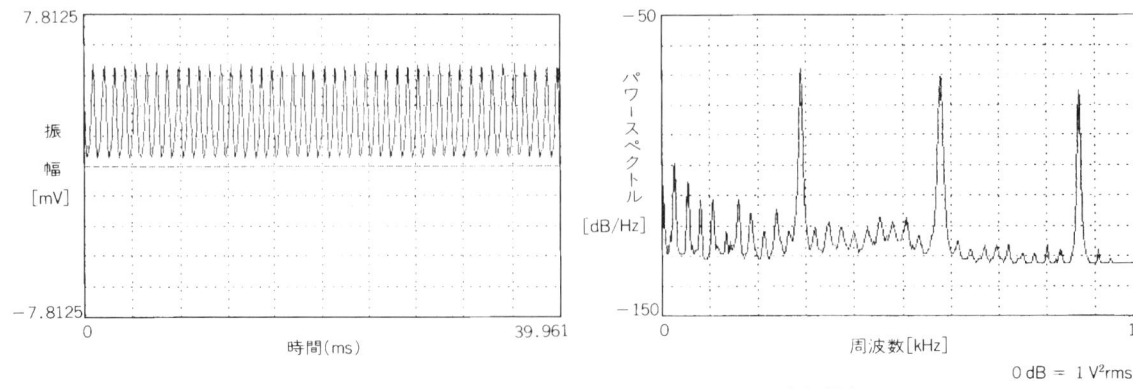

(a) 時間波形

(b) 周波数スペクトル

第8章 固定小数点ディジタル信号処理システムの最適化

MATLABによりex8_3.m(dsp blocksetが必要)あるいはex83.exeを実行して確認してみよう．

このように，インパルス応答は0に収束せず，±0.125の値をとる発振現象が生じるようになる〔図8.18(b)〕．

こうした発振は乗算の量子化に起因するので，**量子化リミットサイクル**と呼ばれている．

ところで，式(8.38)において，$|b|<0.5$の場合は量子化リミットサイクルは生じない．MATLABで確認していただきたい．

それでは，$|b|>0.5$の場合の防止方法はあるのであろうか? まず，切り捨て量子化を用いる場合は，すべての係数範囲内($|b|<1.0$)で量子化リミットサイクルは生じない．さらに，倍精度乗算あるいは小数部ビット長を増やすことによりリミットサイクルの防止が可能となる．MATLABで試してみよう．

このように，切り捨て量子化および小数部ビット長を増やすことで，量子化リミットサイクルの防止あるいは低減が可能となる．

例題8.7 量子化リミットサイクルの実測例

例題8.6の2DバイクワッドIIRフィルタにおいて，演算語長を12ビットとした場合のリミットサイクルの実測例を図8.19に示す．

16ビットでも測定したが，発振はほとんど生じなかった．このように，一般に演算語長が長くなるに従って，リミットサイクルの発振強度が減少する．しかしながら，入力と状態変数(遅延子出力)の初期条件に大きく左右される．

8.4.2 オーバフロー発振

例題8.8 オーバフロー発振

伝達関数が，

$$H(z) = \frac{z^{-2}}{1 - z^{-1} + 0.5z^{-2}} \quad (8.39)$$

であるバイクワッドIIRフィルタを図8.20(a)の回路で構成したとする(加算の整数部ビットはもたず，符号ビットのみとする)．ここで，加算器が2の補数タイプのオーバフロー特性〔図8.5(b)の(i)〕をもつものとし，その非線形性をNLで表している．乗算はビットシフトで行えるので，理想的な無限語長で実現していると見なすことができ，量子化リミットサイクルは存在しない．

いま，時刻0の初期条件を$x_1(0)=-0.8$，$x_2(0)=0.8$とし，また$n \geq 0$でゼロ入力$x(nT)=0$とする．出力$y(nT)$

〔図8.20〕オーバフロー発振

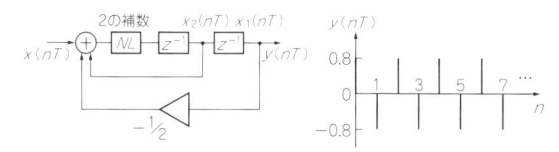

(a) オーバフロー発振を生じる2次フィルタ　(b) 零入力オーバフロー発振

を求めてみよう．

【解】

図における遅延子の後の状態変数は，次式となる．

$$\begin{cases} x_1(xT+T) = x_2(nT) \\ x_2(nT+T) = NL[-0.5x_1(nT) + x_2(nT) + x(nT)] \end{cases}$$
$$(8.40)$$

条件より，

$$x_1(1T) = 0.8$$
$$x_2(1T) = NL[1.2] = -0.8$$

となり，$n>1$では

$$x_1(nT) = -(-1)^n 0.8$$
$$x_2(nT) = (-1)^n 0.8$$

となる．

このように，ゼロ入力にかかわらず$x_2(n)$すなわち出力$y(nT)$は発振していることがわかる〔図8.20(b)〕．

本フィルタの極は$p_{1,2} = 0.5 \pm j0.5$であり，z平面の単位円内に位置し，理想的には安定なはずであるが，加算器のオーバフローにより発振する．この場合は，2の補数タイプのオーバフロー特性がもつ非線形性が原因となっている．

こうした加算器のオーバフロー特性に起因する発振を**オーバフロー発振**と呼んでいる．

本例題において，加算器のオーバフロー特性として，図8.5(b)の(ii)の飽和タイプを使用すればオーバフロー発振が生じない．あるいは整数部ビットを設けても発振は生じない．読者自身で確認していただきたい．

8.5 係数感度と周波数特性

信号処理システムをハードウェアまたはソフトウェアどちらで実現するにしても，システムの係数は有限のビット長で表現されるので，係数値は元の値と異なってしまう．このように係数を有限語長で表したシステムの周波数特性は，元の伝達関数と比べて劣化する(例題8.4参照)．

有限語長表現による係数値の変動に周波数特性が著

[リスト8.1] 例題8.9

```
clear all
% 6次連立チェビシェフBPFの設計
n  = 3;                % フィルタの次数(2n次)
fs = 1000;             % サンプリング周波数   [Hz]
Rp = 1;                % 通過域リプル         [dB]
Rs = 40;               % 阻止域減衰量         [dB]
Wn = [200 300];        % 通過域帯カットオフ周波数 [Hz]
[z,p,k] = ellip(n,Rp,Rs,Wn/500);
%
% (1)直接型構成時の振幅特性
%
% 伝達関数型に変換
[num,den] = zp2tf(z,p,k);
% 係数を固定小数表示に丸める
L = 6;                         % 固定小数部ビット長
qnum = quantize(num,L);        % 伝達関数の分子
qden = quantize(den,L);        % 伝達関数の分母
% 振幅特性のプロット
h = freqz(qnum,qden,fs/2,fs);
plot(20*log10(abs(h)),'.:')
grid on
axis([0 500 -80 10])
title(['L = ',num2str(L),' bit'])
xlabel(['Frequency [Hz]'])
ylabel(['Magnitude Response [dB]'])
hold on
%
% (2)2次縦続構成時の振幅特性
%
% 二次形式型に変換
sos = zp2sos(z,p,k);
% 係数を固定小数表示に丸める
L = 6;                         % 固定小数部ビット長
qsos = quantize(sos,L);
% 2次形式型を等価な伝達関数に変換
[num,den] = sos2tf(qsos);
% 振幅特性のプロット
h = freqz(num,den,fs/2,fs);
plot( 20*log10(abs(h)) ,'.-' )
%
% (3)2次並列構成時の振幅特性(偶数次のみ)
%
% 直接型に変換
[b,a] = zp2tf(z,p,k);
% 部分分数展開
[r,p,k] = residuez(b,a)

% 部分分数の実数化
N = length(r);
for l = 0:N/2-1
    m = 2*l+1;
    % 分子
    num(l+1,:) = [ r(m)+r(m+1)  -r(m)*p(m+1)-r(m+1)*p(m) ];
    % 分母
    den(l+1,:) = [ 1  -2*real(p(m))  abs(p(m))^2 ];
end
% 係数を丸める
L = 6;                              % 固定小数部ビット長
qnum = quantize(num,L);             % 分子項
qden = quantize(den,L);             % 分母項
K = quantize(k,L);
% 部分分数展開形式に戻す
for l = 0:N/2-1
    b1 = -qden(l+1,2)/2;                          % Re(b)
    b2 = ( qden(l+1,3) - qden(l+1,2)^2/4 )^0.5;   % Im(b)
    g1 = qnum(l+1,1)/2;                           % Re(g)
    g2 = -(g1*b1)/b2 - qnum(l+1,2)/(2*b2);        % Im(g)
    m = 2*l+1;
    R(m)   = g1 + i*(g2);
    R(m+1) = g1 - i*(g2);
    P(m)   = b1 + i*(b2);
    P(m+1) = b1 - i*(b2);
end
% 部分分数展開形式から多項式形式へ変換
[B,A] = residuez(R',P',K);
% 振幅特性のプロット
h = freqz(B,A,fs/2,fs);
plot( 20*log10(abs(h)) ,'-.' )
%
% 小数部Lビット長の丸めを行う関数
%
function [y] = quantize(x,L)
% x : 入力する真値ベクトル
% L : 丸め量子化を行うビット長
% y : 丸め量子化した値を出力する
[i,j] = size(x);
y = [zeros(i,j)];
for m = 1:i
    for n = 1:j
        y(m,n) = round(x(m,n)*2^L) / (2^L);
    end
end
```

しく劣化する場合,そのシステムは"係数感度が高い"という表現をする.係数感度の高い回路構造は実用に適さない.そこで以下では,ディジタルフィルタを例にとり,係数感度の低い回路構成について検討することにしよう.

8.5.1 IIRフィルタ

第7章でディジタルフィルタのいろいろな回路構成について検討した.どのような回路構成が低感度となるのか,例題をとおして考えてみよう.

例題8.9 6次連立チェビシェフBPF

まず,以下の設計仕様の楕円BPFを設計する.次に,得られた伝達関数を直接型,バイクワッド縦続およびバイクワッド並列の各回路により構成し,振幅特性を比較してみよう.ただし,係数は小数点以下6ビットの固定小数点で量子化するものとする(M-file:リスト8.1).

<設計仕様>

サンプリング周波数	$f_s=1000$[Hz]
Low-カットオフ周波数	$f_{c1}=200$[Hz]
High-カットオフ周波数	$f_{c2}=300$[Hz]
通過域リプル	$A_c=1$[dB]
阻止域減衰量	$A_d=40$[dB]

【解】

図8.21(a)は,DCからナイキスト周波数までの全帯域についてプロットしたもので,図(b)は通過域のみを拡大プロットしたものである.

図より,各構成法の振幅特性は表8.1のようにまとめられる.

例題からわかるように,バイクワッド縦続構成は係数感度が全帯域で低いので,最もよく使われる回路構成である.それではなぜバイクワッド縦続構成が係数

第8章 固定小数点ディジタル信号処理システムの最適化

〔図8.21〕係数語調の影響

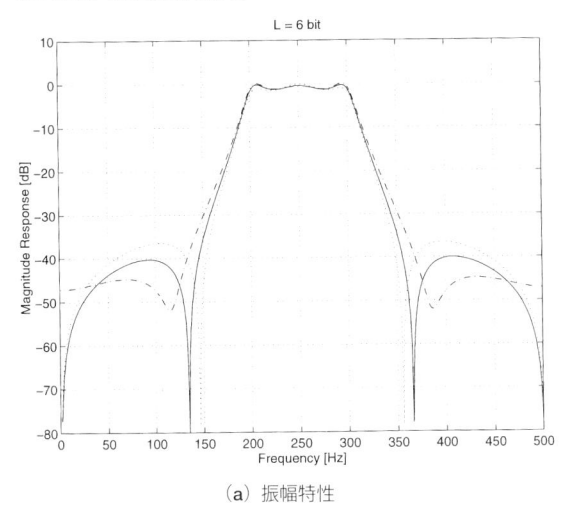

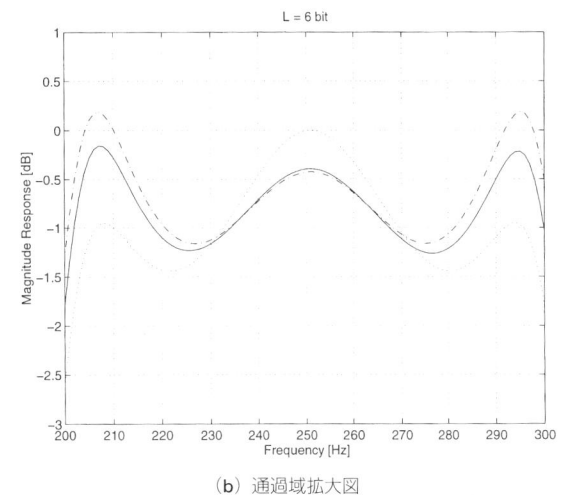

(a) 振幅特性

(b) 通過域拡大図

——— バイクワッド縦続
·········· 直接型
—·—·— バイクワッド並列

〔図8.22〕
直接型とバイクワッド縦続構成の z 平面上での比較

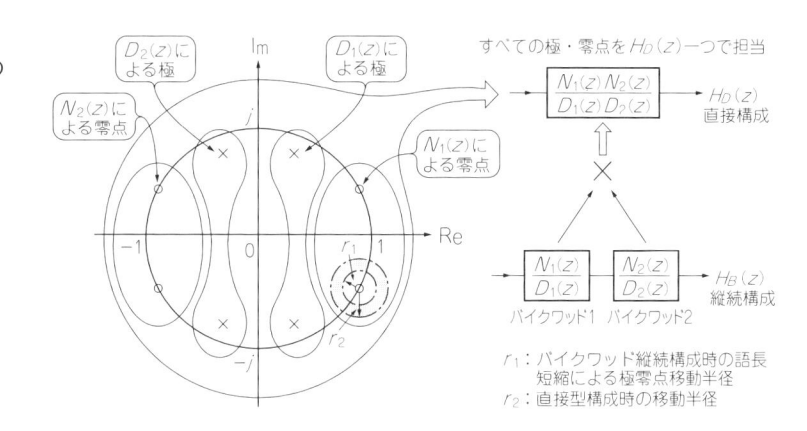

r_1：バイクワッド縦続構成時の語長短縮による極零点移動半径
r_2：直接型構成時の移動半径

感度が低く，直接型構成が高いのであろうか．

以下に，語長短縮による極・零点の偏移の性質を調べ，その理由を明らかにしよう．

● 語長短縮の極・零点への影響

(1) バイクワッド縦続構成

いま，バイクワッド回路の縦続形式で表された4次の伝達関数 $H_B(z)$ を考える．

$$H_B(z) = H_0 \frac{b_{21}z^{-2} + b_{11}z^{-1} + b_{01}}{a_{21}z^{-2} + a_{11}z^{-1} + 1} \cdot \frac{b_{22}z^{-2} + b_{12}z^{-1} + b_{02}}{a_{22}z^{-2} + a_{12}z^{-1} + 1}$$

$$= H_0 \frac{N_1(z)}{D_1(z)} \cdot \frac{N_2(z)}{D_2(z)} \quad (8.41)$$

かりに，$H_B(z)$ の z 平面上の極・零点配置が図8.22であったとする．ここで，$H_B(z)$ の係数を量子化し，かつ語長短縮を行ったとしても，たとえば2番目のバ

〔表8.1〕
フィルタ構成の違いによる有限語長振幅特性

	通過域	阻止域
直接型構成	×	○
バイクワッド縦続	○	○
バイクワッド並列	○	×

イクワッドの語長短縮の影響が1番目のバイクワッドの極・零点の位置に影響することはない．その理由は，たとえば図における左半平面の二つの極は，2番目のバイクワッドにおける分母 $D_2(z)$ の根であり，他の $N_1(z)$，$N_2(z)$，$D_1(z)$ の零点または極と関係がないからである．すなわち，図における各極（零点）の位置は，その相当するバイクワッド回路の分母（分子）における係数の語長短縮の影響しか受けないということになる．

第3部 ディジタル信号処理システムの実現

〔図8.23〕2次縦続FIRフィルタの零点配置

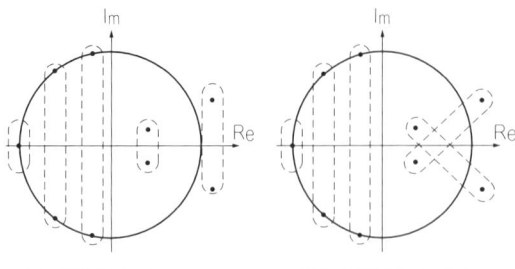

(a) 実係数フィルタ (b) 複素係数フィルタ

極・零点の z 平面上での位置が，周波数特性を決定しているので，語長短縮を行ってもそれらの位置が動きにくい構成は，周波数特性の劣化が少ない，すなわち"係数感度が低い"構成なのである．

(2) 直接型構成

一方，式(8.41)の $H_B(z)$ を展開すると，次式で表される直接型構成時の伝達関数 $H_D(z)$ となる．

$$H_D(z) = \frac{\sum_{k=0}^{4} b'_k z^{-k}}{1+\sum_{k=1}^{4} a'_k z^{-k}} \tag{8.42}$$

係数 a'_k，b'_k についてすべては書き出さないが，たとえば分子多項式の b'_2 は，次式となる．

$$b'_2 = H_0(b_{21}b_{02} + b_{11}b_{12} + b_{01}b_{22}) \tag{8.43}$$

ここで，式(8.41)の $H_D(z)$ に関して係数語長の短縮を行うとする．すると，式(8.43)を見ればわかるように，一つの係数 b'_2 の語長短縮が，バイクワッド縦続型の伝達関数 $H_B(z)$ における分子のすべての係数 b_{21}，b_{02}，b_{11}，b_{12}，b_{01}，b_{22} に関係することになる．したがって，係数 b'_2 に関する語長短縮により，図8.22におけるすべての零点の位置を動かす結果となる．他の係数 b'_k についても同様な関係があり，係数一つ一つがそれぞれすべての零点を動かす．分母係数 a'_k は，極に関して同じことがいえる．

よって，容易に想像できるように $H_D(z)$ における係数 b'_k，b'_k の語長短縮は大幅な極，零点の移動を引き起こす原因となり，結果的に周波数特性が大きく劣化する．すなわち直接型構成は，バイクワッド縦続構成に比べて非常に"係数感度の高い回路"構造であることが理解できよう．

8.5.2 FIRフィルタ

次に，FIRフィルタの低感度回路について検討してみよう．

●実係数2次縦続構成

いま，設計した直線位相FIRフィルタの零点配置が図8.23(a)であるとする．実係数の2次縦続回路を得るためには，共役な零点同士をペアリングして2次回

〔図8.24〕
FIRフィルタによる
係数語調の影響

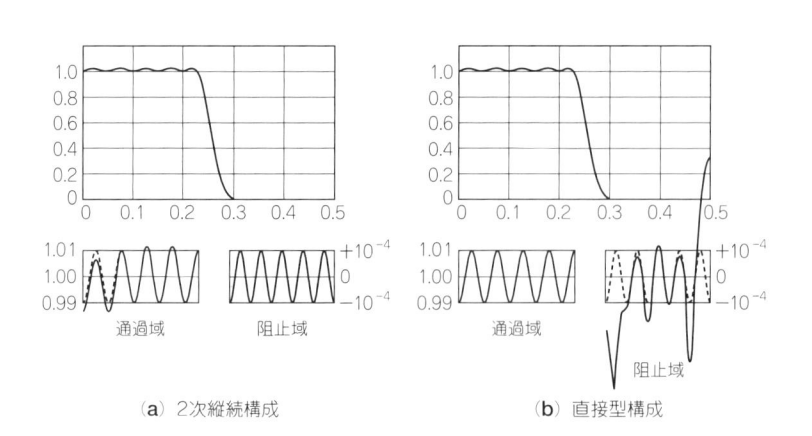

(a) 2次縦続構成 (b) 直接型構成

〔図8.25〕複素係数2次縦続FIRフィルタ

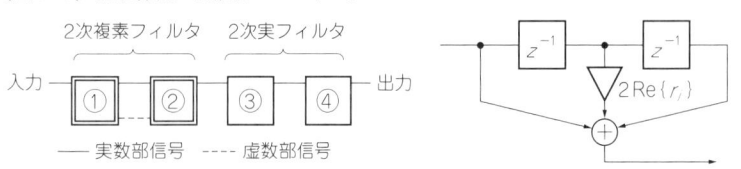

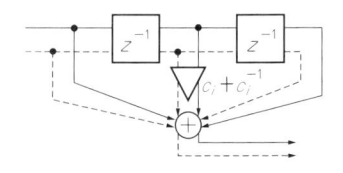

(a) フィルタ全体の回路構成 (b) 実係数2次区間（単位円上零点） (c) 複素係数2次区間（単位円上外零点）

第8章 固定小数点ディジタル信号処理システムの最適化

〔図 8.26〕
例題 8.12

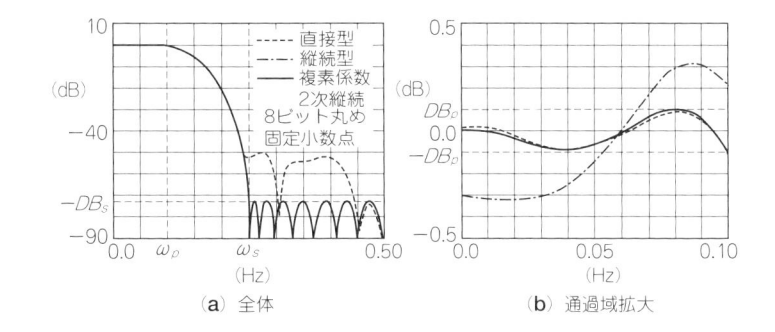

(a) 全体

(b) 通過域拡大

〔図 8.27〕
2次ディジタルフィルタ

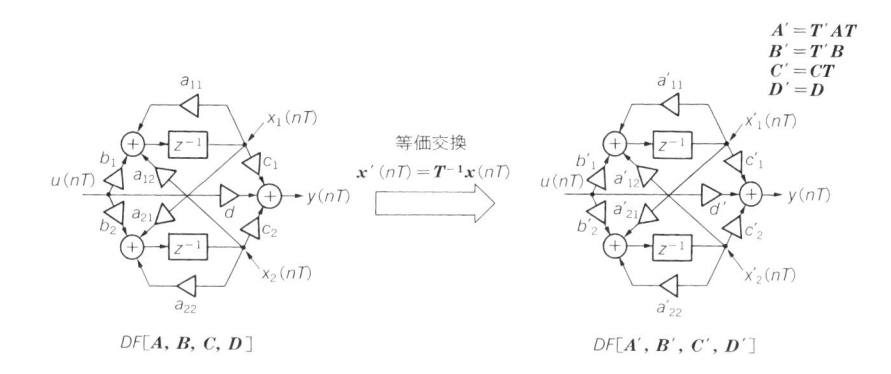

$DF[A, B, C, D]$ 等価交換 $x'(nT) = T^{-1}x(nT)$ $DF[A', B', C', D']$

$A' = T^{-1}AT$
$B' = T^{-1}B$
$C' = CT$
$D' = D$

路を構成し，それを縦続に接続する．以下，こうして構成した実係数2次縦続回路の感度特性を調べてみよう．

例題 8.10 FIRフィルタの直接構成と2次縦続構成の比較

図 8.24(a)に，実係数2次縦続構成と直接型構成とにおける係数語長短縮に対する振幅特性の劣化具合いの例を示す．係数語長は，12ビット丸めである．

このように，FIRフィルタの場合，2次の縦続型で構成すれば阻止域の劣化は直接型より少なくなるが，通過域の劣化はかえって直接型より多くなる．したがって，IIRフィルタの場合ほど2次縦続型で構成するメリットは，実係数の場合はない．

● **複素係数2次縦続構成**

複素係数を許すと2次縦続でも通過域も低感度となる優れた回路構成が可能となる[2]．この複素係数2次縦続FIRフィルタの構成を，図 8.25に示す．以下に，構成方法のステップを示す．

1) 単位円上零点は，共役零点同士をペアリングして実係数2次回路とする．
2) 一方，単位円上外零点は，たすき状にペアリングして〔図 8.23(b)〕，複素係数2次回路とする．
3) 得られた各2次回路を縦続に接続する．

例題 8.11 複素係数2次縦続FIRフィルタ

以下のスペックの直線位相FIRフィルタを設計し，直接型および複素係数2次縦続型で構成した場合の振幅特性を描け．ただし，係数語長を8ビット丸めとする．

フィルタ長	: $N = 19$
通過域リプル DB_p	: 0.1[dB]
阻止域減衰量 DB_s	: 73[dB]
通過域エッジ周波数	: 0.2
阻止域エッジ周波数	: 0.5

【解】

得られた振幅特性を図 8.26に示す．このように，複素係数2次縦続構成が非常に低感度であることがわかる．

複素係数2次縦続構成が低感度となる理由は，図 8.23(a)の実係数フィルタにおける単位円状外零点のペアリングに比べ，図 8.23(b)の複素係数のほうが零点間距離が長くなり，それだけ語長短縮の影響が少なくなるからである．直線位相フィルタの場合，単位円状外零点は通過域を形成するので，実係数に比べて複素係数のほうが通過域でとくに低感度となる．

その他の低感度FIRフィルタの構成回路としてラティスフィルタがあるが，回路構造が複雑であるうえ，

〔リスト8.2〕L_2ノルム法によるディジタルフィルタ用スケーリング計算プログラム

```
%  例題8．1 2　リスト8.2
%  copyright 尾知 博
Clear all
%  係数行列 A ,B,C,D を定義する
A=[0  1;-.84098 1.79353];
B=[0 ;1];
C=[.01866 .01757];
D=.11734;
%  変換行列を2×2で定義する
R=sym('[a, b; c, d]');
%  γとσを入力する
GAMMA=input('Input GAMMA = ');
VAP=input('Input Varience = ');
%  リアプノフ方程式により共分散行列Kを求める
L=A*R*A'+B*B';
W=L-R;
%  連立方程式により値を求める
[e,f,g,h]=solve(W(1,1),W(1,2),W(2,1),W(2,2));
%  求まったKを出力
K=vpa([e,f,g,h]);
%  Kより変換行列Tを求める
T=vpa(GAMMA*(1/VAR)*[sqrt(e),0;0,sqrt(h)]);
%  Tの逆行列を求める
IT=vpa(inv(T));
%  変換後のA',B',C',D'を求める
A1=vpa(IT*A*T)
B1=vpa(IT*B)
C1=vpa(C*T)
D1=D
```

上で述べた複素係数2次縦続構成ほど低感度でないので，ここでは触れない．

8.6 状態空間法によるシステムの最適化

次に，状態空間法による固定小数点信号処理システムのオーバフロー防止方法，丸め雑音の最小化，リミットサイクルの防止方法について述べることにする．

第4章で，状態変数を用いたシステムのインパルス応答や周波数応答の解析方法について学んだ．ここでは，この状態空間法を駆使して固定小数点システムの最適化を行う．

8.6.1 オーバフロー防止方法

状態空間表現されたシステムの，L_2ノルム法によるスケーリングを行う方法についてMATLABプログラムとともに解説する．

●状態空間表現されたシステムの伝達関数と等価変換

図8.27における$DF(A, B, C, D)$において，その状態ベクトルを，次式のようにある行列T^{-1}で変換することを考える．$DF()$については，第4章を参照のこと．

$$x'(nT) = T^{-1}x(nT) \quad (8.44)$$

ここでTは，$N \times N$の正則行列（逆行列T^{-1}が存在する行列，$TT^{-1}=I$）であるとする．

Tは等価変換行列と呼ばれ，状態ベクトルを正則行列Tで変換しても，伝達関数は変換前と変わらないことは，第4章で説明したとおりである．行列Tは，正則である限り任意であるので，等価変換によりさまざまな係数行列，すなわちフィルタ構造が得られることがわかる．

ここで，状態ベクトルの各要素は加算器出力である．したがって式(8.44)の変換により，加算点のオーバフローが防止できる可能性があることを示していることに注意していただきたい．

●状態空間表現されたシステムのスケーリング

いま，$DF(A, B, C, D)$において，状態ベクトルの初期値を$x(0)=0$とし，入力$u(nT)$を平均値0で分散σ_u^2の白色ガウス性信号と仮定する．

この仮定のもとで解析を行うと，加算器の出力信号である状態変数x_iの分散は，

$$E[x_i^2] = \sigma_u^2 k_{ii}, \quad i=1,2,\cdots,N \quad (8.45)$$

ただし，Eは期待値を表す．

と与えられる．ここで，k_{ii}は$DF(A, B, C, D)$の共分散行列Kのi番目の対角要素である．

一方，共分散行列Kは，次のリアプノフ方程式の解として求めることができる．詳細は，参考文献(3)，(4)にゆずる．

$$K = AKA^T + BB^T \quad （Tは転置行列を示す） \quad (8.46)$$

このリアプノフ方程式は，一種の連立方程式を解けばよく，リスト8.2はその解法（掃き出し法）も含んでいる．

さて，状態ベクトルに対してスケーリングを行うため，式(8.44)における等価変換行列Tは式(8.45)のk_{ii}を用いて次のように定められる．

$$T = \gamma \sigma_u \begin{bmatrix} \sqrt{k_{11}} & & & 0 \\ & \sqrt{k_{22}} & & \\ & & \cdots & \\ 0 & & & \sqrt{k_{NN}} \end{bmatrix} \quad (8.47)$$

ここで，γはオーバフローの許容確率を定めるパラメータである（コラムL）．

式(8.44)の等価変換を実行して得られる$DF(T^{-1}AT, T^{-1}B, CT, D)$の状態ベクトル$x'(nT) = T^{-1}x(nT)$の分散は，

$$E[x_i'^2] = E[x_i^2]/T_{ii}^2 = (1/\gamma)^2 \quad (8.48)$$

となる．したがって，入力信号の分散値がわかれば等価変換行列におけるγの値によって状態変数が$|x_i| \leq 1$となる確率が制御できることが理解できよう．

第8章 固定小数点ディジタル信号処理システムの最適化

リスト8.2は，2次の状態空間表現されたシステムに対してL_2スケーリングを実行するMATLABプログラムである．高次のシステムに対しては，2次の縦続構成にしてそれぞれの2次区間に対し，スケーリングを実行すればよい．

例題8.12 状態空間表現されたシステムのスケーリング例

次式で与えられる伝達関数を，1Dタイプバイクワッド回路で実現する際に必要なL_2ノルム法によるスケーリングを行ってみよう．

$$H(z) = \frac{0.0175663z^{-1} + 0.0186599z^{-2}}{1 - 1.793527z^{-1} + 0.8409767z^{-2}} + 0.11734 \quad (8.49)$$

フィルタの入力が平均0，分散$\sigma_u^2 = (1/3)^2$の白色ガウス時系列とし，状態変数のオーバフロー許容確率$\gamma=3$とする．どちらも，99.7%の確率で±1の範囲に入る信号である．

スケーリング前の係数行列の与え方は，リスト8.2のプログラム中に記載している．求まったスケーリング後の係数行列は，図8.28に示しておく．

なお，本例題は，参考文献(3)の例10.2と同じである．

〔図8.28〕例題8.13

```
Input GANMA：γの入力
3.0
Input Variance：分散値入力
0.11111111
    K11   67.12977   K12   65.39955
    K21   65.39955   K22   67.12977
A ⎧ AP 1 1=    .0000000
  ⎨ AP 1 2=   1.0000000
  ⎨ AP 2 1=   -.8409800
  ⎩ AP 2 2=   1.7935300
B   BP1=    .0000000   BP2=   .1220513
C   CP1=    .1528865   CP2=   .1439559
D   DP1=    .1173400
```

8.6.2 丸め雑音の最小化

8.3節でバイクワッド縦続回路の丸め雑音の最小化について検討してきた．しかしながら，これらの構造のシステムが，同じ伝達関数を実現する回路構造の中で最も低い丸め雑音電力になるとは限らない．

そこで，本節では平均丸め雑音電力が最小になる状態変数システムの係数決定法について紹介する．

コラムL

ガウス性信号

ある電圧信号$x(nT)$が平均値$\mu=0$，電力すなわち分散$\sigma^2=(1/\gamma)^2$であり，また$x(nT)$がある電圧値となる確率がガウス(正規)分布$N(\mu, \sigma^2)$にしたがうとする（図L.1）．ディジタルフィルタの入力信号の多くは，このガウス分布にしたがうと考えられている．

ガウス分布の性質から$|x(nT)| \leq 1$，すなわち固定小数点2進数で表現できる正負の最大値以内になる確率はγの値により次のようになる．

γ	確率
0.5	38.3%
1.0	68.2%
1.5	86.6%
2.0	95.4%
3.0	99.7%

このように，$\gamma=3$ともなるとほとんどの場合$|x(nT)| \leq 1$となる（図L.2）．γが増加するにしたがって，その信号の電力は低下する．

〔図L.1〕ガウス分布$N(\mu, \sigma^2)$

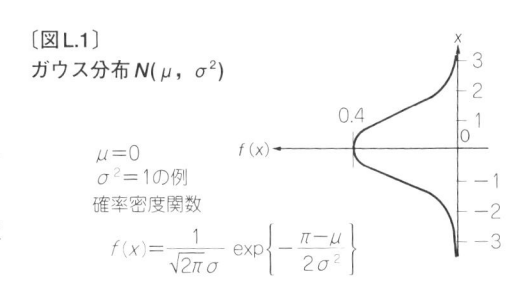

$\mu=0$
$\sigma^2=1$の例
確率密度関数

$$f(x) = \frac{1}{\sqrt{2\pi}\sigma} \exp\left\{-\frac{\pi-\mu}{2\sigma^2}\right\}$$

〔図L.2〕ガウス性信号と分散の関係

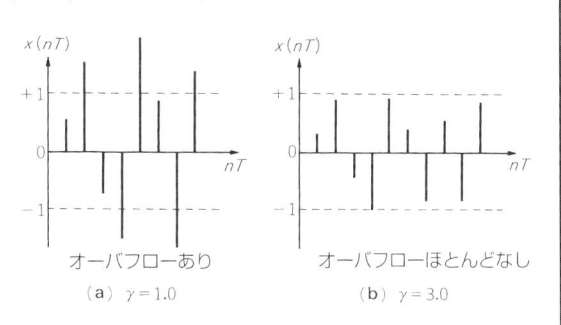

(a) $\gamma=1.0$ オーバフローあり

(b) $\gamma=3.0$ オーバフローほとんどなし

[図8.29] 状態空間表現されたDFの丸め雑音最小化

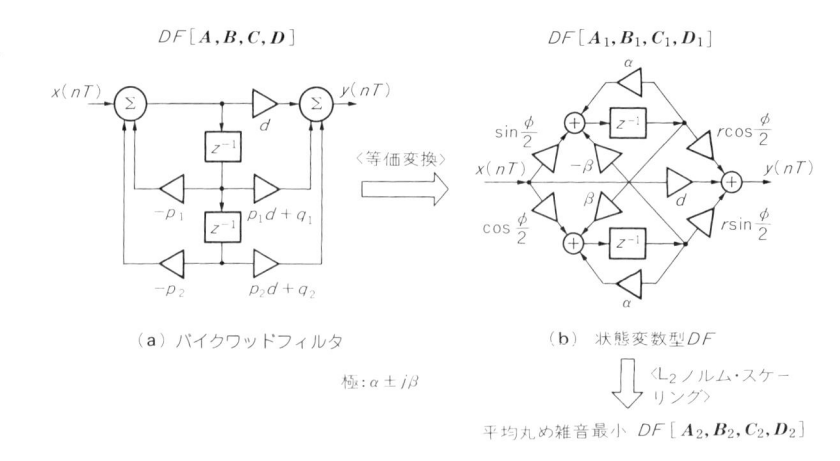

(a) バイクワッドフィルタ
極: $\alpha \pm j\beta$

(b) 状態変数型DF

〈L_2 ノルム・スケーリング〉

平均丸め雑音最小 $DF[A_2, B_2, C_2, D_2]$

● 2次フィルタの丸め雑音最小化

第4章の説明より状態空間表現されたシステムは,ある正則な等価変換行列Tの逆行列により状態変数ベクトル（加算器の出力信号を要素とするベクトル）を等価変換しても,その伝達関数は変化しないという特徴を有している.

この性質を利用し,状態空間表現された2次の伝達関数（バイクワッド）に対して等価変換を施し,状態変数型DFに変換することにより,丸め雑音電力を最小にすることが可能である（図8.29）.

まず,バイクワッドの係数行列式(4.4.7)において,平均雑音電力が最小になる必要十分条件が以下の三つであることが証明されている[4].

$$\begin{cases} a_{11} = a_{22} & (8.50a) \\ b_1 c_1 = b_2 c_2 & (8.50b) \\ L_2 \text{ノルム法でスケーリング} & (8.50c) \end{cases}$$

次に,状態空間表現されたバイクワッドに対し,式(8.50a),式(8.50b)を満足する等価変換行列の導き方について説明する.詳しい式の誘導は,参考文献(4)を参考していただくとして,ここではその結果について紹介する.

極の位置が,

$$\lambda = \alpha + j\beta, \quad \lambda^* = \alpha - j\beta \quad (8.51)$$

であるバイクワッドの伝達関数を,

$$H(z) = \frac{d + (p_1 d + q_1)z^{-1} + (p_2 d + q_2)z^{-2}}{1 + p_1 z^{-1} + p_2 z^{-2}}$$

$$= d + \frac{q_1 z^{-1} + q_2 z^{-2}}{1 + p_1 z^{-1} + p_2 z^{-2}} \quad (8.52)$$

とすると,その係数行列は以下のようになる〔図8.29(a)〕.

$$A = \begin{bmatrix} 0 & 1 \\ -p_2 & -p_1 \end{bmatrix}, \quad B = \begin{bmatrix} 0 & 1 \end{bmatrix}^T$$
$$C = \begin{bmatrix} q_1 & q_2 \end{bmatrix}, \quad D = [d] \quad (8.53)$$

この伝達関数$H(z)$に対し,式(8.50a),式(8.50b)を満足するように等価変換を施すと,以下で表される係数行列が得られる[4].

$$A_1 = \begin{bmatrix} \alpha & -\beta \\ \beta & \alpha \end{bmatrix}, \quad B_1 = \begin{bmatrix} \sin\frac{\phi}{2}, & \cos\frac{\phi}{2} \end{bmatrix}^T$$
$$C_1 = r\begin{bmatrix} \cos\frac{\phi}{2}, & \sin\frac{\phi}{2} \end{bmatrix}, \quad D_1 = [d] \quad (8.54)$$

上式の等価変換された係数行列は,式(8.50a),式(8.50b)を満足している.したがって,平均丸め雑音電力が最小になるには,残る式(8.50c)の条件が満足されればよいわけである.

そこで,式(8.54)の係数行列について8.6.1節で解説したL_2ノルムによるスケーリングを施す.いまスケーリングを施すための等価変換行列Tは,2行2列の式(8.47)で与えられる.よって,等価変換$DF(T^{-1}A_1 T, T^{-1}B_1, C_1 T, D_1)$を実行すると,各係数行列は次のようになる.

$$A_2 = \begin{bmatrix} \alpha & -\frac{\sqrt{k_{22}}}{\sqrt{k_{11}}}\beta \\ \frac{\sqrt{k_{11}}}{\sqrt{k_{22}}}\beta & \alpha \end{bmatrix}, \quad B_2 = \gamma \sigma_u \begin{bmatrix} \frac{\sin\frac{\phi}{2}}{\sqrt{k_{11}}}, & \frac{\cos\frac{\phi}{2}}{\sqrt{k_{22}}} \end{bmatrix}^T$$

$$C_2 = r\gamma\sigma_u\begin{bmatrix} \sqrt{k_{11}}\cos\frac{\phi}{2}, & \sqrt{k_{22}}\sin\frac{\phi}{2} \end{bmatrix}, \quad D_2 = [d]$$
$$(8.55)$$

以上の手順により,目的の平均丸め雑音電力が最小

第8章 固定小数点ディジタル信号処理システムの最適化

●丸め雑音最小状態変数型DFの特徴

状態変数型2次システムは，各係数行列の全要素数分（9個）の乗算器が必要なので1D，2D縦続または1P，2P並列構成と比べて素子数が多くなるという欠点がある．

しかしながら，上述の丸め雑音最小状態変数型システムは，平均丸め雑音が最小化されるばかりでなく，係数感度も低減化されることや[3]，次節で述べるようにリミットサイクルが生じないなど，他の構造のフィルタにはない利点がある．

8.6.3 リミットサイクルの防止

本節では，リミットサイクルが発生しない条件について説明する．

まず状態空間表現されたバイクワッドに対する条件を示し，8.6.2節で説明した丸め雑音最小構造の状態変数型バイクワッドがリミットサイクルを生じないことを説明する．ついで，最も多用されている直接型構成のバイクワッドにおけるリミットサイクルの発生しない条件を紹介する．

●リミットサイクルが発生しない条件（状態変数型フィルタの場合）

リミットサイクルは，ゼロ入力にもかかわらずシステムの状態変数$x(nT)$（出力を含む）が発振する非線形な現象であると考えられる．したがって，リミットサイクルが発生しない状態変数型DFは，発振の原因となる何らかの内部エネルギが時間とともにゼロに収束するような場合と考えられる（図8.30）．このエネルギは，リアプノフ関数$V[x(nT)]$として知られている．

このVが時間と共に減少（漸近安定と呼ぶ）するための十分条件は，2次の状態空間表現されたDF$[A, B, C, D]$で切り捨て量子化を用いる場合，以下の二つのいずれかであることがわかっている[2]．

リミットサイクルの発生しない条件

係数行列Aにおいて

(ⅰ) $a_{12}a_{21} \geq 0$ (8.56a)

(ⅱ) $a_{12}a_{21} < 0$ かつ $|a_{11}-a_{22}| + a_{11}a_{22} - a_{12}a_{21} < 1$ (8.56b)

ただし，乗算結果の加算後に量子化を行うものとし，また当然ながら極は単位円内に存在するものとする．

乗算結果の量子化後に加算を行う場合でも式(8.56)が成立すれば，リミットサイクルの発生は少ないこと

[図8.30] リミットサイクルを発生しない場合のリアプノフ関数のエネルギ特性

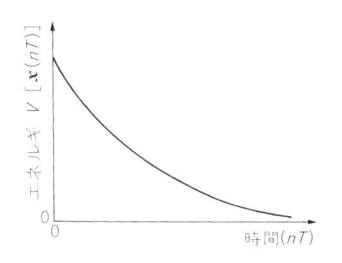

が経験的に知られている．

一方，丸め量子化の場合は極の原点からの距離が0.5未満の場合に，リミットサイクルが発生しないことがわかっている．

例題8.13 丸め雑音最小状態変数型DFのリミットサイクルについて

式(8.55)で与えられる係数行列A_2は，

$a_{12}a_{21} < 0$, $a_{11}-a_{22}=0$

$a_{11}a_{22}-a_{12}a_{21}=\alpha^2+\beta^2<1$：極の位置

であるので，式(8.56b)の条件を満足している．

したがって，丸め雑音最小状態変数型DFは，切り捨て量子化を用いるとリミットサイクルを発生しないことがわかる．

●リミットサイクルが発生しない条件（直接型バイクワッドの場合）

1Dタイプなどの直接型構成バイクワッドにおけるリミットサイクルが発生しない条件について説明しよう．

いま，2次伝達関数，

$$H(z) = \frac{\alpha_0 + \alpha_1 z^{-1} + \alpha_2 z^{-2}}{1 + \beta_1 z^{-1} + \beta_2 z^{-2}} \quad (8.57)$$

を直接型構成Ⅱ（1D，1Pタイプ）で構成する場合，その係数行列A_{1D}は，式(4.4.1b)より次のように与えられる．

$$A_{\mathrm{II}} = \begin{bmatrix} 0 & 1 \\ -\beta_2 & -\beta_1 \end{bmatrix} \quad (8.58)$$

同様に，直接型構成Ⅰ（2D，2Pタイプ）の場合は次式となる．

$$A_{\mathrm{I}} = \begin{bmatrix} -\beta_1 & 1 \\ -\beta_2 & 0 \end{bmatrix} \quad (8.59)$$

したがって，乗算結果の加算後に切り捨て量子化を用いる場合にリミットサイクルが発生しない条件は，式(8.56b)より直接型Ⅰ，Ⅱともに次式となる．

$$|\beta_1| + \beta_2 < 1 \quad (8.60)$$

上式で表される係数範囲は，図8.31の実線の範囲

第3部 ディジタル信号処理システムの実現

〔図8.31〕直接構成型バイクワッドでリミットサイクルが発生しない係数範囲

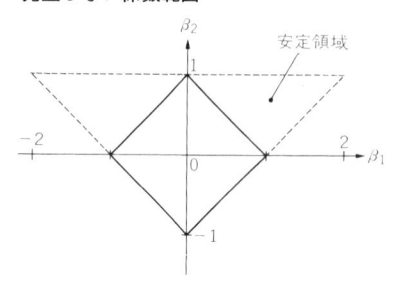

となる．

ここで，1D，2D，3D，1P，2Pいずれのバイクワッド構成回路においても，ゼロ入力状態ではその回路は図8.32に示すように同一になる．したがって，直接型Ⅰ，Ⅱともに条件が同じになるのは当然である．図8.32(a)は，乗算結果の量子化後に加算をする単精度演算のモデル図で，図8.32(b)は乗算結果の加算後に量子化を行う倍精度演算の場合である．

まとめ

本章は，ディジタル信号処理システムを固定小数点小数点演算で実現した場合の丸め雑音の低減，リミットサイクル発振の防止・低減方法および低係数感度回路について検討した．たとえば，飽和タイプオーバフロー特性の加算器を使用するとオーバフロー発振が防止できるが，2の補数演算の特徴が活かされなくなる．このように，有限語長問題とシステムのハードウェア環境が相反する場合もあり，構成回路の選択は慎重に行わなければならない．

なお，丸め雑音が最小で，リミットサイクルが発生せず，かつ低感度な状態変数型と呼ばれる最適な構成回路も実現できることも述べた．

参考文献

(1) A.Peled/B.Liu, Digital Signal Processing, John Wiley&Sons.
(2) 尾知博，本間仁志；複素フィルタを用いた低感度な直線位相FIR実フィルタの構成，信学技法，CAS89-70，1989/10.
(3) 樋口龍雄；ディジタル信号処理の基礎，昭晃堂.
(4) R.A.Roberts and C.T.Mullis, DIGITAL SIGNAL PROCESSING, ADDISON WESLEY.

章末問題

問題8.1

分解能LビットのA-Dコンバータで発生する雑音電力を求め，分解能が1ビット増えると信号対雑音比(SNR)が何dB改善されるのかを検討しなさい．

問題8.2 2の補数の不思議

以下の4ビット(MSB：符号ビット)2進数の加減算を計算し，計算の途中でオーバフローしても正しい答が得られていることを確認しなさい．また，その理由も考察しなさい．

ただし，負数は2の補数とし，( )内は10進数の値とする．

```
      0110    ( 0.75)
      0100    ( 0.50)
      1010    (-0.75)
   +) 0001    ( 0.125)
```

問題8.3

式(8.2)を証明しなさい．ただし，雑音を一様分布する乱数と仮定する．

〔図8.32〕ゼロ入力時の固定小数点を用いたバイクワッド構成(係数：小数点以下Lビット)

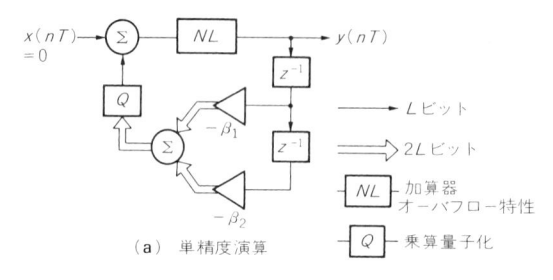

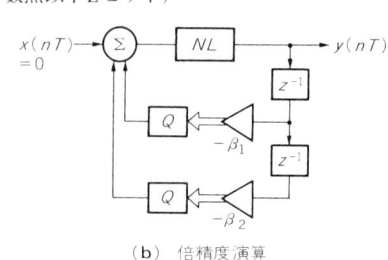

(a) 単精度演算　　(b) 倍精度演算

第8章 固定小数点ディジタル信号処理システムの最適化

問題8.4
実習8.1について，L_∞ノルム法でスケーリングを行い，L_2ノルム法とスケーリング係数値の比較を行いなさい(M-file：ex8_1.m)．

問題8.5
バイクワッド並列構成のIIRフィルタについて丸め雑音電力を求め，雑音低減が可能かどうか検討してみよう．

問題8.6
N次の直接型構成のFIRフィルタの丸め雑音電力を求め，雑音低減が可能かどうか検討してみよう．

問題8.7
実習8.3におけるリミットサイクル発振を防止する手法について検討しなさい．ただし，乗算器係数の値はそのままとする．

問題8.8 MATLAB演習
例題8.8においてオーバフロー発振を防止する手法について検討しなさい．ただし，乗算器係数の値はそのままとする．

第4部 ディジタル信号処理の応用

第9章
マルチレート信号処理とフィルタバンク

　本章は，新しい信号処理技術であるマルチレート信号処理について検討する．"マルチレートシステム"とは，複数のサンプルレートで動作しているシステムである．フィルタバンクを用いたサブバンド符号化やTDM-FDM変換，現在注目されているウェーブレット変換など多くの応用が考えられており，マルチレート信号処理はシステム設計において今後重要になる要素技術である．

　マルチレート信号処理は難解だとよくいわれるが，ここではMATLABを使って視覚的にわかりやすく説明していく．フィルタバンクの設計プログラムの提供など，実用的な内容が展開される．

9.0　とりあえず試してみよう

| 導入演習 | 不連続な信号のスペクトル解析——時間・周波数解析 |

　図9.0(a)に示す信号$x(nT)$の周波数スペクトルを計算して表示してみよう．また，その結果から$x(nT)$がどのような複数の信号で構成されているか推定してみよう．
【解】
　FFTによりスペクトル解析した結果を図9.0(b)に示す．これより，$x(nT)$は，0.05[Hz]付近と0.2[Hz]の

〔図9.0〕導入演習——不連続な信号のスペクトル解析

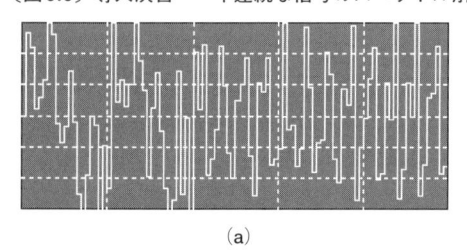

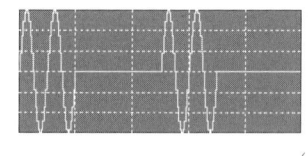

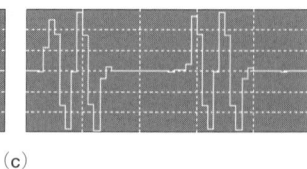

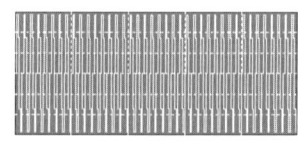

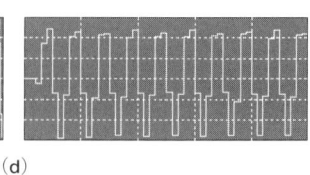

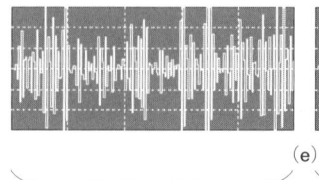

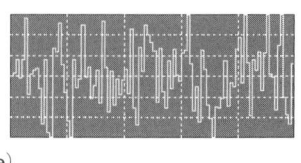

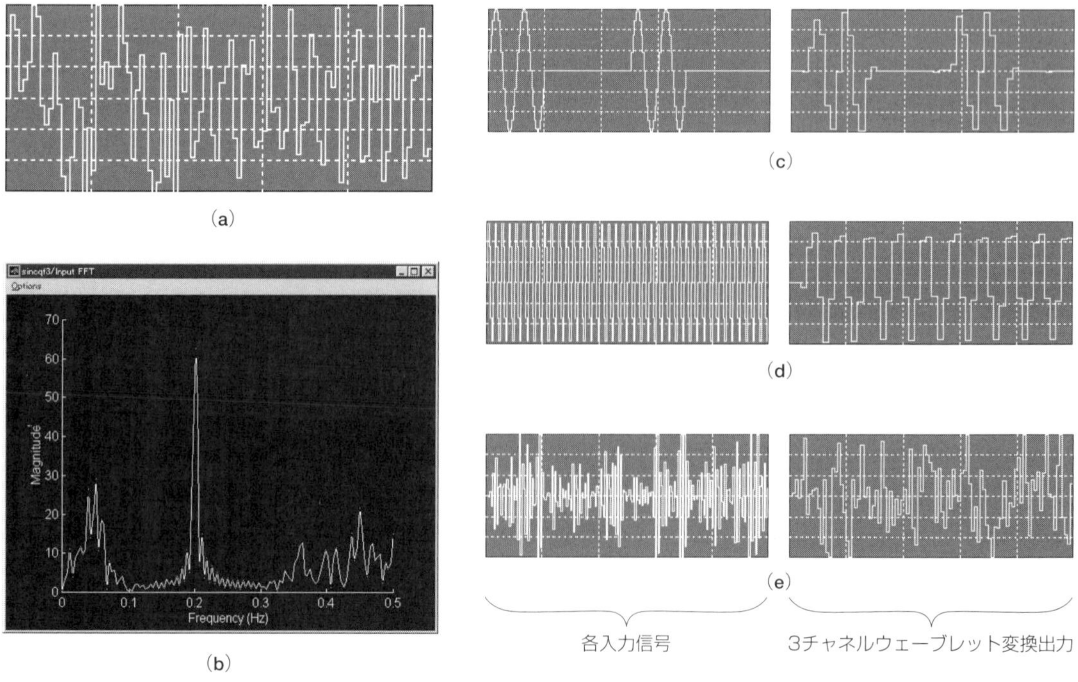

第9章 マルチレート信号処理とフィルタバンク

正弦波および0.3[Hz]以上のスペクトルを有する高域ノイズから構成されていることが推定できる．

＊

さて，この推定は本当に正しいのであろうか？ 実は，$x(nT)$は図9.0(c)～(e)の左側に示した信号を加算したものである．ここで，0.05[Hz]の正弦波は，時間的に不連続な信号である．このように，<u>時間軸上の不連続性は，FFTすなわちフーリエ変換では検知することができない．</u>

それでは，信号の時間的な不連続性を検知しながらスペクトル解析をする手法はないのであろうか？ このようなスペクトル解析は，しばしば**時間・周波数解析**(Time-Frequency Analysis)と呼ばれており，フィルタバンクあるいはウェーブレット変換を用いることにより可能となる．

ウェーブレット変換により時間・周波数解析した例を，図9.0(c)～(e)の右側に示す．このように，信号の帯域別出力，すなわち周波数スペクトル(縦軸)が時間(横軸)とともに表示されている．ウェーブレット変換により，信号の時間軸上の不連続性が検出できるということがわかる．

フィルタバンクやウェーブレット変換では，信号のサンプルレートを変える操作を行っている．このような複数のサンプルレートを有するシステムの設計解析手法を，マルチレート信号処理と呼ぶ．以下では，マルチレート信号処理の基礎と応用についてわかりやすく説明していく．

9.1 レート変換とその性質

まず，マルチレート信号処理の基本であるレート変換について考える．レート変換自体もCDなどサンプルレートの異なるシステムのインターフェースとして重要な回路である．

9.1.1 ダウンサンプラとアップサンプラ

●ダウンサンプラ

例題9.1 サンプルレートを低くする

図9.1(a)に，あるアナログ信号の時間波形$x(t)$と周波数スペクトル$X(j\omega)$を示す．$x(t)$をサンプリングレート(サンプリング周波数)$f_s=4$[kHz]および$f_s'=f_s/M$によりサンプリングした場合の周波数スペクトルを描いてみよう．ただし，$M=2$とする．

【解】

結果を図9.1(b)，(c)にそれぞれ示す．この結果は，サンプリング定理より容易に理解できるであろう．ただし，振幅値がそれぞれ$1/T$，$1/MT$となることに注意しておく．$T=1/f_s$である．

[図9.1]
ダウンサンプリングとスペクトル

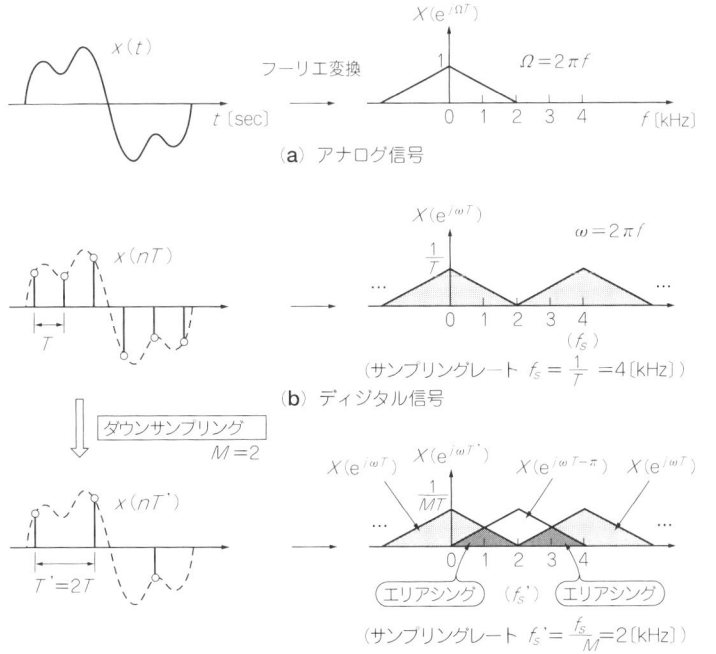

(a) アナログ信号

(b) ディジタル信号 (サンプリングレート $f_s=\frac{1}{T}=4$[kHz])

(c) ディジタル信号(ダウンサンプリング) (サンプリングレート $f_s'=\frac{f_s}{M}=2$[kHz])

第4部 ディジタル信号処理の応用

〔図9.2〕ダウンサンプラ

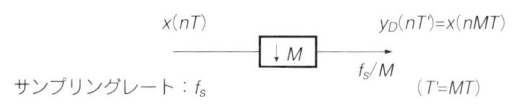

$x(nT) \rightarrow \boxed{\downarrow M} \rightarrow y_D(nT')=x(nMT)$

サンプリングレート：f_s $\quad f_s/M \quad (T'=MT)$

〔図9.4〕アップサンプラ

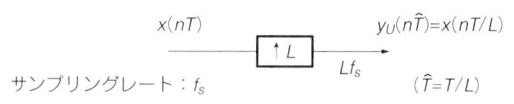

$x(nT) \rightarrow \boxed{\uparrow L} \rightarrow y_U(n\hat{T})=x(nT/L)$

サンプリングレート：f_s $\quad Lf_s \quad (\hat{T}=T/L)$

〔図9.3〕アップサンプリング/インターポレートとスペクトル

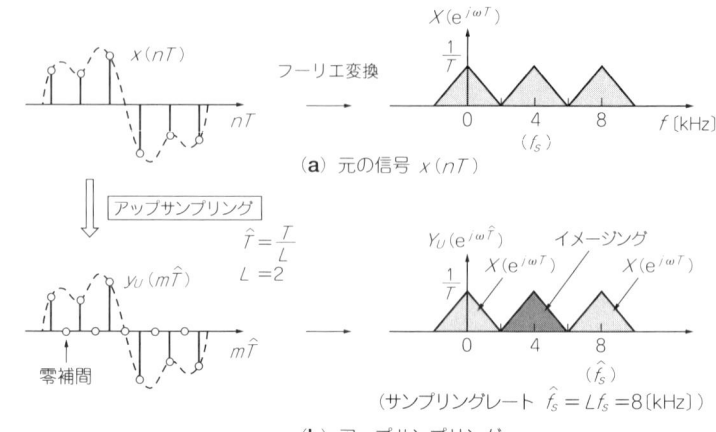

(a) 元の信号 $x(nT)$

(b) アップサンプリング (サンプリングレート $\hat{f}_s=Lf_s=8$ [kHz])

さて，この例題を別の角度から眺めてみよう．

$x(nT)$と$x(nT')$は，異なるサンプルレートによりサンプリングして得られた信号であるが，ここでは，"$x(nT)$のサンプルを$M-1$個間引いて，Mサンプルごとの信号のみを取り出して$x(nT')$を得る"と考えてみよう．この操作を，図9.2のダウンサンプラ（Down-Sampler）と呼ばれるブロックで表すことにする．

ダウンサンプラの出力信号$y_D(nT')$のz変換は，

$$Y_D(z) = \frac{1}{M}\sum_{k=0}^{M-1} X(z^{\frac{1}{M}}W^k) \quad (9.1)$$

ただし，$W_M = e^{-j\frac{2\pi}{M}}$

で与えられる．式の物理的な意味を理解するため，$z=e^{j\omega T'}$として周波数スペクトルを求めると，

$$Y_D(e^{j\omega T'}) = \frac{1}{M}\sum_{k=0}^{M-1} X(e^{j(\omega T'-2\pi k)/M}) \quad (9.2)$$

となる．ここで，図9.1(c)のように$M=2$とすると，

$$Y_D(e^{j\omega T'}) = \frac{1}{2}\sum_{k=0}^{1} X(e^{j(\omega T'-2\pi k)/2})$$
$$= \frac{1}{2}\{X(e^{j\omega T}) + X(e^{j(\omega T-\pi)})\}$$
$$(\because T'=MT) \quad (9.3)$$

となり，{ }内の第1項は図9.1(b)のスペクトルそのものを表し，第2項はそのスペクトルをπ[rad]だけ，すなわち$f_s/2$[Hz]だけシフトしていることがわかる．第2項は，ダウンサンプリングにより生じたスペクトルであり，エリアシング（aliasing）成分である．

●アップサンプラ

例題9.2 サンプルレートを上げる

図9.3(a)の信号$x(nT)$のサンプル間に$L-1$個の零値を挿入し，(b)の$y_U(n\hat{T})$を得る．サンプル間隔$\hat{T}=T/L$なので，$y_U(n\hat{T})$は$x(nT)$に比べてサンプルレートがL倍に上がっている．$y_U(n\hat{T})$の周波数スペクトルを描いてみよう．

【解】

まず，$y_U(n\hat{T})$のz変換を求める．

$$Y_U(z) = \sum_{m=-\infty}^{\infty} y_u(m\hat{T})z^{-m}$$
$$= \sum_{n=-\infty}^{\infty} y_u(nT)z^{-nL} \quad (\because n=m/L)$$
$$= X(z^L) \quad (9.4)$$

$z=e^{j\omega\hat{T}}$として周波数スペクトルを求めると，

$$Y_U(e^{j\omega\hat{T}}) = X(e^{j\omega\hat{T}L})$$
$$= X(e^{j\omega T}) \quad (\because \hat{T}=T/L) \quad (9.5)$$

となり，入力信号$x(nT)$のスペクトル$X(e^{j\omega T})$と変わらないことがわかる〔図9.3(b)〕．

サンプルレートがL倍になると，本来はサンプリング周波数$\hat{f}_s=1/\hat{T}$に最初の折り返しスペクトルが生じるはずであるが，例題で示したようにアップサンプリングする前のサンプリング周波数f_sに最初の折り返しスペクトルが現れている．このスペクトルは，イメージング（imaging）成分と呼ばれる．

以上のように，$L-1$個の零値を補間するブロックを

第9章 マルチレート信号処理とフィルタバンク

〔図9.5〕デシメータ

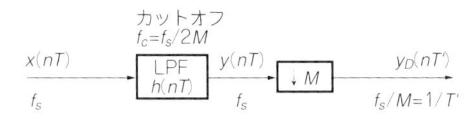

```
x(nT) →  LPF   → y(nT) → ↓M → y_D(nT')
         h(nT)
  f_s    カットオフ    f_s        f_s/M=1/T'
         f_c=f_s/2M
```

アップサンプラ (Up-Sampler) と呼び，図9.4のブロックで表す．

ところで，アップサンプリングを行ってもスペクトルのゲインは $1/T$ で変化しない．本来，サンプリング定理によると，アナログ信号のスペクトルゲインに比べて L/T 倍でなければならない．このように，アップサンプラにはゲインの問題もある．

実習9.1	アップサンプルとダウンサンプル
	M-file：ex9_1.m[注1]

発振周波数 $f=1$[kHz]の正弦波 $x(nT)=\sin(2\pi fnT)$ を $M=2$ としてダウンサンプリングし，その信号波形および周波数スペクトルを観測してみよう．また，$L=2$ としてアップサンプリングするとどのようになるであろうか．ただし，$T=1/f_s$，$f_s=10$[kHz]とする．

【解】
scopeによる時間波形の観測結果から，ダウン/アップサンプリングが確認できるであろう．アップサンプリングにおいて零補間が確認しづらい場合は，scope2を拡大していただきたい．

一方，周波数スペクトルの観測において，周波数軸の最高周波数（＝ナイキスト周波数）がそれぞれ 2.5[kHz]と 10[kHz]になっていることからも，アップ/ダウンサンプルされていることが確認できる．とくにアップサンプルの場合は，1[kHz]と 9[kHz]にスペクトルが存在している．9[kHz]のスペクトルはイメージングである．

9.1.2 レート変換

先に述べたように，ダウンサンプルではエリアシング成分，アップサンプルではイメージング成分が生じる場合があり，レート変換器としてそのまま用いることはできない．以降では，正確にレート変換を行うシステムについて検討する．

(注1) MATLABでは，ダウンサンプラが用意されていないので，ファイルに収録の down.m を Simulink 上のブロックとして使用する．本章のMATLAB実習のおけるダウンサンプラは，すべてこの down.m を用いている．一方，アップサンプラは，zerofil として dsp blockset の Main 内で提供されている．

〔図9.6〕デシメーションと周波数スペクトル（$M=2$）

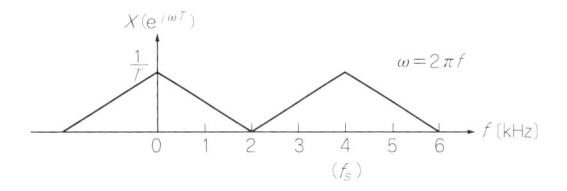

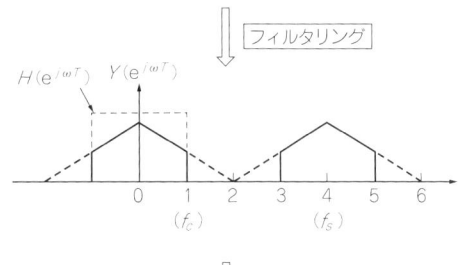

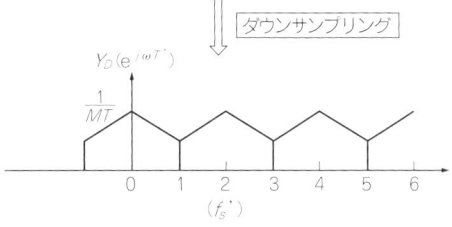

●デシメータ

まず，ダウンサンプルで生じるエリアシングを消去するためには，図9.1(b)の周波数スペクトルにおいて，帯域制限を行えばよい．このため，図9.5のデシメータ (Decimator) と呼ばれる回路ブロックを使用する．デシメータで使われるディジタルフィルタをとくにデシメーションフィルタと呼ぶ．

デシメーションフィルタの振幅仕様を以下のように設定すれば，ダウンサンプル後もエリアシングが生じない．

$$M(f) = \begin{cases} 1, & |f| \leq \dfrac{f_s}{2M} \\ 0, & \text{その他の } f \end{cases} \quad (9.6)$$

例題9.3 デシメーションと周波数スペクトル

例題9.1において，エリアシングが生じないようにデシメータを用いてサンプルレートを $1/2$ にしたい．デシメーションフィルタのカットオフ周波数 f_c を決定し，図9.5の各部の周波数スペクトルを描いてみよう．

【解】
$f_c = f_s/2M = 1$[kHz]と設定する．各部の周波数スペクトルを図9.6に示す． □

ところで，デシメータで得られる信号 $y_D(nT')$ は，デシメーションフィルタによる帯域制限により元の信号 $x(nT)$ の情報を失っている点に注意しなければなら

[図9.7] インターポレータ

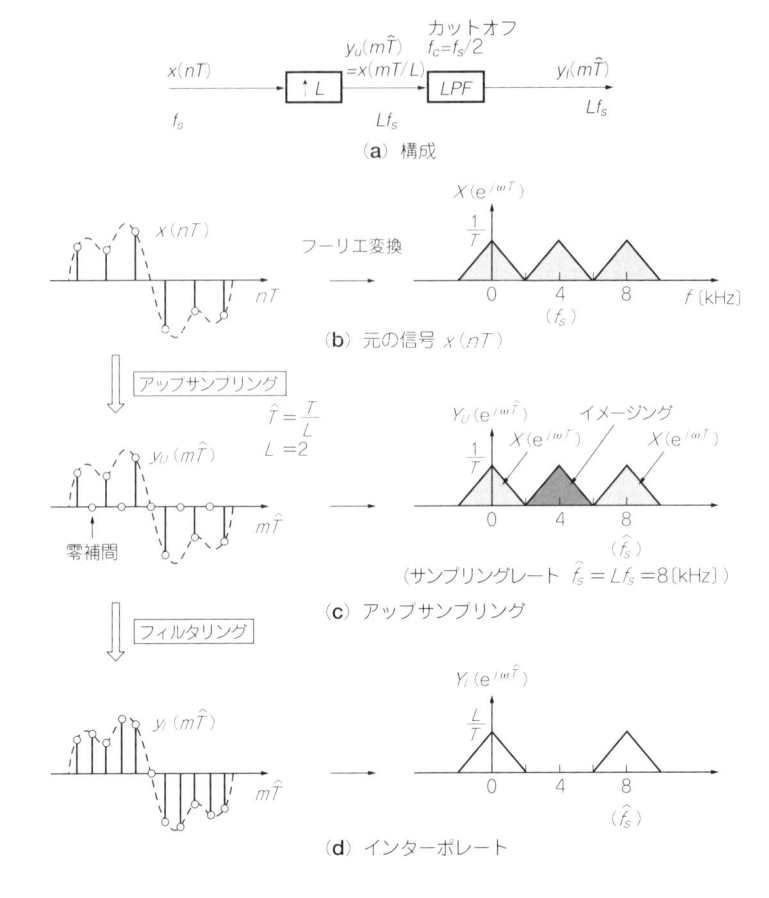

(a) 構成

(b) 元の信号 $x(nT)$

(c) アップサンプリング（サンプリングレート $\hat{f}_s = Lf_s = 8$ [kHz]）

(d) インターポレート

ない．

デシメータは，MATLABにおいてdecimateとして提供されている．

● インターポレータ

つぎに，アップサンプルで生じるイメージングを消去するためには，図9.3(b)の周波数スペクトルを帯域制限すればよい．このため，図9.7のインターポレータ(Interpolator)と呼ばれる回路ブロックを使用する．このディジタルフィルタをとくにインターポレーションフィルタと呼ぶ．

インターポレーションフィルタの振幅仕様を以下のように設定すれば，イメージングを消去でき，かつスペクトルのゲインをL/Tにすることができる．

$$M(f) = \begin{cases} L, & |f| \leq \dfrac{f_s}{2} \\ 0, & その他のf \end{cases} \quad (9.7)$$

例題9.4 インターポレーションと周波数スペクトル

例題9.1において，イメージングが生じないようにインターポレータを用いてサンプルレートを2倍にあげたい．インタポレーションフィルタのカットオフ周波数f_cを決定し，図9.7の各部の周波数スペクトルを描いてみよう．

【解】

$f_c = f_s/2 = 2$ [kHz]

周波数スペクトルを図9.7(c)に示す． □

本例題より，以下の重要なことがわかる．インターポレータでイメージング成分を消去することにより，アナログ信号をサンプルレート$\hat{f}_s = 1/\hat{T}$でサンプリングした場合と同様の周波数スペクトルが得られる．つまり，時間領域では図9.7(c)で示すように，零補間したサンプル点に$y_l(m\hat{T})$が現れるのである．このことが，インターポレータの名前の由来である．

インターポレータは，MATLABにおいてinterpとして提供されている．

● 有理数比のレート変換

さて，これまで扱ってきたデシメータおよびインターポレータは整数比のレート変換しかできない．そこで有理数比，すなわちL/M倍のレート変換について考えてみよう．

L/M倍のレート変換を構成するため，図9.7のイン

第9章 マルチレート信号処理とフィルタバンク

［図9.8］有理数比のレート変換

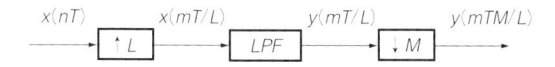

$$x(nT) \to \uparrow L \to x(mT/L) \to \text{LPF} \to y(mT/L) \to \downarrow M \to y(mTM/L)$$

ターポレータと図9.5のデシメータの順に縦続接続すると，ディジタルフィルタを共用化でき，図9.8に示すブロック図が得られる．なお，L/Mを約分してM，Lが互いに素であれば，ハードウェアは少なくなる．

$L<M$の場合，インターポレーションフィルタを$H_I(z)$，デシメーションフィルタを$H_D(z)$とすると，$L<M$の場合は$H(z)=H_I(z)H_D(z)$と設定する．$H(z)$の振幅仕様は以下のように決定できる．

$$M(f) = \begin{cases} L, & |f| < \dfrac{L}{2M}f_s \\ 0, & \text{その他の}f \end{cases} \quad (9.8)$$

一方，$L>M$の場合はエリアシングが生じないので，$H(z)=H_I(z)$のみでよい．

有理数比のレート変換は，MATLABにおいて`resample`として提供されている．

例題9.5 レートを3/2倍にする

リスト9.1のMATLABリストは，$f_s=1000$[Hz]でサンプリングした正弦波に対し，サンプルレートを3/2にするプログラムである．実行してみよう．

こうしたレート変換を2次元信号に適用すると，画像サイズの拡大縮小を行うことができる．

9.1.3 レート変換における有用なテクニック

● マルチステージ構成

デシメータにおいて間引き率Mが大きな値であると，デシメーションフィルタに要求されるカットオフ周波数が極端に低くなり，かつ遷移域幅を狭くする必

［リスト9.1］サンプリングレートを3/2にする

```
% Rei9_5.m
t=0:0.001:1; % time vector
x=sin(2*pi*30*t)+sin(2*pi*60*t);
y=resample(x,3,2);
figure(1);
stem(x(1:30)),axis([0 30 -2 2]);
figure(2);
stem(y(1:45)),axis([0 45 -2 2])
```

要がある［図9.9(b)］．このため，十分な阻止域減衰量を得るためには高次のフィルタが必要となり，演算量および設計の困難性から実用的でない．

このような場合，デシメータを複数個縦続に接続して実現する方法がある．たとえば，$M=M_1M_2$と素因数分解できる場合，図9.9(c)の構成となる．これより，それぞれのデシメーションフィルタに要求される振幅仕様が緩和され，フィルタ設計が容易になることが理解できる．さらに，$H_2(z)$は低レートで動作すればよいので演算量が減少するという利点もある．なお，$H(z)=H_1(z)H_2(z^2)$となる．

インターポレータの場合も同様にマルチステージ構成が可能である．

● レート変換の等価関係

マルチレート信号処理システムを設計するにあたり，有用となるレート変換の等価関係をいくつか図9.10に示しておく．とくに図(b)，図(c)はノーブル恒等変換（Noble Identity）と呼ばれており，よく利用される．

9.2 マルチレート信号処理の応用

レート変換器が理解できたところで，その応用例に

［図9.9］
デシメータ/インターポレータのマルチステージ構成

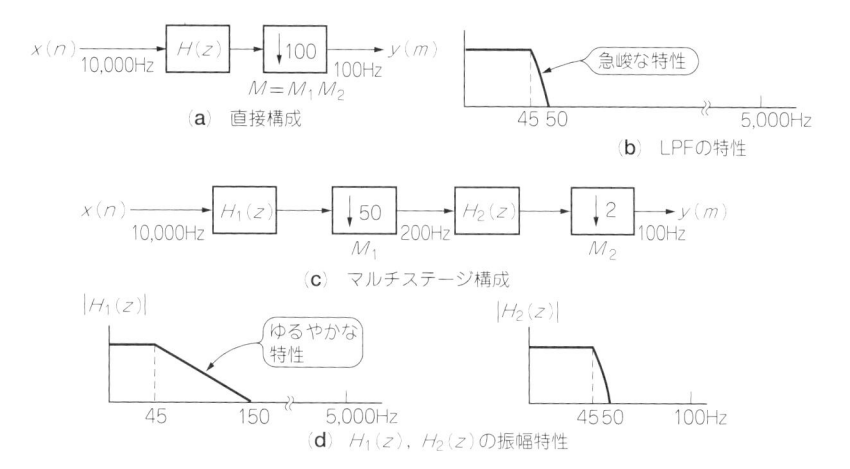

(a) 直接構成

(b) LPFの特性

(c) マルチステージ構成

(d) $H_1(z)$，$H_2(z)$の振幅特性

第4部　ディジタル信号処理の応用

〔図9.10〕レート変換の等価関係

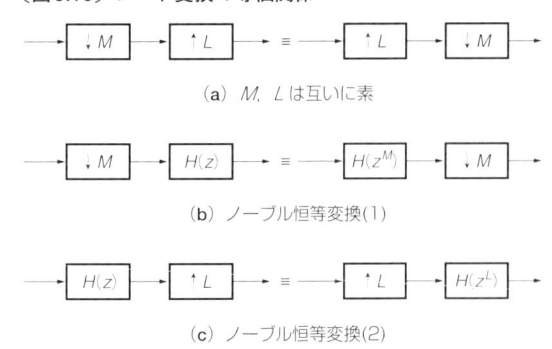

(a) M, L は互いに素

(b) ノーブル恒等変換(1)

(c) ノーブル恒等変換(2)

ついて見ていくことにする．単にレート変換するだけで，シングルレートでは実現できなかった多くの応用例が考えられ，マルチレート信号処理の高い可能性が認識できるであろう．

9.2.1　音声と画像のサブバンド符号化

図9.11(a)に M 分割フィルタバンクを示す．図(b)に示す振幅特性を有するアナライザにより信号をいくつかの帯域に分離し，帯域ごとに符号化して伝送する．伝送された各帯域の信号は復号された後，シンセサイザを用いて再び元の信号 $x(nT)$ を再生される．こうしたシステムをサブバンド符号化と呼ぶ．

図9.11の構成において，間引き率がどのチャネルでも等しい場合を**等分割フィルタバンク**と呼び，そうでない場合を**不等分割フィルタバンク**と呼ぶ．さらに分割数と間引き率が等しい場合を**最大間引き**(Maximal Decimation, Critical Subsampling)と呼び，そうでない場合を非最大間引きと呼ぶ．

帯域分割された信号 $x_i(n)$ は，入力信号 $x(nT)$ に比べて情報量が減少しているので，フルバンドで符号化する場合より符号化ビット数を少なくすることができ，情報圧縮ができるという利点がある．また，$x_i(nT)$ のサンプルレートは $x(nT)$ より低いので，演算負担を少なくすることもできる．

実際にミニディスク(MD)において，こうしたフィルタバンクによるサブバンド符号化が用いられている．

フィルタバンクの目的は，帯域分割された信号を完全に復元することである．こうした完全再構成フィルタバンクの設計は容易でなく，これまで多くの研究がなされている[1]．本書でも，9.4節以降で設計方法のいくつかを述べることにする．

最近，画像の圧縮伸張で注目されているウェーブレット変換やDCTもフィルタバンクの一種であることが知られている[2]．

9.2.2　音声の暗号化(秘話回路)

図9.11のフィルタバンクにおいて，まずアナライザ各帯域の出力信号を一定の長さのセグメントで分割する．さらに各セグメントを"鍵"コードに基づいてランダムに並び替え，時分割多重伝送を行う．受信側

〔図9.11〕サブバンド符号化

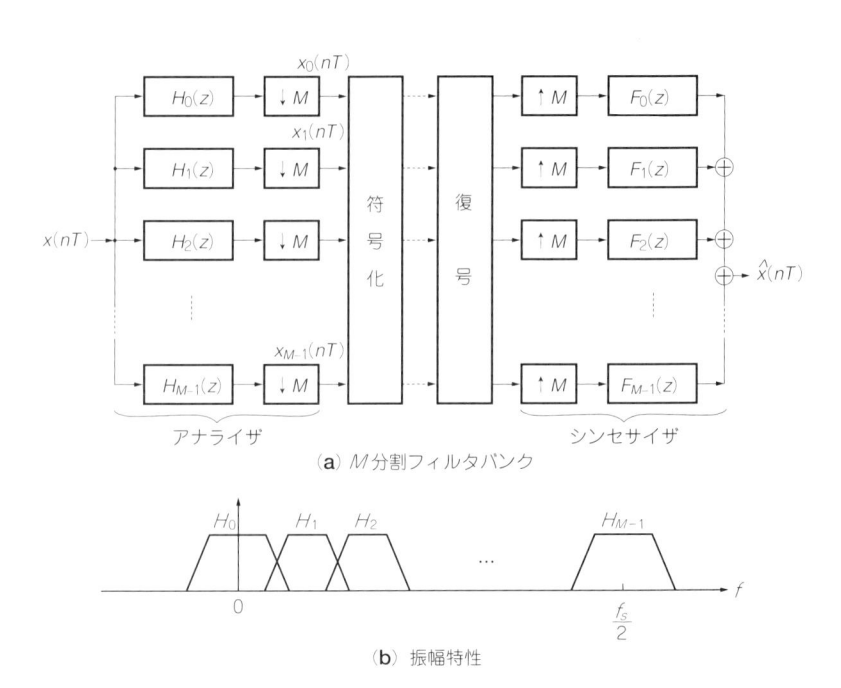

(a) M 分割フィルタバンク

(b) 振幅特性

[図9.12]
オーバサンプリングA-D/D-A変換

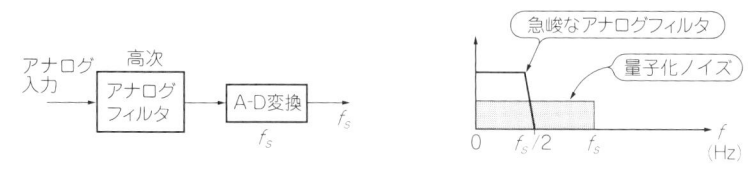

(a) 普通のレートによるA-D変換

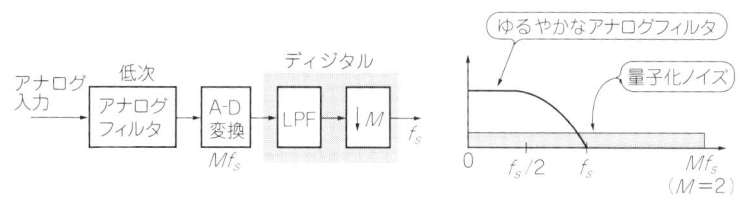

(b) オーバサンプリングA-D変換器

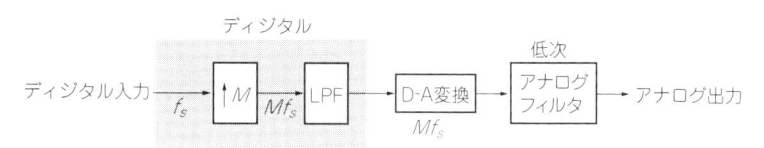

(c) オーバサンプリングD-A変換器

では，その"鍵"とアナライザの伝達関数を知らない限り信号を完全に復元することはできない．このように，フィルタバンクは音声の秘話回路としても利用できる．

9.2.3 オーバサンプリングA-D/D-A変換器

●アナログフィルタのコスト削減

アナログ入出力ディジタル信号処理システムでは，A-D変換の前にエリアシング防止用のアナログフィルタを必要とする．また，D-A変換の後にもイメージング消去用のアナログフィルタが必要である．

これらのアナログフィルタは高次の伝達関数を必要とし，高価になる．また，調整も難しく回路設計のネックになっている．

こうした問題は，デシメータ，インターポレータを利用して解決できる．まず，図9.12(a)のように，低次のアナログフィルタで帯域制限し，Mf_sの高いレートでA-D変換しておく．次に，デシメータでレート変換を行えば，希望のサンプルレートのf_sになる．低次のアナログフィルタでは十分な帯域制限ができないが，デシメーションフィルタでも帯域制限されるので，結果的に十分な阻止域減衰量が得られる．

こうしたA-D変換は，**オーバサンプリング（Oversampling）方式**と呼ばれており，D-A変換にも利用できる〔図9.12(b)〕．

●量子化雑音の低減

オーバサンプリング方式の利点は，低次のアナログフィルタが利用できることだけでなく，A-D変換の量子化雑音を低減できる利点も有する．いま，A-D変換器の量子化ビット数をLビットとしよう．分解能Qは，$Q=2^{-L}$で与えられる．A-D変換器で発生する量子化雑音は，DCからサンプリング周波数f_sまで均等に発生していると考えられ，そのパワーは単位周波数あたり$Q^2/12$である（第8章参照）．したがって，サンプリング周波数がMf_sの場合は，雑音パワーは$1/M$に減少する．このことは，同じ分解能を少ない量子化ビット数で実現できることも示している．

デルタ・シグマ変調方式のA-D/D-A変換器が1ビット量子化器で実現できるのも，こうしたオーバサンプリング技術を利用しているためである．

9.2.4 周波数シフト

信号処理システムにおいては，しばしば信号の周波数シフトを行う必要がある．周波数シフトは，正弦波を乗ずることで実現できるが，精度のよい正弦波の発生は難しい．

一方，図9.7のインターポレートを用いると簡単に周波数シフトが行える．図9.13のようにインターポレーションフィルタをBPFとして設計し，イメージング成分を抽出する．フィルタリングされたスペクト

[図9.13] インターポレータによる周波数シフト

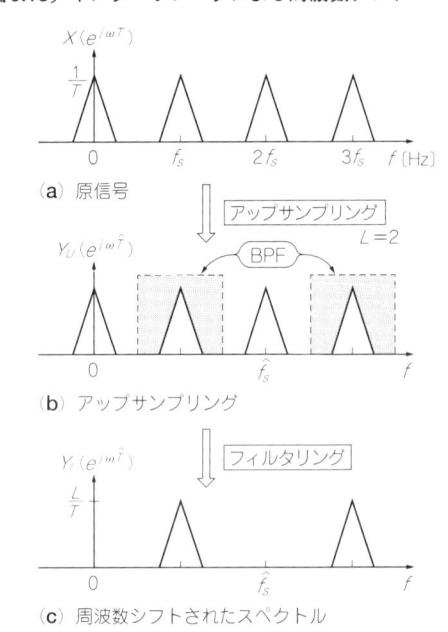

(a) 原信号

(b) アップサンプリング

(c) 周波数シフトされたスペクトル

ルは，周波数シフトされた信号となっている．

9.2.5 トランスマルチプレクサ（TDM-FDM変換）

図9.14に示すシステムは，送信側で時分割（TDM）されたM個の信号$x_i(nT)$，$i=0, \cdots, M-1$を周波数上で並べ（周波数多重：FDM）て1本の伝送路で伝送し，受信側で再び元のM個の信号$x_i(nT)$に戻す**トランスマルチプレクサ（Trans-Multiplexer）**と呼ばれるシステムである．

周波数多重の原理は，9.2.3節で述べた周波数シフトである．信号を元に復元するためには，デシメーション・インターポレーションフィルタの設計に注意しなければならず，9.4節で述べる完全再構成フィルタバンクを用いる．

このように，レート変換によりTDM-FDM変換器が構成できる．

9.2.6 狭帯域ディジタルフィルタの実現

狭帯域フィルタの設計では高次の伝達関数が必要となり設計が困難であったり，またハードウェアが膨大になり実現性が乏しい．そこで，**図9.15**のレート変換を用いたディジタルフィルタの実現方法を用いることで，上の欠点を回避できる．ただし，エリアシングやイメージングが生じないように適切にフィルタの設計を行わなければならない．

図9.15において9.1.3節で述べたマルチステージ構成を用いると，さらに低次の伝達関数に分解でき，かつハードウェアを低減できる．

＊

レート変換の応用としてそのほかに，位相シフト器，サブバンド適応フィルタ/スペクトル推定，画像の解像度/階調変換などがあり，今後の発展が期待される〔参考文献(1)，(2)〕．

9.3 ポリフェーズ分解とレート変換

本節では，レート変換器の効率的なハードウェアに

[図9.14] トランスマルチプレクサ

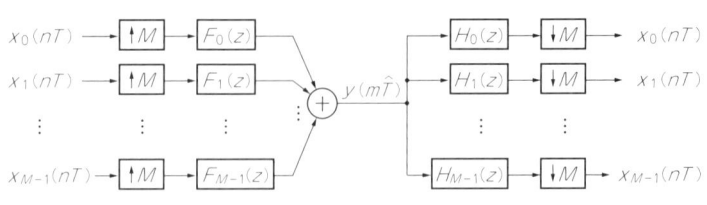

(a) トランスマルチプレクサの構成

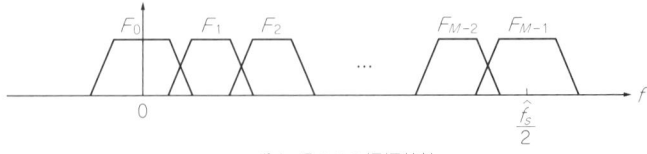

(b) $F_i(z)$の振幅特性

[図9.15] レート変換を用いたディジタルフィルタの構成

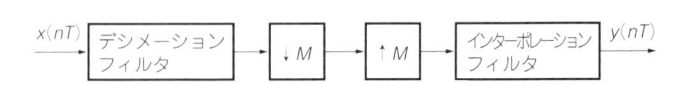

ついて考える．

図9.5のデシメーションフィルタおよび図9.7のインターポレーションフィルタともにFIRフィルタあるいはIIRフィルタを用いれば，基本的には構成できる．しかし，以下で述べるポリフェーズ分解と図9.10の等価変換を用いれば，ハードウェアを少なくできる．

9.3.1 ポリフェーズ分解

●タイプIポリフェーズ分解

いま，ディジタルフィルタの伝達関数 $H(z) = \sum_{n=-\infty}^{\infty} h(n)z^{-n}$ を以下のように分解する．

$$H(z) = [\cdots + h(-4)z^4 + h(-2)z^2 + h(0) \\ + h(2)z^{-2} + h(4)z^{-4} + \cdots] \\ + z^{-1}[\cdots + h(-3)z^4 + h(-1)z^2 \\ + h(1) + h(3)z^{-2} + \cdots] \quad (9.9)$$

ここで，

$$E_0(z) = \sum_{n=-\infty}^{\infty} h(2n)z^{-n}, \quad E_1(z) = \sum_{n=-\infty}^{\infty} h(2n+1)z^{-n} \quad (9.10)$$

とおくと，$H(z)$は以下のように書き換えられる．

$$H(z) = E_0(z^2) + z^{-1}E_1(z^2) \quad (9.11)$$

$E_0(z)$，$E_1(z)$は**ポリフェーズ要素**(poly-phase component)と呼ばれる．このように，$H(z)$は二つのポリフェーズ要素で分解できる．

さらに分割数を増やすため，ポリフェーズ要素を一般的に，

$$E_k(z) = \sum_{n=-\infty}^{\infty} h(Mn+k)z^{-n}, \quad 0 \leq k \leq M-1 \quad (9.12)$$

とすると，$H(z)$は，

$$H(z) = \sum_{k=0}^{M-1} E_k(z^M)z^{-k} \quad (9.13)$$

とM分割のポリフェーズ要素で表現できる．上式を**タイプIポリフェーズ分解**と呼ぶ．

●タイプIIポリフェーズ分解

いま，

$$R_k(z) = \sum_{n=-\infty}^{\infty} h(Mn-k-1)z^{-n}, \quad 0 \leq k \leq M-1 \quad (9.14)$$

を定義すると，$H(z)$は新たに以下のように書き直せる．

$$H(z) = \sum_{k=0}^{M-1} R_k(z^M)z^{-(M-1-k)} \quad (9.15)$$

この$R_k(z)$による分解を**タイプIIポリフェーズ分解**と呼ぶ．

タイプIとタイプIIのポリフェーズ要素は，次の関係がある．

$$R_k(z) = E_{M-1-k}(z) \quad (9.16)$$

例題9.6 FIRフィルタのポリフェーズ分解

FIRフィルタの伝達関数を，

$$H(z) = h(0) + h(1)z^{-1} + h(2)z^{-2} + h(3)z^{-3}$$

とする．タイプI，タイプIIのポリフェーズ分解を行ってみよう．

【解】

タイプI：式(9.13)より，

$$H(z) = E_0(z^2) + z^{-1}E_1(z^2) \quad (9.17)$$

ここで，

$$E_0(z) = h(0) + h(2)z^{-1}, \quad E_1(z) = h(1) + h(3)z^{-1} \quad (9.18)$$

タイプII：式(9.15)より，

$$H(z) = z^{-1}R_0(z^2) + R_1(z^2) \quad (9.19)$$

ここで，

$$R_0(z) = h(1) + h(3)z^{-1}, \quad R_1(z) = h(0) + h(2)z^{-1} \quad (9.20)$$

9.3.2 ポリフェーズ分解を用いた レート変換器の構成

つぎに，ポリフェーズ分解を用いたデシメータ，インターポレータの効率的な構成を考えてみよう．

●デシメータ

図9.5のデシメータにおいて，デシメーションフィルタはダウンサンプラの前に位置するので，高いレートで動作しなければならず演算負担が大きい．一方，デシメーションフィルタをポリフェーズ分解で構成すると，以下のようにダウンサンプルされた低いレートで動作可能となる．

まず，デシメーションフィルタについてタイプIのポリフェーズ分解を適用すると図9.16(a)が得られる．ついで，図9.10(b)のノーブル恒等変換を利用すると図9.16(b)が得られる．この構成は，フィルタがダウンサンプラの後にあるので，低いレートで動作できる．

さらに，**コミュテータ**(comutater)と呼ばれる入力信号のレートTで時計回りに動作し，MT[sec]で1回転するスイッチを利用すると遅延子とダウンサンプラを省くことができ，図9.16(c)に示すハードウェアが低減された構成が得られる．とくにレジスタが省略できるので，大幅なハードウェア削減が可能となる．

●インターポレータ

図9.7のインターポレータも同様に，インターポレーションフィルタがアップサンプラの後に位置するの

〔図9.16〕ポリフェーズ分解によるデシメータ

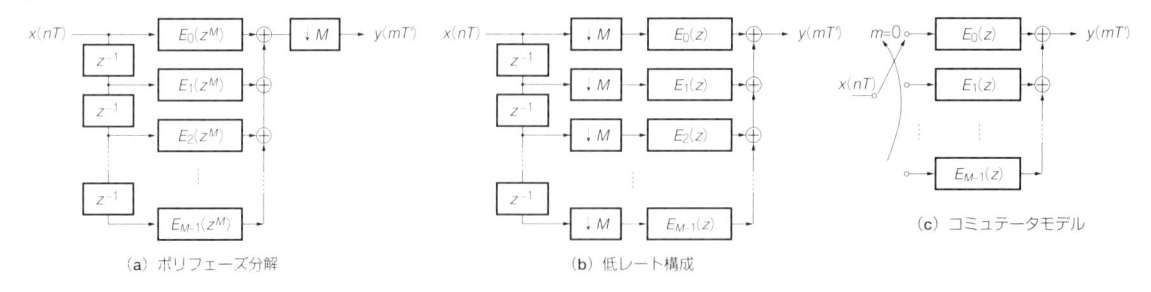

(a) ポリフェーズ分解　　(b) 低レート構成　　(c) コミュテータモデル

〔図9.17〕ポリフェーズ分解によるインターポレータ

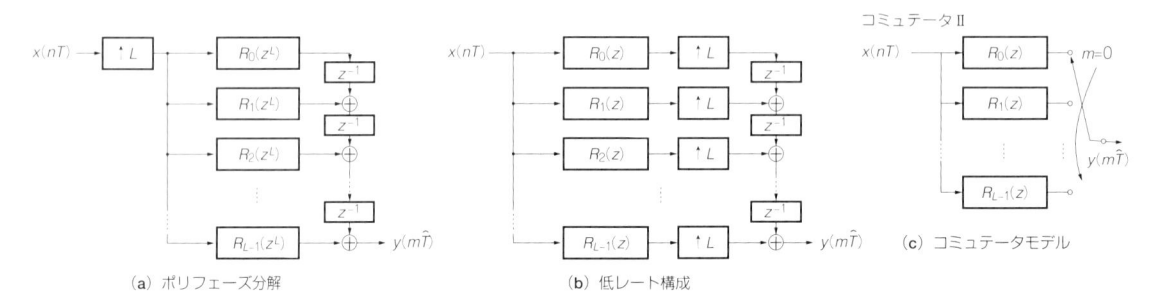

(a) ポリフェーズ分解　　(b) 低レート構成　　(c) コミュテータモデル

で，高いレートで動作しなければならない．

そこで，まずインターポレーションフィルタをタイプIIでポリフェーズ分解すると図9.17(a)が得られる．ついで，図9.10(c)のノーブル恒等変換を利用すると図9.17(b)が得られる．この構成は，フィルタがアップサンプラの前にあるので，低いレートで動作できる．

さらに，デシメータと同様にコミュテータを用いると，図9.17(c)に示すハードウェアが低減された構成が得られる．ただし，反時計回りにスイッチされることに注意する．

有理数比のレート変換器も，上述のポリフェーズ分解によるインターポレータとデシメータの縦続接続により実現できる．

9.4 2分割フィルタバンクの設計

本節と次節では，マルチレート信号処理技術の中でも最近とくに注目されているフィルタバンクについて検討していく．

フィルタバンクは，音声・画像の高能率圧縮符号化の一手法であるサブバンド符号化やエコーキャンセラなどの適応フィルタに用いられる．また，非定常信号の周波数スペクトル解析を可能にするウェーブレット変換とも密接な関係を有している．以下では，フィルタバンクのMATLABを用いた設計法，およびそのウェーブレット変換との関係を具体的に解説する．

9.4.1　2分割フィルタバンクの入出力特性

まず本節では，基本となる2分割フィルタバンクの設計と構成について具体的に検討していく．なお，ここではFIRフィルタのみ扱う．

●フィルタバンクの目的

2分割フィルタバンクの構成を図9.18に示す．入力側のフィルタ群（アナライザ，Analyzer）により信号をいくつかの帯域に分離し，帯域ごとに伝送する．伝送された各帯域の信号は出力側のフィルタ群（シンセサイザ，Synthesizer）を用いて再び元の信号$x(nT)$を再生する．シンセサイザにおいても，伝送路雑音などの抑圧のためにアナライザと同様に帯域分割フィルタを用いる．

一般にフィルタバンクにおいては，帯域分割された信号が完全に復元するようにアナライザとシンセサイザを設計する必要がある．

このようなフィルタバンクは，サブバンド符号化システムに利用される．

図9.18において，式(9.1)，式(9.4)を用いると出力信号$\hat{x}(nT)$のz変換は，

[図9.18]
2分割フィルタバンク

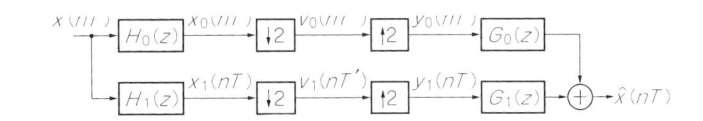

$$\hat{X}(z) = \frac{1}{2}[H_0(z)G_0(z) + H_1(z)G_1(z)]X(z)$$
$$+ \frac{1}{2}[H_0(-z)G_0(z) + H_1(-z)G_1(z)]X(-z)$$
(9.21)

と記述できる．ここで，式の簡単化のため，

$$\begin{cases} F_0(z) = H_0(z)G_0(z) + H_1(z)G_1(z) \\ F_1(z) = H_0(-z)G_0(z) + H_1(-z)G_1(z) \end{cases} \quad (9.22)$$

とおくと，

$$\hat{X}(z) = \frac{1}{2}F_0(z)X(z) + \frac{1}{2}F_1(z)X(-z) \quad (9.23)$$

と表現できる．

ところで，フィルタバンクの目的は，信号の**完全再構成**（Perfect Reconstruction：以下PR）すなわち $\hat{x}(nT)$ を $x(nT)$ に完全に戻すことである．この目的に対し，式(9.23)は以下の問題があることがわかる．

A) エリアシング歪み
　第2項の $X(-z)$ によるエリアシング発生
B) 振幅歪み
　第1項において $F_0(z)=1$ でないため振幅歪みが生じる
C) 位相歪み
　第1項において $F_0(z)=1$ あるいは直線位相でないため位相歪みが生じる

以上より，PRフィルタバンクの設計は，上記A)～C)の歪みを除去し，かつ十分な帯域分割を行うフィルタの設計問題に帰着される．

9.4.2 QMFバンク

●エリアシング歪みと位相歪みの除去

まず，問題Aのエリアシング除去から考えていくことにしよう．いま，

エリアシング除去条件：
$$G_0(z) = 2H_1(-z), \quad G_1(z) = -2H_0(-z) \quad (9.24)$$

と選ぶと，

$$\begin{cases} F_0(z) = 2H_0(z)H_1(-z) - 2H_0(-z)H_1(z) \\ F_1(z) = 0 \end{cases} \quad (9.25)$$

となり，式(9.23)第2項のエリアシングが除去可能であることがわかる．

一方，帯域分割を行う必要性から，$H_0(z)$ をLPFとすると $H_1(z)$ はHPFでなければならない．そこで，$H_1(z)$ を以下のように選ぶ．

$$H_1(z) = H_0(-z) \quad (9.26)$$

式(9.24)，式(9.26)を式(9.22)に代入すると，

$$F_0(z) = H_0^2(z) - H_0^2(-z)$$
$$= 4z^{-1}E_0(z^2)E_1(z^2) \quad (9.27)$$

となる．ここで，$E_0(z)$，$E_1(z)$ は $H_0(z)$ のポリフェーズ要素である．

式(9.27)より，$H_0(z)$ を直線位相FIRフィルタとすると，そのポリフェーズ要素も直線位相なので，先に挙げた問題C)の位相歪みが除去できる．

すなわち，位相歪み除去条件とは，$H_0(z)$ を直線位相FIRフィルタとして選ぶことである．

さて，残る問題B)の振幅歪みが除去されるためには，$F_0(z)=1$ あるいはシステム遅延を許容して $F_0(z)=z^{-K}$ とならなければならない．このためには，式(9.27)のポリフェーズ要素が遅延のみで構成されなければならない．この場合，$H_0(z)$ は次式の形となる．ここで，n_0，n_1 は任意の整数，c_0，c_1 は任意の定数である．

$$H_0(z) = c_0 z^{-2n_0} + c_1 z^{-(2n_1+1)} \quad (9.28)$$

ところが，このようなたかだか2タップの $H_0(z)$ では十分な帯域分割ができないので，実際は高次の $H_0(z)$ を使用する必要がある．しかしながら，2タップ以上の $H_0(z)$ では，式(9.28)の条件よりPRフィルタバンクとはならない．この場合，式(9.27)における $F_0(z)$ の振幅特性がなるべく1になるように近似設計を行う必要がある．

以上のフィルタバンクは，式(9.26)の条件より周波数 $f_s/4$ で振幅特性が鏡で写したように対称になることから，**Quadrature Mirror Filter（QMF）Bank** と呼ばれている．

●QMFバンクの効率的な構成

式(9.27)のポリフェーズ分解を用いると，**図9.19**に示すQMFバンクの効率的な構成が可能となる．

●設計例

例題9.7 QMFバンクの設計

図9.20(a)に16タップの場合の，$H_0(z)$ と $H_1(z)$ の設計例を示す．このように，阻止域減衰量が十分なフィ

[図9.19] QMFバンクの構成

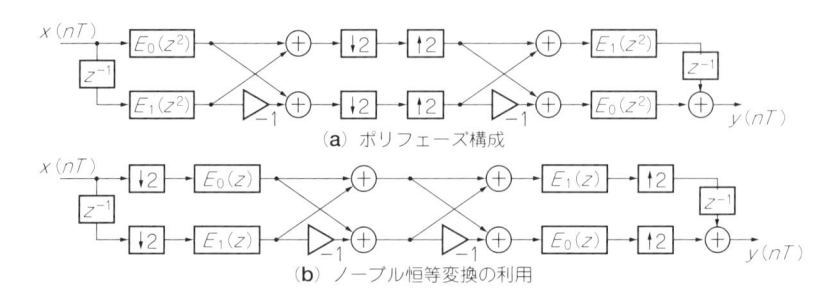

(a) ポリフェーズ構成

(b) ノーブル恒等変換の利用

[図9.20] QMFバンク設計例

(a) 周波数応答

(b) 振幅歪み

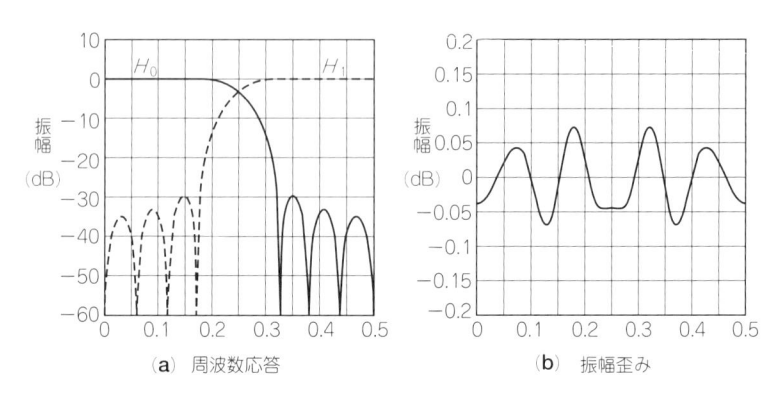

[図9.21] ハーフバンドフィルタの振幅特性

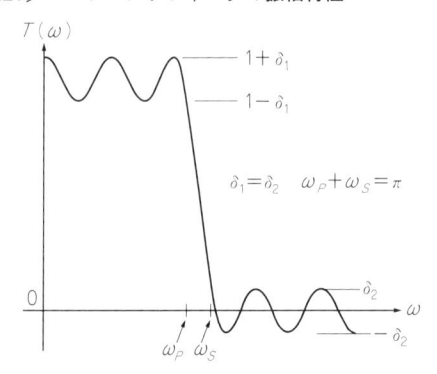

$\delta_1 = \delta_2 \quad \omega_P + \omega_S = \pi$

ルタが設計できるが，図(b)に示す$F_0(z)$の振幅特性は最大0.07dBのリプルを有しており，PRフィルタバンクでないことがわかる．

9.4.3 双直交フィルタバンク

先に検討したように，QMFバンクを用いると信号の完全再構成は不可能である．そこで，QMF条件すなわち式(9.26)の条件を外して，PRバンクの設計について考えてみることにする．

● PR条件

まず，式(9.24)のエリアシング除去条件は同様に使用する．次にシステム遅延を許容し，$F_0(z)=z^{-K}$として式(9.25)の各項を次のようにおく．

$$2H_0(z)H_1(-z) = z^{-K}T(z) \quad (9.29\text{a})$$
$$2H_0(-z)H_1(z) = (-z)^{-K}T(-z) \quad (9.29\text{b})$$

いま，Kを奇数に選ぶと，

$$\begin{aligned}F_0(z) &= z^{-K}T(z)-(-z)^{-K}T(-z)\\&= z^{-K}[T(z)+T(-z)] \quad (\because K:\text{奇数})\end{aligned} \quad (9.30)$$

となる．もしここで，

双直交バンクPR条件：
$$T(z)+T(-z) = 1 \quad \leftarrow \text{ハーフバンドフィルタ} \quad (9.31)$$

となれば，PRが達成されることがわかる．このようなPRバンクを**双直交フィルタバンク**（Biorthogonal）と呼んでいる．

● ハーフバンドフィルタ

式(9.31)を満足するディジタルフィルタは，ハーフバンドフィルタとして知られており，以下の性質を有する．

式(9.30)より，$T(z)$を$T(z)=\sum_{n=-k}^{k}t(n)z^{-n}$なる非因果フィルタとおける．ここで，インパルス応答$t(n)$が以下の性質を有するとき，すなわち$t(n)$の中心を除き偶数タップがゼロの$t(n)$をハーフバンドフィルタと呼ぶ．

$$t(2n) = \begin{cases} c, & n=0 \\ 0, & n \neq 0 \end{cases} \quad (9.32)$$

ハーフバンドフィルタ$t(n)$のポリフェーズ分解は，

$$T(z) = c + z^{-1}E_1(z^2) \quad (9.33)$$

第9章 マルチレート信号処理とフィルタバンク

〔図9.22〕例題9.8 双直交フィルタバンク
($N = P = 16$)

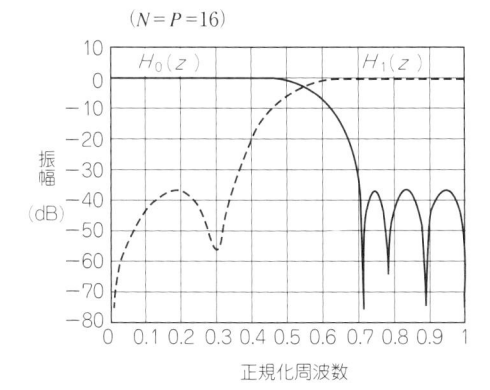

〔表9.1〕例題9.8 インパルス応答

n	$t(n)$	$h_0(n)$	$h_1(n)$
0	−0.00003481069729	0.01336911495615	−0.00260381464290
1	0	−0.02094822462519	0.00407994801456
2	0.00048825576245	−0.03216131363719	0.02386440663012
3	0	0.04364355598091	−0.03607869291485
4	−0.00234294097085	0.01602657279972	−0.04486849567481
5	0	−0.11709685583247	0.07933327387095
6	0.00716843248879	0.07042725339658	0.13554186770517
7	0	0.50851620639286	−0.45431358559343
8	−0.01792676992024	0.50851620639286	0.45431358559343
9	0	0.07042725339658	−0.13554186770517
10	0.04011814172498	−0.11709685583247	−0.07933327387095
11	0	0.01602657279972	0.04486849567481
12	−0.09007367803128	0.04364355598091	0.03607869291485
13	0	−0.03216131363719	−0.02386440663012
14	0.31260336964344	−0.02094822462519	−0.00407994801456
15	0.50000000000000	0.01336911495615	0.00260381464290

となり，$c=0.5$と選ぶと式(9.31)が成立する．振幅特性の例を図9.21に示す．このように，ハーフバンドフィルタは，$\omega=\pi/2$を中心として奇対称な振幅特性となる．この性質が，ハーフバンドフィルタの名前の由来である．

以上より，式(9.29)の$T(z)$をハーフバンドフィルタとすると，完全再構成が実現できることがわかる．以下で，この性質を利用して双直交PRバンクの設計法を考えてみる[3]．

● 設計手順と設計プログラム

PRフィルタバンクの設計においては，以下の条件を満足しなければならない．

・条件(1)

$H_0(z)$；LPF，$H_1(z)$；HPFとして十分な阻止域減衰量を確保する．

・条件(2)

式(9.29)の$T(z)$をハーフバンドフィルタとする．すなわち，インパルス応答$t(n)$は式(9.32)を満足しなければならない．

以下に，これらの条件を満足する線形計画法を用いた設計法(第5章：FIRフィルタの設計を参照)を示す．なお，$H_0(z)$，$H_1(z)$ともに線形位相フィルタとする．

まず，式(9.29)より$H_0(z)$をあらかじめRemez法などでLPFとして設計しておく．したがって設計問題は，条件(2)を等式条件で維持しながら$H_1(z)$を所望の振幅特性(表5.2)に不等式制約条件で近似する，以下の線形計画問題に帰着する．

目的関数：

$$\text{minimize } \varepsilon = W(\omega) \left| [D(\omega) - H_1(\omega)] \right| \quad (9.34)$$

ただし，$W(\omega)$：重み関数
$D(\omega)$：$H_1(\omega)$の所望特性

$$H_1(\omega) = \sum_{n=0}^{\frac{p-1}{2}-1} 2h_1(n) \cos[\omega(n - \frac{p-1}{2})]$$

P：$H_1(z)$のタップ数

不等式制約条件：

$$t(n) = \sum_{k=0}^{N+P-2} h_0(k) h_1(n-k)$$

$$= \begin{cases} t(n), & n：偶数 \\ 0.5, & n = \frac{N+P-2}{2} \\ 0, & n：奇数 \end{cases} \quad (9.35)$$

ただし，N：$H_0(z)$のタップ数

等式制約条件：

$$\begin{aligned} W(\omega_i)[D(\omega_i) - H_1(\omega_i)] &< \varepsilon \\ -W(\omega_i)[D(\omega_i) - H_1(\omega_i)] &< \varepsilon \end{aligned} \quad (9.36)$$

ただし，$0 \leq \omega_i < \pi$

なお，式(9.35)において式(9.32)と異なり奇数タップをゼロとしているのは，式(9.29a)で実際の$T(z)$は因果性を保つためにKサンプル(K：奇数)，時間シフトしているためである．

MATLABのM-fileを desbiort.m として提供している．なお，本M-fileの実行にはOptimization tool boxが必要である．

〔図9.23〕CQFバンクのインパルス応答の相互関係
（ウェーブレット変換も同じ）

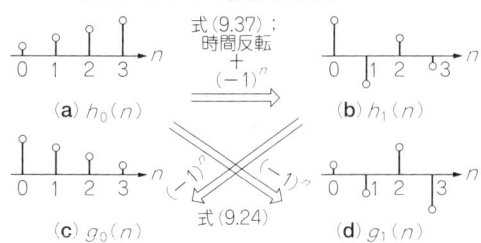

(a) $h_0(n)$　(b) $h_1(n)$
(c) $g_0(n)$　(d) $g_1(n)$

式(9.37)：時間反転 + $(-1)^n$
式(9.24)

● 設計例

例題9.8 双直交フィルタバンクの設計
(M-file：desbiort.m)

$N=P=16$ とした場合の設計例を，図9.22に示す．また，設計されたインパルス応答を表9.1に示す．表より，$t(n)$ はハーフバンドフィルタとなっており，PRとなることがわかる．得られたフィルタバンクは，すべて直線位相である．

9.4.4　CQF（パラユニタリ）バンク

つぎに，ジョージア工科大のSmith博士らによって提案された**CQF（Conjugate Quadrature Filter）**，あるいは**パラユニタリ（paraunitary）**と呼ばれている2分割PRフィルタバンクの設計法を示す．本フィルタバンクのインパルス応答は直交するので，ウェーブレット変換の一種となる重要な性質をもつ．

● パラユニタリバンクと完全再構成条件

パラユニタリバンクの場合，$H_0(z)$ と $H_1(z)$ の関係において式(9.26)の代わりに，

$$H_1(z) = -2H_0(-z^{-1})z^{-K} \tag{9.37}$$

とおく．このように関係付けても，$H_0(z)$；LPF，$H_1(z)$；HPFとなる．式(9.26)のQMFの場合と異なる点は，$H_1(z)$ が z^{-1} を変数としているので，$H_0(z)$ のインパルス応答 $h_0(n)$ に対し $h_1(n)$ は時間反転している点である．時間反転すると非因果となるので，上式のように遅延子 z^{-K} を挿入して因果性を維持する．また，LP-HPの関係より，$h_0(n)$ に対し $h_1(n)$ は奇数タップの符号が反転する（図9.23）．

さて，式(9.37)を式(9.22)に代入すると，

$$F_0(z) = H_0(z)H_1(-z) - H_0(-z)H_1(z)$$
$$= [H_0(z)H_0(z^{-1}) + H_0(-z)H_0(-z^{-1})]z^{-K} \tag{9.38}$$

となる．
ここで，
CQFバンクにおける H_0 と H_1 の関係：

$$T(z) = H_0(z)H_0(z^{-1}) \tag{9.39}$$

とおくと，

$$F_0(z) = [T(z) + T(-z)]z^{-K} \tag{9.40}$$

となり，式(9.31)のPR条件と一致する．したがって，ハーフバンドフィルタ $T(z)$ が式(9.39)のスペクトル分解の形で設計できるならばPRなCQFバンクが得られる．なお，$T(z)$ をプロダクトフィルタと呼んでいる．

ところで，H_0，H_1，G_0，G_1 のいずれも直線位相とはなりえない．理由は，式(9.39)のスペクトル分解において，たとえば $H_0(z)$ として単位円内零点を選択すると最小位相フィルタとなるからである（5.6節参照）．

● 設計手順と設計プログラム

CQFバンクの設計のポイントは，プロダクトフィルタ $T(z)$ をハーフバンドで，かつ式(9.39)のスペクトル分解された形で設計できるかどうかである．

そこで，5.6節の最小位相FIRフィルタの設計法を利用する．以下に，具体的な設計ステップを示す．MATLABによる設計プログラムDESCQF.Mとあわせて理解していただきたい．

[**ステップ1**] ハーフバンドフィルタ ptype の設計

ナイキスト周波数で反対称な振幅特性となるような偶数タップのフィルタ allpath を等リプル近似で設計

〔図9.24〕CQFバンクの設計手順

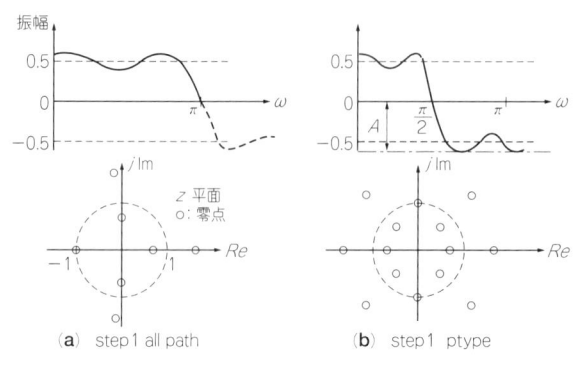

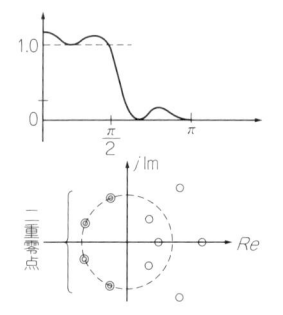

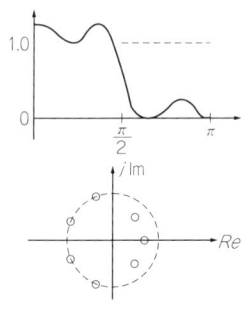

(a) step1 all path
(b) step1 ptype
(c) step2, step3 $T(z)$
(d) step4 $H_0(z)$

〔図9.25〕CQFバンクの設計例（$K=4$，タップ数：8）

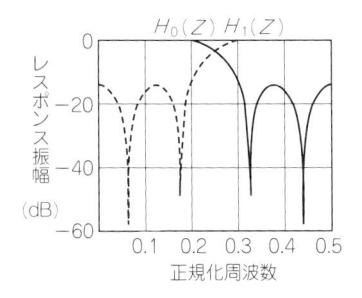

〔表9.2〕例題9.9 インパルス応答

n	$h_0(n)$	$h_1(n)$
0	0.366020	−0.069078
1	0.505208	−0.095308
2	0.265772	0.033666
3	−0.087643	0.132243
4	−0.132243	−0.087643
5	0.0033666	−0.265772
6	0.095308	0.505208
7	−0.069078	0.366020

する〔図9.24(a)〕．得られた係数allpathの間に0を挿入しptypeを得る〔図9.24(b)〕．タップ数は，$4K-1$（$K=1, 2, 3, \cdots$）となる．この操作により，ハーフバンド条件の式(9.32)が因果的に満足される．

[ステップ2] プロダクトフィルタ$T(z)$の設計

ステップ1で得られたハーフバンドフィルタのインパルス応答ptypeの中心ptype($N/2+1$)に，図9.24(b)の最大振幅Aを加える．このハーフバンドフィルタallpathの振幅特性の"底上げ"操作により，図9.24(c)に示すような単位円上で二重零点を有するプロダクトフィルタ$T(z)$が得られる．

[ステップ3] プロダクトフィルタ$T(z)$の零点計算

$T(z)$を因数分解して零点配置を求める〔図9.24(c)〕．

[ステップ4] プロダクトフィルタ$T(z)$のスペクトル分解

step3で求めた零点から，最小位相となるように零点を選択すなわちスペクトル分解し，$H_0(z)$の零点とする〔図9.24(d)〕．

[ステップ5] $H_0(z)$のインパルス応答の計算

ステップ4で選択した零点を再び多項式展開して，$H_0(z)$のインパルス応答lowを求める．タップ数は，$2K$となる．

[ステップ6] $H_1(z), G_0(z), G_1(z)$を求める

式(9.24)，式(9.37)を用いて，$H_1(z), G_0(z), G_1(z)$のインパルス応答を求める．タップ数は，すべて$2K$となる．

▶設計プログラム

　　DESCQF.M　CQFバンクの設計(2チャネル)
　　CQF.M　　 CQFバンクの実現(インパルス応答の確認)
　　FREQC.M 　CQFバンクにおける各フィルタの振幅特性

●設計例

例題9.9 CQFバンクの設計

（M-file：DESCQF.m）

$K=4$すなわちタップ数8とした場合の設計例を図9.25に示す．インパルス応答は，表9.2のとおりである．得られたフィルタは最小位相特性を有する．

●直交変換/ウェーブレット変換との関係

さて，CQFバンクのインパルス応答は，図9.23の関係より以下のように直交していることがわかる．

$$\begin{bmatrix} h_0(0) & h_0(1) & \cdots & h_0(N-1) \\ h_1(0) & h_1(1) & \cdots & h_1(N-1) \end{bmatrix} \begin{bmatrix} h_0(0) & h_1(0) \\ h_0(1) & h_1(1) \\ \vdots & \vdots \\ h_0(N-1) & h_1(N-1) \end{bmatrix}$$

$$= \begin{bmatrix} h_0(0) & h_0(1) & \cdots & h_0(N-2) & h_0(N-1) \\ h_0(N-1) & -h_0(N-2) & \cdots & h_0(1) & -h_0(0) \end{bmatrix} \begin{bmatrix} h_0(0) & h_0(N-1) \\ h_0(1) & -h_0(N-2) \\ \vdots & \vdots \\ h_0(N-2) & h_0(1) \\ h_0(N-1) & -h_0(0) \end{bmatrix}$$

$$= \begin{bmatrix} \sum_{n=0}^{N-1} h_0^2(n) & 0 \\ 0 & \sum_{n=0}^{N-1} h_0^2(n) \end{bmatrix} \qquad (9.41)$$

例題9.9の設計例でも，上式が成立することが確認できる．さらに，CQF(パラユニタリ)バンクは，アナライザにより変換した信号を，シンセサイザにより完全に復元する．

以上より，CQFバンクは，アナライザを順変換，シンセサイザを逆変換と考えると，フーリエ変換，DCT，ウェーブレット(Wavelet)変換などと同様な直交変換の一種と考えられる．実際，CQFバンクを，9.5.1節で述べるバイナリツリー構成によりオクターブ分解すればウェーブレット変換となる．

9.4.5 2分割PRフィルタバンクの零係数感度構成

PRフィルタバンクを実際に回路実現する場合，係数の有限語長表現によりPR条件が満足されなくなり，信号の完全再構成が達成できなくなる．しかしながら，次のようにラティス構造を取ると係数語長を短縮してもPRとなる回路が得られるので，実用上重要な回路構成である．

[図9.26]
完全再構成フィルタバンクのラティス構成

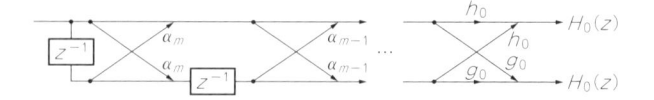

[図9.27]
バイナリツリーによる
M分割フィルタバンク
($M=4$)

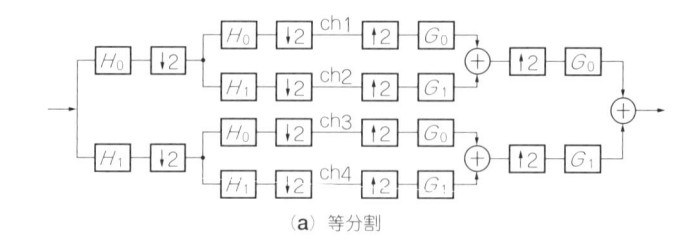

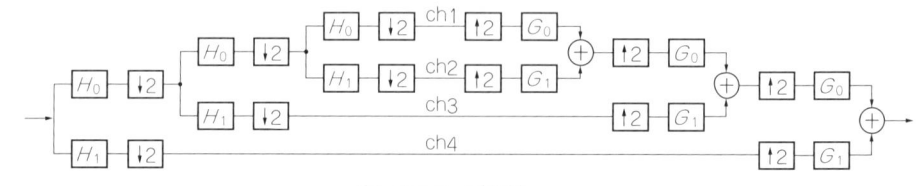

(a) 等分割

(b) オクターブ分割

● ラティス構成

図9.18において，$H_0(z)$と$H_1(z)$をポリフェーズ分解すると，それらは次式のように行列表現される．

$$\begin{bmatrix} H_0(z) \\ H_1(z) \end{bmatrix} = \begin{bmatrix} H_{00}(z^2) & H_{01}(z^2) \\ H_{10}(z^2) & H_{11}(z^2) \end{bmatrix} \begin{bmatrix} 1 \\ z^{-1} \end{bmatrix} \quad (9.42)$$

ここで，$H_{i,j}(z^2)$，$i,j=0,1$は$H_i(z)$のポリフェーズ要素である．

右辺の最初の行列を$E(z^2)$とすると，式(9.35)と等価なPR条件はkを整数として，その行列式が$\det|E(z^2)|=z^{-k}$となることである[1]．ただし，フィルタの次数mは奇数とする．

ここで，上式はα_i, $i=1, 2, \cdots, m$を適当に選ぶことにより，以下のように分解できる．

$$\begin{bmatrix} H_0(z) \\ H_1(z) \end{bmatrix} = \begin{bmatrix} h_0 & h_0 \\ g_0 & -g_0 \end{bmatrix} \begin{bmatrix} 1 & 0 \\ 0 & z^{-2} \end{bmatrix} \begin{bmatrix} 1 & \alpha_1 \\ \alpha_1 & 1 \end{bmatrix}$$
$$\cdots \begin{bmatrix} 1 & 0 \\ 0 & z^{-2} \end{bmatrix} \begin{bmatrix} 1 & \alpha_m \\ \alpha_m & 1 \end{bmatrix} \begin{bmatrix} 1 \\ z^{-1} \end{bmatrix} \quad (9.43)$$

この式は，図9.26のラティス回路で実現できる．

● 係数語長とPR性

さて，上式の右辺において係数量子化を行っても行列式の値がcz^{-k}となり，再生信号にゲインcがかかることを除けばPR条件を満足していることがわかる．

9.5 M分割フィルタバンクとウェーブレット変換

実際のフィルタバンクの応用においては，2以上の分割数が要求される場合も多い．M分割フィルタバンクには，間引き率により最大間引きフィルタバンクと非最大間引きフィルタバンクの二つに分けられる．ここでは，2分割フィルタバンクのバイナリツリー構成によるM分割フィルタバンクと，FFTの利用が可能な非最大間引きDFTフィルタバンクについて検討する．

9.5.1 最大間引きM分割フィルタバンク（バイナリツリー構成）

一般に，完全再構成M分割フィルタバンクを設計するのは，アナライザとシンセサイザを合わせて$2M$個のフィルタを設計しなくてはならず，たいへん煩雑である．そこで設計を簡単にするため，9.4節で求めた2分割フィルタバンクを用いた最大間引きM分割フィルタバンクを得る方法を以下に示す．

● 等分割とオクターブ分割

2分割フィルタバンクをバイナリツリー状に接続すると，M分割フィルタバンクを構成することができる．

図9.27に4分割フィルタバンクの構成を示す．図(a)は周波数帯域が等分割となる構成である．

一方，図(b)はオクターブ分割となる構成である．音声や画像など低周波にスペクトルが集中し，低域チャネルを狭帯域にする必要のあるサブバンド処理に適している．また，PRフィルタバンクのオクターブ分解は，以下に述べるウェーブレット変換と等価になる．

● 等価回路と周波数特性

9.1節で述べたノーブル恒等変換を用いると，図

[図9.28] 図9.27の等価回路(アナライザ側)

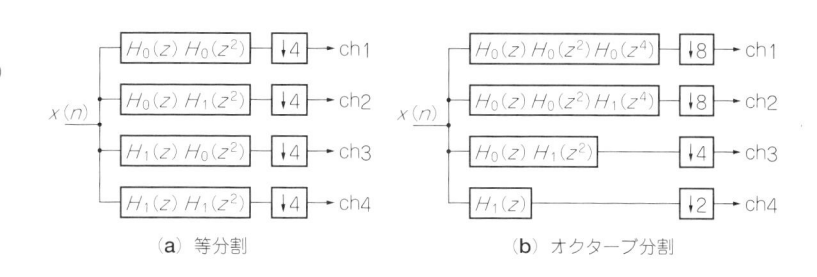

(a) 等分割

(b) オクターブ分割

9.27の各構成は図9.28に書き換えられる．

これより，各構成の周波数特性は図9.29となることがわかる．

図9.28(a)の構成では，$0～\pi$（ナイキスト周波数）の帯域で等分割である．ここで，バンド3とバンド4の周波数に注意しておく必要がある．等分割フィルタバンクにおいて分割数Mに対して間引き率Lを$L=M$とする場合を**最大間引き**，$L<M$とする場合を**非最大間引き**と呼び，サブバンド符号化においては最大間引きが通常行われる．

一方，図(b)のオクターブ分割の場合は，低域になるほど帯域が半減する．

● ウェーブレット変換

さて，ディジタル信号に対する**離散ウェーブレット変換**（Discrete Wavelet Transform）は，図9.27(b)のオクターブ分割のM分割フィルタバンクで表される．ただし先に説明したように，基本の2分割バンクとしてパラユニタリフィルタバンクを用いる必要がある(注2)．

ウェーブレット変換と通常のフーリエ変換と対比させて考えると，アナライザで帯域制限することがフーリエ変換におけるスペクトル解析に相当している．一方，ウェーブレット変換出力すなわちアナライザ出力は，依然として時間信号であるので，導入演習で実施したようなスペクトル解析と同時に信号の時間的な不連続性が検知できるのである．

連続時間信号に対するウェーブレット変換と離散ウェーブレット変換の関係などの詳細は，参考文献(1)，(2)を参照していただきたい．

● ウェーブレット変換の実現例

実習9.2	3分割フィルタバンク＝3チャネルウェーブレット変換
	M-file：thrcqf.mdl

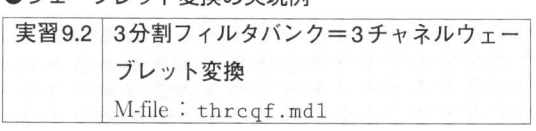

図9.30に3チャネルウェーブレット変換および逆変換を示す．これは，CQFバンクをオクターブ分解して構成している．simulinkが使用できる場合はthrcqf.mdlを，そうでない場合はex9_2.exeを実行してい

[図9.29] 図9.27の帯域特性

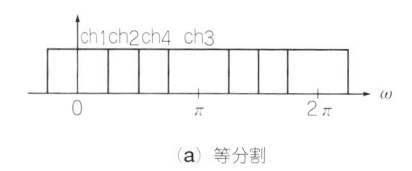

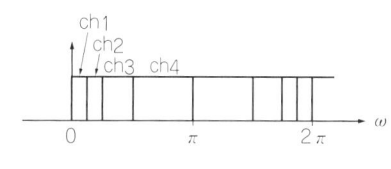

(a) 等分割

(b) オクターブ分割

ただきたい．インパルスを入力すると，インパルスが出力されることより，PRであることがわかるであろう．フィルタ係数を変えて，PR性が成立しなくなることを確認してみよう．

また，図9.30のウェーブレット変換器に，導入実習の図9.0(a)の信号を入力して時間・周波数解析した結果を図9.0(c)～(e)の右側に示す．

左側の入力信号と比べて間引きされていることが確認できる．

このように，信号の帯域別出力すなわち周波数スペクトル（縦軸）が時間（横軸）とともに表示され，**時間・周波数解析**が可能となっていることがわかる．

● 変調型M分割フィルタバンク

各チャネルごとにフィルタを使用するM分割フィルタバンク，あるいはバイナリツリー構成は，チャネル数が増えるとハードウェアが増大するという欠点がある．そこで，プロトタイプフィルタと呼ばれる

(注2) 厳密には，$\omega=\pi$に複数の零点を有するパラユニタリフィルタバンクがウェーブレット変換の基底となる．これは，インパルス応答の"滑らかさ"の指標であるレギュラリティと関係している[1]．

第4部　ディジタル信号処理の応用

LPFを周波数シフトして，少ないハードウェアで最大間引きM等分割PRフィルタバンクを実現する方法も検討されている．周波数変調をDCTにより行う方法を**コサイン変調フィルタバンク**，DFT変調による方法を**DFTフィルタバンク**と呼んでいる．詳細は，参考文献(1)，(2)，(4)などを参照していただきたい．

非最大間引きDFTフィルタバンクの設計については，9.5.2節で述べる．

●低遅延フィルタバンク

フィルタバンクをサブバンド符号化や適応フィルタに使用する際，再生信号の遅延〔式(9.30)のz^{-k}〕が問題となる場合がある．そこで，このシステム遅延を低減する設計法が必要となる．

2分割およびバイナリツリー構成の場合は，9.4.3節で解説した手法を応用することにより，通過域直線位相でかつ低遅延なフィルタバンクが設計できる．詳細は，参考文献(3)を参照していただきたい．

また，M分割を直接設計する場合も，最大間引きに対しては参考文献(4)，非最大間引きDFTフィルタバンクに対しては参考文献(6)で低遅延構成が報告されている．

9.5.2　非最大間引きDFTフィルタバンク

M等分割フィルタバンクの実現において，DFTフィルタバンクと呼ばれる構成方法がある．本手法の利点としては，

1) FFTが利用できるので，チャネルごとにフィルタをもつ構成に比べて少ない演算量で構成が可能
2) 基本LPF（プロトタイプフィルタ）を設計するだけでよいので，設計が簡単
3) 非最大間引きの場合，PR条件を満足し，かつ十分な阻止域減衰量が得られる

などがあり，欠点としては，

1) アナライザ出力は複素信号となる
2) PR条件を課すと，最大間引きの場合は十分な阻止域減衰量が得られない

などが挙げられる．サブバンド適応フィルタでは，エリアシングの影響を避けるため非最大間引きを行う場合が多く，このDFTフィルタバンクがよく利用される．

そこで，以下では非最大間引きDFTフィルタバンクの一設計法を示す．

●プロトタイプフィルタのDFT変調

LタップのLPFであるプロトタイプフィルタ$H_0(z)$を周波数シフトして，**図9.31**のようにサンプリング周波数までをM等分割するフィルタバンクを考える．間引き率をDとする．

ここで，アナライザフィルタH_kの周波数特性は，

$$H_k(e^{j\omega}) = H_0(e^{j(\omega - 2\pi k/M)})$$
$$k = 0, 1, \cdots, M-1 \qquad (9.44)$$

となり，伝達関数は$z = e^{j\omega}$とすることにより次式で与えられる．

〔図9.30〕3チャネルウェーブレット変換

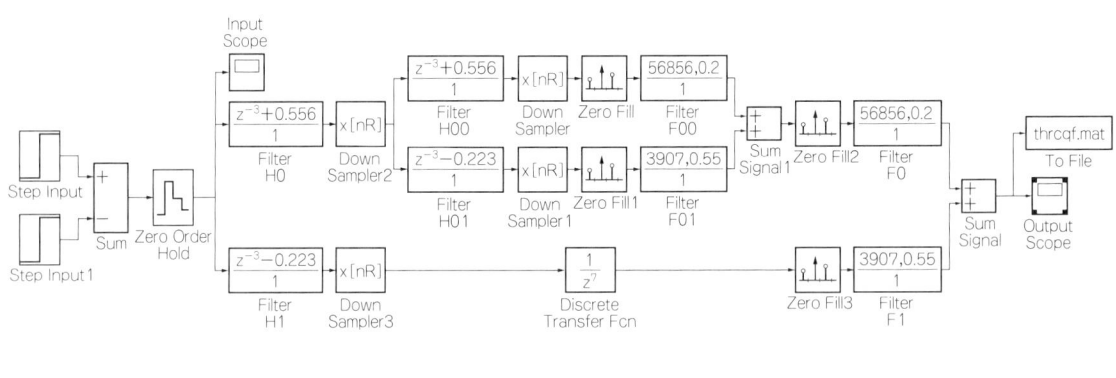

〔図9.31〕
等分割DFTフィルタ（$M=4$）

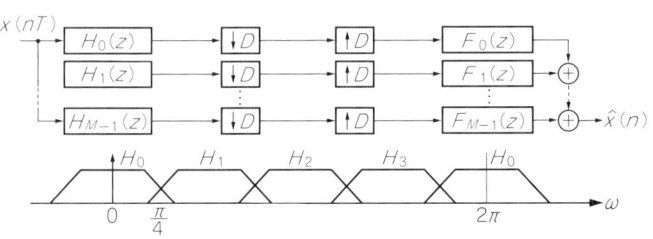

第9章 マルチレート信号処理とフィルタバンク

$$H_k(z) = H_0(zW^k)$$
ただし，$W = e^{-j2\pi/M}$ (9.45)

ここで，式(9.13)のタイプIポリフェーズ分解を $H_k(z)$ に施すと，

$$H_k(z) = \sum_{n=0}^{M-1} W^{-kn} z^{-n} E_n(z^M)$$ (9.46)

となる．ここで，右辺は $z^{-n}E_n(z^M)$ のIDFTに相当していることに着目すれば，上式の実現回路は図9.32となることがわかる．

シンセサイザフィルタ F_k も同様な議論で，F_0 のタイプIIポリフェーズ要素 $R_k(z)$ とDFTで表現できる．

● DFTフィルタバンクの回路

フィルタバンク全体の回路構造は，間引き率が $D < M$ の非最大間引きの場合は図9.33(a)となり，$H_0(z)$ と $F_0(z)$ のポリフェーズ要素とIDFTおよびDFT のみで表される．$D = M$ の最大間引きの場合は，上式とノーブル恒等変換より図9.33(b)となる．このように，最大間引きの場合は，ポリフェーズ要素のフィルタ部が低レートで動作できる利点がある．

非最大間引きにおいても，ダウンサンプラがポリフェーズ要素の前に置ける条件は，以下のとおりである．
1) $M = RD$，R：整数となる場合
2) プロトタイプフィルタのタップ数 L が $L \leq M$ とな

〔図9.32〕DFTフィルタバンクの再構成
（アナライザ部，間引きなし）

〔図9.33〕
DFTフィルタバンクの回路

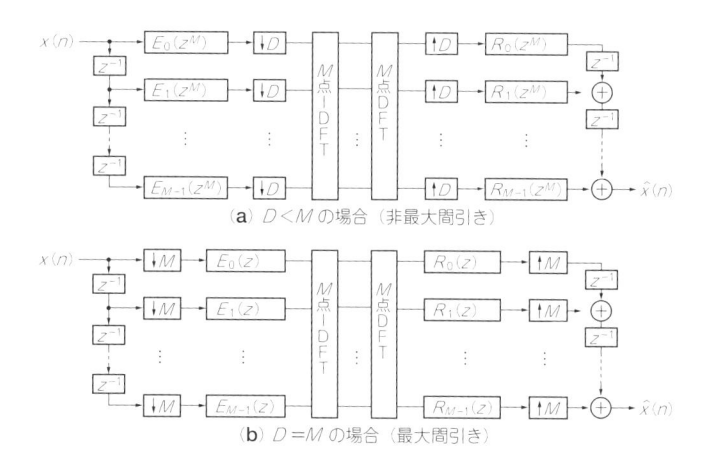

(a) $D < M$ の場合（非最大間引き）

(b) $D = M$ の場合（最大間引き）

〔図9.34〕
完全再構成条件

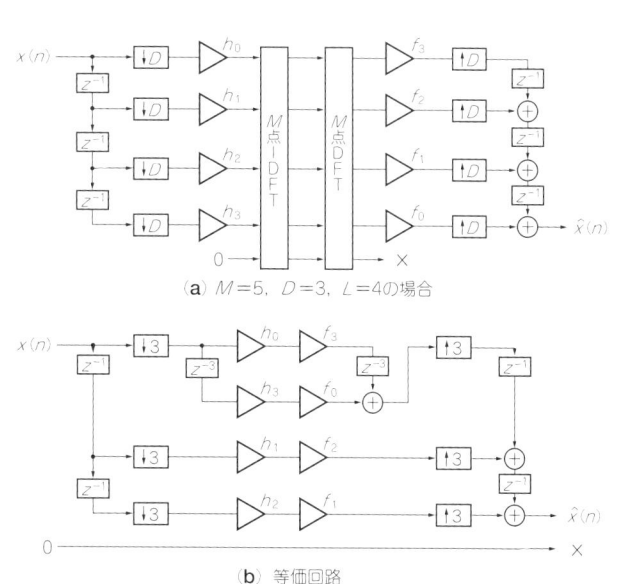

(a) $M = 5$，$D = 3$，$L = 4$ の場合

(b) 等価回路

第4部　ディジタル信号処理の応用

〔図9.35〕
$M=32$, $D=3$, $L=32$
とした場合の設計例
（プロトタイプ）

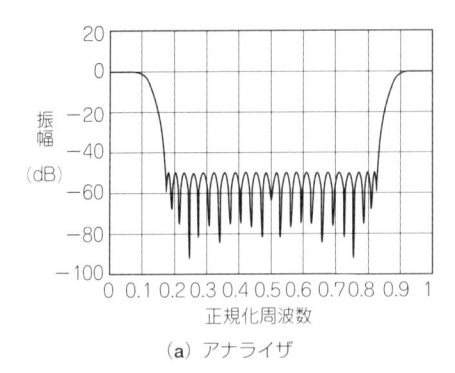

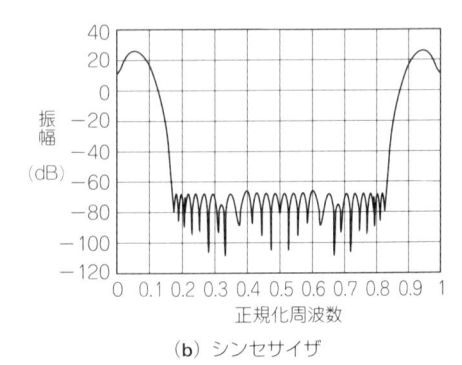

(a) アナライザ

(b) シンセサイザ

る場合

2)の場合は，各ポリフェーズ要素が1乗算のみとなるためである．たとえば，$M=5$, $D=3$, $L=4$とした場合の構造を図9.34(a)に示す．

●完全再構成条件

さて，非最大間引きDFTフィルタバンクのPR条件について考えてみよう．

ここでは，プロトタイプフィルタのタップ数Lが$D<L\leq M$となる場合についてのみ考えることにする．

たとえば図9.34(a)の例題において，IDFTとDFT部を除いて等価回路を描くと図(b)が得られる．ここで，信号が完全再構成されることと，インパルス入力に対し，ある遅延時間の後にインパルス信号が出力されることが等価であることに注意すると，DFTフィルタバンクのPR条件は以下のようになる．

$$\begin{cases} h(0)\,f(3)+h(3)\,f(0)=c \\ h(1)\,f(2)=c \\ h(2)\,f(1)=c \end{cases} \quad (9.47)$$

ただし，cは定数

理由は，図(b)において，インパルスがどの時間タイミングで入力されても同じ値cで出力されなければならないからである．

以上の議論を一般化すると，PR条件は以下のように書き下せる[7]．

非最大間引きDFTフィルタバンクのPR条件
$(D<L\leq M)$：

$$\sum_{l=0}^{\lceil L-k \rceil_D} h(lD+k)f(L-1-lD-k)=c$$

ただし，$k=0, 1, \cdots, D-1$

$\lceil P \rceil$はP以上の最小の整数 (9.48)

なお，間引き率が分割数の約数，すなわち$M=RD$となる場合のPR条件は，参考文献(6)を参照していただきたい．

●設計手順と設計プログラム

次に，上のPR条件を満足する非最大間引きDFTフィルタバンクの設計法について述べる．なお，$D<L\leq M$であり，また$H_k(z)$はすべて直線位相特性とする．

設計手順は，まずアナライザのプロトタイプフィルタ$H_0(z)$すなわちインパルス応答$h(n)$をあらかじめ設計しておき，次に式(9.48)のPR条件を満足するシンセサイザのプロトタイプフィルタ$F_0(z)$のインパルス応答$f(n)$を設計する．

したがって設計問題は，式(9.48)のPR条件を等式条件で維持しながら$F_0(z)$の振幅を所望の振幅特性に不等式制約条件で近似する線形計画問題に帰着する[7]．具体的な目的関数，不等式制約条件，等式制約条件の与え方は，9.4.3節の双直交フィルタバンクの設計法を参照していただきたい．なお，等式制約は式(9.48)および直線位相のため$f(n)=f(N-1-n)$とする．

設計プログラムは，desdftfb.mに示してある．なお，本プログラムもOptimization toolboxが必要である．

●設計例

$M=32$, $D=3$, $L=32$とした場合の設計例を図9.35に示す．このように，阻止域減衰量が十分な$F_0(z)$が設計できている．なお，間引き率を上げていくと阻止域減衰量が悪化する．

●実現例

| 実習9.3 | DFTフィルタバンクの実現 |

$M=8$, $D=3$, $L=8$の場合の実現回路をex9_3.bpmに示す．M-fileはodft.mである．実行には，MATLABのdsp blocksetが必要である．インパルス応答がインパルス信号となっており，PRフィルタバンクであることがわかるであろう．フィルタ係数を変えてみて，PR性を確認してみよう．

第9章 マルチレート信号処理とフィルタバンク

おわりに

本章は，マルチレート信号処理において最近注目されているフィルタバンクの設計法と，フィルタバンクとウェーブレット変換との関係について述べた．フィルタバンクをはじめマルチレート信号処理は，比較的新しい信号処理技術である．読者により多くの応用例が産まれることを期待する．

参考文献

(1) P.P.Vaidyanathan, Multirate systems and filter banks, Prentice-Hall, 1993.
(2) 貴家仁志；マルチレート信号処理，昭晃堂，1995.
(3) 大田，比嘉，尾知；線形計画法を用いた低遅延完全再構成フィルタバンクの設計，信学論A，pp.1757-1766，1999年12月．
(4) 長井，筒井，池原；DFT変調による完全再構成FIRフィルタバンクの設計，信学論A，Vol.J79-A，No.8，pp.1165-1172，1996年6月．
(5) 福岡，小澤，池原，高橋；2次元フィルタを用いたMaximally Decimated1次元不等分割フィルタバンクの実現法，信学論A，Vol.J78-A，No.11，pp.1451-1459，1995年11月．
(6) 小林，貴家；最小遅延量をもつオーバサンプルDFTフィルタバンクの設計，信学論A，Vol.J79-A，No.11，pp.1801-1816，1996年11月．
(7) 渡口，小林，貴家；完全再構成DFTフィルタバンクを用いたサブバンド適応フィルタ，信学論A，Vol.J79-A，No.8，pp.1385-1393，1996年8月．
(8) 尾知，比嘉，金城；A Subband Adaptive Filter with the Optimum Analysis Filter Bank，信学論E，Vol.E78-A，No.11，pp.1566-1570，1995年11月．

章末問題

問題9.1 レート変換

ある信号 $x(nT)$ の周波数スペクトルを図Q9.1(a)で示す．$x(nT)$ を入力とする同図(b)のレート変換器の出力 $y(nT')$ のスペクトルの概略を描け．

問題9.2 レート変換

問題9.1においてアップサンプラとダウンサンプラの順序を交換した場合の，$y(nT')$ のスペクトルの概略を描け．

問題9.3 ノーブル等価変換

(1) 図9.10(a)の等価関係について，$M=2$，$L=3$とし

〔図Q9.1〕ある信号のスペクトルとアップ/ダウンサンプラ

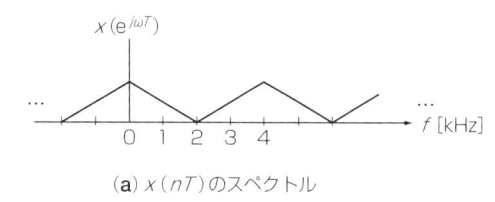

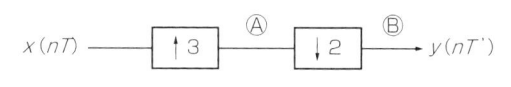

(a) $x(nT)$ のスペクトル

(b) アップサンプラ/ダウンサンプラ

て例を用いて示しなさい．
(2) 図9.10(b)，(c)の等価関係を，式(9.1)，式(9.4)を用いて証明しなさい．

問題9.4 ポリフェーズ構成

伝達関数 $H(z)=a+bz^{-1}+cz^{-2}$ のフィルタを用いて，$M=3$ のデシメータを実現したい．ポリフェーズ分解を用いて構成せよ．

問題9.5 ポリフェーズ構成

伝達関数 $H(z)=a+bz^{-1}+cz^{-2}$ のフィルタを用いて，$L=3$ のインターポレータを実現したい．ポリフェーズ分解を用いて構成せよ．

問題9.6 双直交フィルタバンク

ハーフバンドフィルタの振幅特性が図9.22となる理由を，式(9.33)を用いて説明しなさい．

問題9.7 CQFバンク

式(9.37)がLPFとHPFの関係になっていることを示しなさい．

問題9.8 M分割フィルタバンク

バイナリツリー構成を用いた等分割フィルタバンクの振幅特性図9.30(a)において，チャネル3とチャネル4の順番が交代していることを説明しなさい．

問題9.9 DFTフィルタバンク

図9.34のDFTフィルタバンクにおいて，アナライザ側にDFT，シンセサイザ側にIDFTを用いると，各チャネルの振幅特性がどのように変わるか検討しなさい．

●筆者紹介

尾知　博（おち・ひろし）

1984年	長岡技術科学大学大学院修士課程了
1984～1986年	日本無線 勤務
1986年	琉球大学助手
1991年	工学博士（都立大学）
1991年	琉球大学工学部電子情報工学科助教授
1999年	九州工業大学情報工学部電子情報工学科教授，現在に至る
2005年	ワイヤレスシステム・画像システムのLSI設計をする大学発ベンチャー企業（株）レイドリクス（http://www.radrix.com/）を設立

- ●**本書記載の社名，製品名について** ── 本書に記載されている社名および製品名は，一般に開発メーカーの登録商標です．なお，本文中では™，®，©の各表示を明記していません．
- ●**本書掲載記事の利用についてのご注意** ── 本書掲載記事は著作権法により保護され，また産業財産権が確立されている場合があります．したがって，記事として掲載された技術情報をもとに製品化をするには，著作権者および産業財産権者の許可が必要です．また，掲載された技術情報を利用することにより発生した損害などに関して，CQ出版社および著作権者ならびに産業財産権者は責任を負いかねますのでご了承ください．
- ●**本書に関するご質問について** ── 文章，数式などの記述上の不明点についてのご質問は，必ず往復はがきか返信用封筒を同封した封書でお願いいたします．ご質問は著者に回送し直接回答していただきますので，多少時間がかかります．また，本書の記載範囲を越えるご質問には応じられませんので，ご了承ください．
- ●**本書の複製等について** ── 本書のコピー，スキャン，デジタル化等の無断複製は著作権法上での例外を除き禁じられています．本書を代行業者等の第三者に依頼してスキャンやデジタル化することは，たとえ個人や家庭内の利用でも認められておりません．

JCOPY 〈（社）出版者著作権管理機構委託出版物〉
本書の全部または一部を無断で複写複製（コピー）することは，著作権法上での例外を除き，禁じられています．本書からの複製を希望される場合は，（社）出版者著作権管理機構（TEL：03-3513-6969）にご連絡ください．

シミュレーションで学ぶディジタル信号処理

2001年 7月 1日　初版発行	©尾知　博　2001
2019年 5月 1日　第10版発行	（無断転載を禁じます）

著　者	尾知　博
発行人	寺前　裕司
発行所	CQ出版株式会社

〒112-8619 東京都文京区千石4-29-14
電話 編集　03-5395-2122
　　 販売　03-5395-2141

ISBN978-4-7898-3320-2
定価は裏表紙に表示してあります

乱丁，落丁本はお取り替えします

編集担当　寺前　裕司
印刷・製本　共同印刷（株）
Printed in Japan